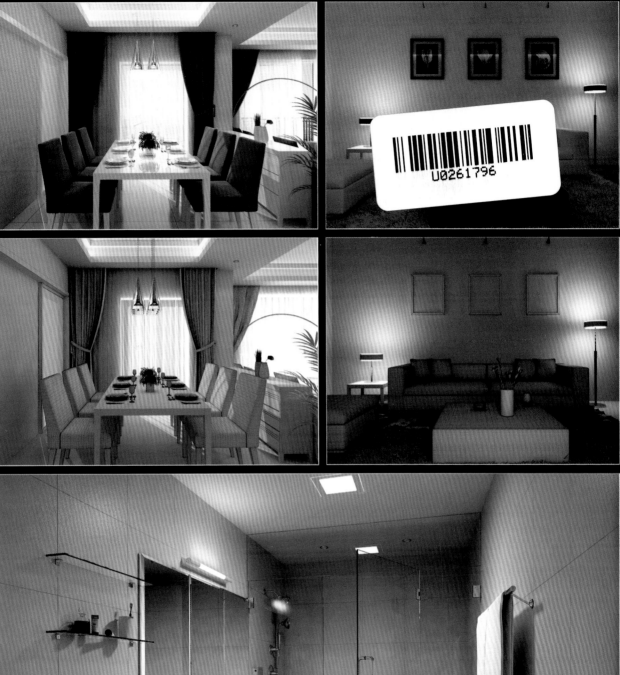

墙面

软包

窗帘

床单

灯罩

灯柱

地毯

黑色绒布

黑色木纹

红色绒布

墙面

地面

天花板

深灰石材

白色天花　　　不锈钢　　　粉色玻璃　　　黄色地

丝绸　　　灰色床垫　　　黑色镜钢　　　透明朔

不锈钢

白色洗手

绿色金属外墙

白色大理石

黑色大理石

黑色玻璃

墙面

深色地面

橱柜木纹

白色柜子

白色椅子

不锈钢

窗帘

地板

地毯

红色椅子

墙面

藤椅

蓝色被褥

米黄色墙纸

木地板

磨砂玻璃

白色天花　　地毯材质　　墙面材质　　水晶材质

抱枕  灯罩  地板  顶灯金属

白色顶面

地板材质

墙面材质

电视墙

墙面材质　　地板材质　　风格文化墙　　主体木纹

白漆墙面

木地板材质

地毯材质

皮革材质

塑钢材质

地砖材质

# 3ds Max/VRay

## 全套家装效果图制作

### 典型实例（第3版）

时代印象 杨亚军 编著

人民邮电出版社

北京

**图书在版编目（CIP）数据**

3ds Max/VRay全套家装效果图制作典型实例 / 时代印象，杨亚军编著. -- 3版. -- 北京 : 人民邮电出版社，2017.4
　ISBN 978-7-115-44952-8

　Ⅰ. ①3… Ⅱ. ①时… ②杨… Ⅲ. ①室内装饰设计—计算机辅助设计—三维动画软件 Ⅳ. ①TU238-39

　中国版本图书馆CIP数据核字(2017)第030453号

## 内 容 提 要

　　这是一本以室内家装效果图表现技法为教学主体的图书，其目的是指导读者学习各种商业家装效果图的制作，并掌握这些技术，从而学以致用。

　　从书名可以看出，本书的关键词就是"全套"和"典型"，这是本书的重点所在，所有的教学内容都是围绕这两个关键词来展开的。所谓"全套"，就是说本书精选了各种类型的家装空间，不管是空间大小、设计风格，还是效果图的表现形式，基本上涵盖了普通商业制作中所能涉及的领域。所谓"典型"，就是说本书的案例选择和技术应用都非常讲究，案例选择尽可能采用比较有代表性的设计和样式，技术应用尽可能覆盖 3ds Max 和 VRay 的方方面面，让不同的案例呈现不同的技术特点。虽然本书以案例为主，但是也安排了适合初学者学习的内容，整体结构由浅入深，完整翔实。

　　另外，本书配有相关的学习资源，内容包括本书的案例源文件和案例视频教学录像以及赠送的超值素材文件（超过 1000 套室内精品模型及材质），读者可通过在线方式获得这些资源，具体方法请参看本书前言。

　　本书适合 3ds Max 初、中级读者以及从事相关工作的设计师阅读，也非常适合作为高职、高专的实践课教材。

◆ 编　　著　　时代印象　杨亚军
　　责任编辑　　张丹丹
　　责任印制　　陈　犇

◆ 人民邮电出版社出版发行　　北京市丰台区成寿寺路 11 号
　　邮编　100164　电子邮件　315@ptpress.com.cn
　　网址　http://www.ptpress.com.cn
　　北京画中画印刷有限公司印刷

◆ 开本：787×1092　1/16
　　印张：21.25　　　　　　　　　彩插：10
　　字数：669 千字　　　　　　　2017 年 4 月第 3 版
　　印数：17 501—20 500 册　　　2017 年 4 月北京第 1 次印刷

定价：79.00 元

读者服务热线：(010)81055410　印装质量热线：(010)81055316
反盗版热线：(010)81055315

效果图制作是数字可视化领域一个最重要、最成熟的分支，从出现到现在，历经了近20年。在这个过程中，计算机硬件和软件也经历了若干次的更新换代，到今天，效果图制作已经成长为一个非常成熟和普及的行业，从业人员的制作水平也达到了相当的高度。

从行业应用来看，目前的效果图制作主要是室内效果图和建筑效果图，尤其是室内效果图制作领域的从业人员较多。能够制作效果图的软件很多，但是在实际商业制作中，3ds Max+VRay这一组合基本上占据了绝对的统治地位，以至于出现了"学习效果图必学3ds Max+VRay"的局面。

本书是一本讲述室内家装效果图制作的案例实战手册，全书从最基础的创作思路入手（制作高品质效果图的七大要素），到3ds Max建模技术点拨（真实的效果图源于细腻的模型），到VRay渲染技术详解（深度掌握VRay是渲染好效果图的捷径），再到大量的有针对性的案例实战，其间严格遵循循序渐进、细致讲解的基本原则，非常系统地阐述了全套室内家装效果图的制作思路和技法。

效果图行业发展到现在，"真实"已经成为衡量其品质的重要标准之一。本书也是基于"真实"这个标准来进行教学，通过各种思路、技法来告诉读者如何制作"真实"的室内家装效果图。

本书的案例部分重点讲述了各种不同家装空间的布光技巧、同一空间的不同气氛的布光技巧、单视角与多视角表现的布光技巧以及大量的常用材质的制作技巧，还介绍了很多实用技术，内容极其丰富。

当然，要真实地把握好一张图的灯光与色彩感觉，除了要具备相应的技术之外，还需要具备一些艺术修养和生活经验，而后者的重要性甚至高于前者。要做到真实，首先要了解真实，也就是说需要多了解物理真实（如常用材质的色彩、自然光和人造光的光效特征等）。建议大家多看看摄影照片，通过摄影照片可以快速学到色彩、灯光和材质控制方面的知识。

本书共17章。

第1章从章节名称就可以看出，本章旨在告诉读者要创作好图必须具备哪些基础条件，正所谓自己的深度决定所能取得的高度。

第2章从模型的角度阐述了要制作好图必须先制作好模型的原理，什么是好的模型，答案就在这一章。

第3章系统地介绍了VRay渲染技术，并准备了一些小案例供读者练习，内容非常丰富。

第4章~第17章用14个精彩的案例诠释了室内家装效果图的制作思路和技法。通过这些案例，读者可以学到不同场景的材质设置技巧、灯光布置技巧、同一场景的不同气氛表达技巧、后期处理技巧等。

本书所有的学习资源文件均可在线下载，扫描封底的"资源下载"二维码，关注我们的微信公众号即可获得资源文件的下载方式。资源下载过程中如有疑问，可通过我们的在线客服或客服电话与我们联系。

资源下载

读者可以通过以下方式来联系我们。

客服邮箱：press@iread360.com

客服电话：028-69182687、028-69182657

编者

2017年2月

# 目 录 CONTENTS

目 录 CONTENTS

# 目录 CONTENTS

## 第7章 现代风格卧室——夜间气氛表现... 185

## 第8章 现代风格卫生间——柔和日光效果... 203

## 第9章 现代风格厨房——强烈日光效果... 217

目 录 CONTENTS

## 第12章 豪华欧式客厅——华丽的室内光效果 ............... 267

## 第13章 简约欧式卧室——清新的自然光效果 ............... 279

目 录 CONTENTS

# 目录 CONTENTS

# 第1章 制作高品质效果图的七大要素

**本章学习要点**

》 色彩在室内设计中的运用

》 物理世界中的光影关系

》 自然光和人造光的物理特性及运用

》 不同的材质适合什么样的空间

》 效果图的构图思路及方法

》 各种室内设计风格的特征

》 针对不同的场景选择最合适的时间段（表现气氛）

》 如何让效果图体现设计师的意志

这一章讲解制作效果图要具备的一些基本知识。这些知识都是效果图制作人员必备的，具有宏观的指导意义，如良好的色彩感觉、理解真实光影关系、清楚各种材质的物理特性等。在效果图制作中，灯光的运用、材质的搭配是为设计服务的；理解构图、选择适合的时间段（表现气氛）是为了更好地体现设计，因此，做好一张效果图，这些基本要素都是不可或缺的。除此之外，还要提高自己的审美情趣，通过生活中的点点滴滴来丰富自己制作图的经验。

## 1.1 概述

在效果图的制作过程中，设计师的意识贯穿创作前后，对软件的熟练程度是意识发挥的一个方面。很多初学效果图的朋友都认为软件掌握得好，那么作品也一定非常漂亮、有生气，其实这是一个误区。效果图可以简单地理解为是一种在计算机上对艺术的诠释，软件代替了画笔和颜料，但是有好的画笔和颜料不一定就能画出一张好的作品来。

创造真实的图像基于对真实世界的理解，创造美丽的画面基于如何去发现美。美的事物往往能够引起人的共鸣。所以对真实的理解、对光和色彩的把握，都是影响作品的绝对因素。虽然每个人的性格不同，但对色彩和光线的感觉基本上是一致的，如红色让人联想到喜庆；蓝色让人联想到海洋和天空；绿色让人联想到春天等。

在本章中，将要向读者强调比较重要的知识点：色彩的把握、材质的搭配、光影的真实、画面构图和根据场景选择最有魅力的时间段，这几个方面是构成一张好图不可缺少的因素。

## 1.2 色彩

一张生动的效果图其色彩一定是具有表现力的，而要让色彩有丰富的表现力就应该了解色彩的基本原理。

### 1.2.1 色彩的基调

色彩的基调是指画面色彩的基本色调，通常把彩色画面的基调分为3种：冷调、暖调和中间调。如果划分再详细一些，则可以把彩色画面的基调分为冷调、暖调、对比、和谐、浓彩、淡彩、亮彩和灰彩色调。每一个基调都有不同的氛围，因此在初次看到场景的时候，就应决定图的基调。

图1-1所示是一个SPA的休闲场所，空间中大部分的建筑材料都是暖色的，灯光的颜色也是以暖色为主，营造了一个温暖舒适的空间环境。

图1-1

图1-2所示是一张基于冷色调的图片，地球的大气反射的是蓝色的光波，所以一旦没有了阳光，在肉眼看来，天空就是蓝色的。基于蓝色的夜光为主，配合室内温暖的灯光，营造了一个幽静的夏日之夜。

图1-3所示是一张色彩很和谐的图片，没有使用太多色彩过激的材料，主要以白色为主，灯光也是白色为主，设计手法简约、纯净，传递了一种整洁、心无杂念的感受。

图1-2

图1-3

## 1.2.2 色彩的对比

色彩的对比主要包括冷暖对比、明度对比和饱和度对比等，有了对比画面才显得丰富生动。

举一个简单的例了，在一张全白的纸上画一个黑色块，这块黑色会显得很黑，这是因为有了白色的对比，黑色才显得很黑。但是，如果在一张墨纸上画一个黑色块，那么黑色块就基本看不见了，这是因为没有了对比。所以说对比是相对的，没有绝对的亮暗，有了亮的地方才能对比出暗的地方。同样的道理，冷暖对比也是如此。

图1-4所示是一张色彩冷暖对比性很强的图片，色彩的差异给人一种很强的距离感。远处的蓝色是受到天空色彩的影响，近处由于暖色的灯光而显得发红。

图1-5所示是一张明度对比很强的图片，利用自然光线塑造了一个巨大的十字光，给人带来心灵上的震撼，幽暗的室内与室外渗透进来的明亮自然光形成了强烈对比。

图1-4

图1-5

图1-6所示是一张色彩比较统一的图片，店门上有屋檐，由于屋檐的色彩饱和度比较高，所以视觉感受是屋檐在建筑墙体的前面，饱和度越高的颜色越往前"跳"。

图1-6

把握好一张图的色彩基调能够与设计相呼应，达到表现与设计的统一。把握好色彩的对比能够拉开图像的层次关系，给人带来视觉上的感官刺激，从而引起共鸣。

## 1.2.3 色彩在室内设计中的运用

### 1. 深沉的暗色调

暗色调采用了大量的黑色，隐约略显各色的相貌，这是暗色调的特征，表现出深沉、坚实、冷静、庄重的气质，如图1-7所示。

图1-7

### 2. 稳重的中暗调

中暗调属于暗色系色彩，采用了少量黑色。此色调在保持原有色相的基础上又笼罩了一层较深的调子，显得稳重老成、严谨与尊贵，如图1-8所示。

图1-8

### 3. 朴实的中灰调

中灰调是中等明度的灰色调，中灰调带有几分深沉与暗淡，有着朴实、含蓄、稳重的特色，如图1-9所示。

图1-9

### 4. 高雅的明灰调

明灰调是在全色相色系中调入大量的浅灰颜色,使色相全部带有灰浊感。由于过多调入灰白色,使色相的明度提高,形成高明度的灰调子,这是明灰调的特征。明灰调以平静的感觉,蕴含着高雅与恬静,显示出另一种美的境界,如图1-10所示。

图1-10

### 5. 鲜明的纯色调

纯色调是由高纯色相组成的色调,每一个色相都个性鲜明,具有挑战性,令人振奋,赏心悦目。强烈的色相对比意味着年轻、充满活力与朝气,如图1-11所示。

图1-11

色彩的视觉质感影响现代建筑的发展,现代建筑更多关注材质与色彩的组合关系,利用自然色彩的材质,形成和谐的色彩视觉质感变化。

色彩与灯光会产生对空间深度的推进,没有光就没有色彩的感知,我们也无法感觉到空间的存在。在深度的表达方面,除了空间透视对其有作用外,其他的就是色彩与灯光。

背景的色彩会直接影响色彩视觉的深度。如果将7种色彩全部放置在黑色背景上,用比较的方法去看,黄色因明度的差别而显得特别靠前,而与黑色明度相近的蓝色和紫色就容易被淹没,在白色背景上则恰好相反。在相同明度的冷、暖色调中,暖色向前而冷色退后。

色彩丰富了空间的层次感,使空间产生联系和分化,并表达了空间质感,如图1-12所示。

图1-12

# 1.3 灯光

光影效果是否真实是衡量一张效果图质量的关键因素之一,要表现最真实的光影效果,首先要了解物理世界中的光影关系。

## 1.3.1 物理世界中的光影关系

在这里,我们先通过一个示意图来说明真实物理世界的光影关系,如图1-13所示。这里表示的是大约下午3:00的光影关系,可以看出主要光源是太阳光,在太阳光通过天空到达地面以及被地面反射的这一过程中,就形成了天光,而天光也就成了第二光源。

图1-13

从图1-13中可以看出，太阳光产生的阴影比较实，而天光产生的阴影比较虚（见球的暗部）。这是因为太阳光类似于平行光，所以产生的阴影比较实（关于太阳光阴影的虚实，在后面将通过科学的方法来分析）；而天光从四面八方照射球体，没有方向性，所以产生了虚而柔和的阴影。

再来看球体的亮部（就是太阳光直接照射的地方），它同时受到了阳光和天光的作用，但是由于阳光的亮度比较大，所以它主要呈现的是阳光的颜色；而暗部没有被阳光照射，只受到了天光的作用，所以它呈现出的是天光的蓝色；在球的底部，由于光线照射到比较绿的草地上，反射出带绿色的光线，影响到白色球的表面，形成了辐射现象，而呈现出带有草地颜色的绿色。

在球体的暗部，还可以看到阴影有着丰富的灰度变化，这不仅是因为天光照射到了暗部，更多的是由于天光和球体之间存在着光线反弹，球和地面的距离以及反弹面积影响着最后暗部的阴影变化。

在真实物理世界里的阳光的阴影为什么会有点虚边呢？图1-14所示为真实物理世界中的阳光的虚边。

图1-14

在真实物理世界中，太阳是个很大的发光体，但是它离地球很远，所以发出的光到达地球后，都近似于平行光，而就因为它实际上不是平行光，所以地球上的物体在阳光的照射下会产生虚边，而这个虚边也可以近似地计算出来：（太阳的半径/太阳到地球的距离）×物体在地球上的投影距离 0.00465×物体在地球上的投影距离。从这个计算公式可以得出，一个身高1700mm的人，在太阳照射夹角为45°的时候，他头部产生的阴影虚边大约应该为11mm。根据这个科学依据，我们就可以使用VRay的球光来模拟真实物理世界中的阳光了，控制好VRay球光的半径和它到场景的距离就能产生真实物理世界中的真实阴影。

那为什么天光在白天的大多数时间是蓝色，而在早晨和黄昏又不一样呢？

大气本身是无色的，天空的蓝色是大气分子、冰晶、水滴等和阳光共同创作的景象。太阳发出的白光是由紫、青、蓝、绿、黄、橙、红光组成的，它们波长依次增加，当阳光进入大气层时，波长较长的色光（如红光）透射力强，能透过大气射向地面；而波长较短的紫、蓝、青色光，碰到大气分子、冰晶、水滴等时，就很容易发生散射现象，被散射的紫、蓝、青色光布满天空，就使天空呈现出一片蔚蓝，如图1-15所示的蔚蓝天空。

而在早晨和黄昏的时候，太阳光穿透大气层到达观察者所经过的路程要比中午的时候长得多，更多的光被散射和反射，所以光线也没有中午的时候明亮。因为在到达所观察的地方，波长较短的蓝色和紫色的光几乎已经散射，只剩下波长较长，穿透力较强的橙色和红色的光，所以随着太阳慢慢升起，天空的颜色是从红色变成橙色的，图1-16所示为早晨的天空色彩。

图1-15                 图1-16

当落日缓缓消失在地平线以下时，天空的颜色逐渐从橙红色变为蓝色。即使太阳消失以后，贴近地平线的云层仍然会继续反射着太阳的光芒，由于天空的蓝色和云层反射的红色太阳光融合在一起，所以较高天空中的薄云呈现出红紫色，几分钟后，天空会充满淡淡的蓝色，它的颜色逐渐加深，并向高空延展，图1-17所示为黄昏的天空色彩。

注意观察图1-17，其中的暗部呈现蓝紫色，这是因为蓝、紫光被散射以后，又被另一边的天空反射回来。

接下来了解一下光线反射，如图1-18所示。

图1-17                 图1-18

当白光照射到物体上时，物体会吸收一部分光线和反射一部分光线，吸收和反射的多少取决于物体本身的物理属性。当遇到白色的物体，光线就会全部被反射，当遇到黑色的物体，光线就会全部被吸收（当然，真实物理世界中是找不到纯白或者纯黑的物体的），也就是说反射光线的多少是由物体表面的亮度决定的。当白光照射到红色的物体上时，物体反射的光就是红色（其他光都被吸收了）。当这些光沿着它的路线照射到其他表面时是红光，这种现象叫做辐射，因此相互靠近的物体颜色会因此受到影响。图1-18所示的橘红色木头在光线的反射下，投射出木头的颜色，辐射在地面上。在使用VRay渲染效果图的时候，我们常会遇到溢色问题，这需要对材质进行处理，相关的内容将在后面的实例中介绍。

## 1.3.2　自然光

所谓自然光，就是除人造光以外的光。在我们生活的世界中，主要的自然光就是太阳光，它给大自然带来了丰富美丽的变化，让我们看到了日出、日落；感受到了冷暖。在1.2节中，简单地讨论了真实物理世界中的光影关系，接下来将详细探讨不同时刻和天气的光影关系。

### 1.　中午

在一天中，当太阳的照射角度大约为90°的时候，这个时刻就是中午，这时的太阳光直射是最强的，对比也最大，阴影也比较黑，相比其他时刻，中午的阴影的层次变化也要少一点。

在强烈的光照下，物体的饱和度看起来会比其他时刻低一些，而小的阴影细节变化却不丰富。在真实的基础上来表现更优秀的效果图，选择中午时刻来表现效果图并不是不可以，但是相比其他时刻来说，表现力度和画面的层次要弱一些。

从图1-19中可以看出，这是个中午时刻的画面，画面的对比很强烈，暗部阴影比较黑，而变化层次相对较少。

图1-19

### 2.　下午

在下午这段时间里（14:30～17:30），阳光的颜色会慢慢变得暖和一点，而照射的对比度也慢慢地降低，同时饱和度慢慢地增加，天光产生的阴影也随着太阳高度的下降而变得更加丰富。

大体来说，下午的阳光会慢慢地变暖，而暖的色彩和比较柔的阴影会让我们的眼睛观察起来感到更舒服，特别是在日落前大约1个小时的时间里，这样的现象更加明显，很多摄影师都会抓住这段黄金时刻去拍摄美丽的风景。

色彩的饱和度在这个时刻变得比较高，高光的暖调

和暗部的冷调，给我们带来了丰富的视觉感受。选择这个时刻作为效果图的表现时刻，比起中午的时刻要好很多，因为此时不管是色彩还是阴影的细节都要强于中午。

从图1-20中可以看出，阳光带点黄色，而暗部的阴影层次比中午时刻要丰富一些；阴影带点蓝色，对比没有中午时刻那么强烈。

再来看看图1-21，从图中可以看出，阳光的暖色和阴影区域的冷色，色彩的变化相对来说比较丰富。

图1-20　　　　　　　　　　　图1-21

### 3.　日落

在日落这个时刻里，阳光变成了橙色甚至是红色，光线和对比度变得更弱，较弱的阳光会使天光的效果变得更加突出。所以，阴影色彩更深和更冷，同时阴影也比较长。

在日落的时候，天空的颜色在有云的情况下会变得更加丰富，有时候还会呈现出让人感觉不可思议的美丽景象。这是因为此时的阳光看上去是从云的下面照射的。

从图1-22中可以看到，阳光不是那么强烈，带黄色的暖调。天光在这个时刻更加突出，暗部的阴影细节很丰富，并且呈现出天光的冷蓝色。

从图1-23中可以看到，这时的太阳快落到地平线以下，阳光的色彩变成了橙色，甚至带点红色，而阴影也拖得比较长，暗部的阴影呈现出蓝紫色的冷调。

图1-22　　　　　　　　　　　图1-23

### 4.　黄昏

黄昏在一天中是非常特别的，经常给人们带来美丽的景象。当太阳落山的时候，天空中的主要光源就是天光，而天光的光线比较柔和，它给我们带来了一个柔和的阴影和一个比较低的对比度，同时色彩也变得更加丰富。

当发自地平线以下的太阳光被一些山岭或云块阻挡时，天空中就会被分割出一条条阴影，形成一道道深蓝色的光带，这些光带好像是从地平线下的某一点（即太阳所在的位置）发出的，以辐射状指向苍穹，有时还会延伸到太阳相对的天空，呈现出

万道霞光的壮丽景象，给只有色阶变化的天空增添一些富有美感的光影线条，人们把这种现象叫作曙暮晖线。

日落之后，当太阳刚刚处在地平线以下时，在高山上面对太阳一侧的山岭和山谷中会呈现出粉红色、玫瑰红或黄色等色调，这种现象叫作染山霞或高山辉。傍晚时的染山霞比清晨明显，春夏季节又比秋冬季节明显，这种光照让物体的表面看起来像是染上了一层浓浓的黄色或紫红色。

在黄昏的自然环境下，如果有室内的黄色或者橙色的灯光对比，整体的画面会让人感觉到无比的美丽与和谐，所以黄昏时刻的光影关系也比较适合表现效果图。

从图1-24中可以看出，此时太阳附近的天空呈现红色，而附近的云呈现蓝紫色。由于太阳已经落山，光线不强，被大气散射产生的天光亮度也随着降低，阴影部分变暗了很多，同时整个画面的饱和度也增加了。

从图1-25中可以看到，太阳被云层压住，从云的下面照射，从而呈现出了美丽的景象。

图1-24　　　　　　　　图1-25

### 5. 夜晚

在夜晚，虽然太阳已经落山，但是天光本身仍然是个光源，只是比较弱而已，它的光主要来源于被大气散射的阳光、月光，还有遥远的星光。

所以大家要注意，夜晚的表现效果仍然有天光的存在，只是比较弱。

图1-26表现的是夜幕降临时的一个画面，由于太阳早已经下山，这时候天光起主要作用，仔细观察屋顶，它们都呈现蓝色。

从图1-27中可以看出，整个天光比较弱，呈现蓝紫色，月光明亮而柔和。

图1-26　　　　　　　　图1-27

### 6. 阴天

阴天的光线变化多样，这主要取决于云层的厚度和高度。可能和大家平常的看法有点不一样，其实阴天也能得到一个美丽的画面，在整个天空中就只有一个光源，它是被大气和云层散射的光，所以光线和阴影都比较柔和，对比度比较低，色彩的饱和度比较高。

阴天里天光的色彩主要取决于太阳的高度（虽然是阴天，但太阳还是躲在云层后面的）。通过观察和分析，可以发现在太阳高度比较高的情况下，阴天的天光主要呈现出灰白色；而当太阳的高度比较低，特别是快落山的时候，天光的色彩就发生了变化，这时候的天光呈现蓝色。

从图1-28中可以看出，阴天的特点，阴影柔和、对比度低，而饱和度高。

图1-29所示为太阳照射角度比较高的情况下的阴天，整个天光呈现出的是灰白色。

图1-28　　　　　　　　图1-29

图1-30所示是太阳照射角度比较低的情况下的阴天，我们可以看到暗部呈现淡淡的蓝色。

图1-30

## 1.3.3　室内光和人造光

室内光和人造光是为了弥补在没太阳光直接照射的情况，光照不充分而产生的光照，如阴天和晚上就需要人造光来弥补光照。同时，人造光也是人们有目的地去创造的，例如，一般的家庭照明是为了满足人们的生活需要，而办公室照明则是为了满足人们更好地工作。

随着社会的发展，室内光照也有了它自身的定律，人们把居室照明分为3种，分别是集中式光源、辅助式光源、普照式光源，用它们组合起来营造一个光照气氛。其亮度比例大约为5:3:1，其中的"5"是指光亮度最强的集中式光源（如投射灯），"3"是指给人柔和感觉的辅助式光源，"1"则是提供整个房间最基本照明的普照式光源。

## 1. 窗户采光

窗户采光就是室外天光通过窗户照射到室内的光。窗户采光都是比较柔和的，因为窗户面积比较大（注意，在同等亮度下，光源面积越大，产生的光影越柔和）。在只有一个小窗口的情况下，虽然光影比较柔和，但是却能产生高对比的光影，这从视觉上来说是比较有吸引力的。在大窗口或者多窗口的情况下，这种对比就减弱了。

在不同天气状况下，窗户采光的颜色也是不一样的。如果是阴天，窗户光将是白色、灰色或者是淡蓝色；在晴天，窗户光又将变成蓝色或者是白色。窗户光一旦进入室内，它首先照射到窗户附近的地板、墙面和天花上，然后通过它们再反射到家具上，如果反射比较强烈，这时候就会产生辐射现象，让整个室内的色彩有丰富的变化。

图1-31所示是小窗户的采光情况，我们可以看到，由于窗户比较小，所以暗部比较暗，整个图的对比相对比较强烈，而光影却比较柔和。

从图1-32中可以看到，大窗户和小窗户采光的不同，在大窗户的采光环境下，整个画面的对比较弱，由于窗户进光口大，所以暗部也不是那么的暗。

图1-31　　　　　　　　　图1-32

从图1-33中可以看到，这里的天光略微带点蓝色，这是由云层的厚薄和阳光的高度不同所造成的。

图1-33

## 2. 住宅钨灯照明

钨灯也就是大家平常看见的白炽灯，它是根据热辐射原理制成的，钨丝达到炽热状态，让电能转化为可见光。钨丝的温度达到500℃时就开始发出可见光，随温度的增加，从"红→橙黄→白"逐渐变化。人们平时看到的白炽灯的颜色都和灯泡的功率有关，一个15W的灯泡照明看上去很暗，色彩呈现红橙色；而一个200W的灯泡照明看上去就比较亮，色彩呈现黄白色。

通常情况下，白炽灯产生的光影都比较硬，人们为了得到一个柔和的光影，都会通过灯罩来改变白炽灯的光影，让它变得更柔和，如台灯的灯罩。

从图1-34中可以看出，在白炽灯的照明下，高亮的区域呈现接近白色的颜色，随着亮度的衰减，色彩慢慢地变成了红色，最后到黄色。

从图1-35中可以看到，加上灯罩的白炽灯，光影要柔和很多，看上去并不是那么刺眼。

图1-34　　　　　　　　　图1-35

## 3. 餐馆、商店和其他商业照明

和住宅照明不一样，商业照明主要是用于营造种气氛和心情，设计师会根据不同的目的来营造不同的光照气氛。

餐厅室内照明把气氛的营造放在第一位，比较讲究的餐馆，大厅多安装吊灯，无论是高级水晶灯还是吸顶灯，都能使餐厅感觉高雅和气派，但其造价确实可观。而大多数中小餐馆均以安装组合日光灯为宜，既经济又耐用，光线柔和适中，使顾客用餐时感到舒适。有些中档餐厅或快餐厅也有安装节能灯作为吸顶照明的，俗称"满天星"。但经验证明这种灯为冷色，其造价不低而且质量较差，使用效果也非最佳，尤其是寒冷的冬季，顾客在此环境下用餐会感到阴冷，而且这种色调的灯光照在菜肴上菜肴会失去本色，本来色泽艳丽的菜肴顿时变得灰暗、混浊，难上档次，故节能灯不可取。另外，室内灯光的明暗强弱也会对就餐顾客有着不同的影响，一般在光线较为昏暗的地方用餐，使人没有精神，并使就餐时间加长；而光线明亮则令人精神大振，使就餐者情绪兴奋，大口咀嚼，从而减少用餐时间。

商店照明和其他照明不一样，商店照明为了吸引购物者的注意力，创造合适的环境氛围，大都采用混合照明的方式，大致分类如下。

（1）普通照明，这种照明方式是给一个环境提供基本的空间照明，用来把整个空间照亮。它要求照明灯的匀布性和照明的均匀性。

（2）商品照明，是对货架或货柜上的商品进行照明，保证商品在色、形、质3个方面都有很好的表现。

（3）重点照明，也叫物体照明，它是针对商店的某个重要物品或重要空间的照明。比如，橱窗的照明应该属于商店的重点照明。

> **技巧与提示** （2）和（3）这两种照明方式通常提供有方向的、光束比较窄的高亮度的针对对象的照明，采用点式光源并配合投光灯具。

（4）局部照明，这种方式通常是装饰性照明，用来制造特殊的氛围。

（5）作业照明，主要是指对柜台或收银台的照明。

（6）建筑照明，用来勾勒商店所在建筑的轮廓并提供基本的导向，营造热闹的气氛。

图1-36所示为餐馆里的照明效果图，给人一种富丽的感觉，促进人们的食欲。

图1-37所示为商店里的照明效果图，在吸引购物者注意力的同时创造合适的环境氛围。

图1-36  图1-37

### 4. 荧光照明

荧光照明主要是为了节约电能而被广泛采用，它的色温通常是绿色，这和我们的眼睛看到的有点不同，因为我们的眼睛有自动白平衡功能。荧光照明被广泛地应用在办公室、驻地、公共建筑等地方，因为这些地方需用的电能比较多，所以能更多地节约电能。

荧光灯的主要优点如下。

（1）光源效率高、寿命长、经济性好。

（2）演色性（指光源照射物体时呈现色彩的视觉效果质量高低的评价）优良、光色丰富、适用范围广。

（3）可得到发光面积大、阴影少而宽的照明效果，故更适用于要求照明度均匀一致的照明场所。

从图1-38中可以看到荧光的照明效果，它的颜色呈现绿色，光影相对柔和。

图1-38

### 5. 混合照明

我们常常可以看到室外光和室内人造光混合在一起的情景，特别是在黄昏，室内的暖色光和室外天光的冷色在色彩上形成了鲜明而和谐的对比，从视觉上给人们带来美的感受。

这种自然光和人造光的混合，常常会营造出很好的气氛。优秀的效果图在色彩方面都或多或少地对此有借鉴。

在图1-39中，建筑不仅受到了室外蓝紫色天光的光照，同时在室内也有橙黄色的光照。在色彩上形成了鲜明的对比，同时又给我们带来了和谐统一的感觉。

图1-40所示是临摹的一张图，其目的就是练习一下这种色彩的对比。

图1-39  图1-40

### 6. 火光和烛光

比起电灯发出的灯光，火光和烛光更丰富，火光本身的色彩变化也比较丰富。需要注意的是，它们的光源经常跳动和闪烁。现代人经常用烛光来营造一种浪漫的气氛，就是因为它本身的色温不高，并且光影柔和。

图1-41所示的是烛光照明效果，我们可以看到烛光本身的色彩非常丰富，它产生的光影也比较柔和。

图1-41

# 1.4 材质

说到材质搭配，初学效果图的人可能都有同一种感觉，那就是不知道材质怎样搭配才好。笔者建议大家多学习设计，了解材质的功能，以科学的角度来为场景搭配材质。

现在的空间大致可分为办公空间、家庭空间和展示空间等。下面简单介绍一下这几类空间的材质搭配原则。（以下内容并非标准，之所以这样说是因为设计本身没有定性，往往会根据不同客户的需求而进行创造。）

## 1.4.1 办公空间的材质

办公空间要明亮清新，所以在搭配材质时应注意多以"简"为主，其目的是能让人有一个比较纯净的空间环境来办公，这样心神就不会受到外界的干扰。同时应避免使用过激的色彩，多用中性色，如图1-42所示。

图1-42

## 1.4.2 家居空间的材质

家居空间的材质搭配主要依主人的喜好而定，有简约的也有奢华的，有稳重的也有前卫。简约家居一般采用玻璃、橡胶、金属、强化纤维等高科技材料。特别是玻璃，它的清透质感不仅可以让视觉延伸，创造出通透的空间感，还能让空间更为简洁。另外，具有自然纯朴本性的石材和原木皮革也很适合现代简约空间，如图1-43所示。

图1-43

奢华空间的设计一般采用金色或者银色金属、带有暗花纹理的材质、柔软的布艺、带有金属质感的缎子等，如图1-44和图1-45所示。

图1-44　　　　　　　　图1-45

## 1.4.3 展示空间的材质

展示空间的材质一般采用金属、玻璃、橡胶和石材等，一般根据施工的类型分为钢筋混凝土和钢架结构两类，如图1-46和图1-47所示。

图1-46

图1-47

# 1.5 构图

一切画面的基础都是从构图开始，这绝对是一个作品开始之前最重要的准备工作。

构图主要有横向构图和竖向构图这两种十分常见的构图方式。从表现工作的需要来看，表达建筑的结构和功能是工作的首要目的，作图的目的就是方便设计师与客户进行沟通，要根据场景和所要表现的主体来决定构图方式。

但在很多情况下，只要不是特殊需要的画面，一般情况下采用的是横向构图。实际上，横向构图是与人类观察事物的感觉相似的一种构图方式，因为人的眼睛在观察眼前事物的时候，视觉感受实际上是比较宽阔的。人们能感觉到在自己左右180°视觉范围内的物体几乎都能一次尽收眼底，而且不需要转头就能看到；而在上下的方向上，人的视角却很小，要得到180°视野的话，人就不得不抬头、低头来看。这就是为什么在屏幕上看到长宽比较大的图像，视觉感受要比看到普通5:4左右图像要更加兴奋和愉悦的原因，因为宽视角的图像更加符合人类本身的视觉习惯。

从效果图的构图来说，一般都是以"重量"为衡量画面平衡的原点。主体构图要在画面的中心，不要偏在一边，多用多边形的构图。构图宁可往上，也不可以向下。

下面简单来说明一下三角形构图和重量感的关系。三角形是一种比较稳定的构图形式，左右重量比较均衡，如图1-48所示。

下面来打破这种形式，这时候发现画面右边明显比左边重了，如图1-49所示。

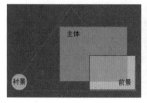
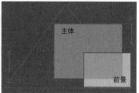

图1-48　　　　　　　　图1-49

另外还有很多不同的构图法则及原理，如图1-50和图1-51所示。大家可以多去观察一些摄影家的作品，从中可以学习到很多关于构图的知识。

图1-50　　　　　　　　图1-51

# 1.6　熟悉常见设计风格

与美术学的"风格"一样，不同的人对绘画有着不同的理解，所以会形成不同的绘画风格。设计风格也是这样，效果图表现也自然如此。

效果图表现经过长期的发展，逐步出现了写实与写意两大风格。写实以真实地表现室内场景为前提，真实高于一切，不惜出现类似死黑的效果来表达真实的空间构成与明暗关系，给人以震撼的真实感。写意以"意"为主导，不同的空间、不同的设计风格都有着不同的"意境"，如何把这个不同的"意境"表达出来，是写意风格制作者最注重的，往往可以把设计所要表现的重点更明显地表现在效果图中。

"风格"没有好与不好，也不会有谁强谁弱之分，只是针对的客户群体不一样，如写实派更适合于国外的客户群体，而写意派风格则更受国内大多数业主的喜爱。

以"设计风格"这个词来讲，定义本身就比较模糊。目前比较流行的几大主要设计风格有现代风格、中式风格、欧式风格等。而这些大风格太过于笼统，如现代风格，经过长期的发展出现了简约现代风格以及特殊的后现代风格。而中式和欧式风格更是出现了现代中式、巴黎风情以及北欧风格等趋向于现代风格的形式，使原本模糊的界限更难定义。图1-52所示的这些就是一些风格各异的室内设计。

图1-52

以欧式风格来说，奢华稳重是它给我们视觉上的第一印象。通过色彩构成的学习可以了解冷色调给人以清新感，暖色调给人以慵懒感。

作为由西方贵族及皇室风格发展而来的一种奢华风格，暖色调给人的慵懒与奢华感更适合于表现出一般欧式风格的"意境"，如图1-53、图1-54和图1-55所示。

图1-53　　　　　　　图1-54

图1-55

中式风格或是深沉稳重或是清淡优雅，利用偏蓝色的基调可以增添一些历史的神秘感，但缺少中式的深沉感。因此一般以冷色调的光线作为基础，再以无色系灯光进行搭配，来表现出中式风格的深沉与神秘，如图1-56所示。

暖色调搭配的中式风格，所表达的意境是以人为本，而并非是中式设计本身所体现的神秘感，它体现出了以生活为主题的人文环境，感觉更加温馨，如图1-57所示。

图1-56　　　　　　　图1-57

现代风格注重突破传统，重视功能和空间的组织，讲究材料本身发挥的搭配效果，以软装饰的搭配为根本，以达到环保的"重装饰、轻装修"效果。

由于现代风格的定义比较模糊，如高调的梁式风格、简洁明快的简约风格、具有神秘气息的后现代风格等，想要将这些风格表现好，往往要根据不同的设计及场景构造来搭配不同的灯光色彩。另外，现代风格的适应性很强，往往用各种不同的灯光色彩搭配，都能获到令人满意的效果，如图1-58所示。

图1-58

风格学说的覆盖面比较广泛，读者可以在学习工作中了解更多搭配灯光与色彩的方法。

## 1.7 选择恰当的时间段

每个场景在不同的时间段都会有不同的氛围，那么，怎样根据场景选择时间段呢？

首先需要明白的是所表现空间的功能，并且配合设计师的需求，这样就可以为场景选一个最好的时间段来表现它。如家装的表现可以选择白天或者夜晚，工装的空间要根据建筑本身的营业时间来进行选择，如银行的表现一般是采用白天，而酒吧的表现则一般采用夜晚。下面用一些例子来进行说明。

下午2:00左右是日光比较强烈的时候，强烈的日光照在沙发上，给人一种温暖安详的自然感受，如图1-59所示。

黄昏多多少少会给人一丝惆怅的感觉，在建筑的表现上能够体现出一种历史的沉重，如图1-60所示。

图1-59　　　　　　　图1-60

夜晚的人造光源能够体现场景的功能、情调，常常用它来营造某种氛围，如图1-61所示。

图1-61

## 1.8 体现设计师的意志

设计师很多时候都会对场景做出某些要求。比如说，哪里应该突出一点，画面的色彩是否要更饱和一点等。为了能够理解客户的意思，就需要对设计进行理解。理解到了设计，即使客户没有做出要求，也可以把图像表达得相当契合。灯光、色彩都不是可以笼统概括的东西，不能说酒店就一定是那种灯红酒绿的氛围，一定要根据场景的材质、灯光布置来综合分析。

图1-62所展示的空间的材质比较单一，只有黑和白两种，设计师力求这种简而素的风格，所以做这类的图不用找太多颜色。如果空间结构允许的话，以表现白天为好（天光下，室内的灯光效果比较弱，天光比较统一）。相机的高度要足以看清空间的纵深关系，不是说任何空间都可以把相机放得较低，因为并不是相机放得低就可以将场景表现得大气一些，要根据实际情况来决定。

图1-62

图1-63所示的是关于色彩的冷暖对比，首先不要认定蓝色就是冷色；红色就是暖色。其实有的时候冷暖的差别不是很大，也不一定是红蓝对比。粉红色虽然属于暖色系，但是相比橙色，它显得偏冷。红色和绿色在一起也是一组冷暖对比的色彩，黄色和绿色相比，绿色显得偏冷；但是和蓝色相比，绿色又显得偏暖。

构图方面，采用竖向构图，相机打得较低，所以画面的高度感显得比较充分。这种构图多用在表现比较高的建筑空间，如大堂、别墅客厅等。

图1-63

## 1.9 本章小结

本章重点介绍了效果图制作的七大要素，有技术层面的，有美术层面的，还有商业层面的，总之都是为了实现高品质的效果图。希望读者能够认真掌握这些内容，为后面的案例实战打下良好的基础。

# 第2章 真实的效果图源于细腻的模型

**本章学习要点**

》 通过AutoCAD平面图来创建房屋框架

》 通过照片参考来创建房屋框架

》 使用多边形工具熟练制作各种家具模型

很多人总是抱怨自己的效果图太生硬、不够细腻，即使给很高的渲染参数也无法获得真实自然的画面效果，其中一个重要原因就是模型过于生硬。一张真实自然的效果图的源头就在于模型的真实，这种真实是指造型要尽可能符合物理实际（包括宏观的和细节的）。如基本尺寸要符合人体工程学原理、过渡边缘要倒角、软质家具要注意添加适当的褶皱等。当然，不同模型的细节其实包含很多东西，大家要善于去发现和把握，这里就不一一列举。无论在任何时候，大家都要相信：高品质效果图是建立在高品质模型的基础上的，正所谓万丈高楼平地起。

## 2.1 制作精细模型的原因

### 2.1.1 好模型才能够渲染出好效果

举个简单的例子：一般情况下，真实世界中的家具没有绝对的直角，所以在做模型的时候，一定要注意给模型的边缘倒角。如果是绝对的90°直角，渲染出来的边缘肯定会很锐利，效果也不真实。

图2-1所示是笔者渲染的一张家具效果图，效果很真实。我们来看看餐桌边缘的模型细节，如图2-2所示，从图中可以明显看到餐桌边缘的倒角，否则就会给人一种像刀锋的感觉。

图2-1　　　　　　　　图2-2

图2-3所示是一张卧室效果图，画面的亮点就是床单效果，无论是模型还是材质，都显得非常真实自

然。这个床单采用了3ds Max的动力学功能来制作，为了获得最佳的效果，笔者花了较多的时间来进行动力学计算，最终的效果还是非常满意，床单看起来很柔软，完全没有那种生硬的感觉。

再来看看图2-4所示的效果，这是一个酒店标准间的效果图。从画面整体看，材质和气氛都还不错，但是细节就稍微差点，尤其是床上用品的细节经不起推敲，主要就是模型太生硬，没有细节，看起来总觉得别扭。

图2-3　　　　　　　　图2-4

我们再来看看图2-5和图2-6所示的效果，大家能分辨出这是照片还是效果图吗？笔者可以肯定地告诉大家，这是效果图，沙发模型都是用3ds Max的多边形工具来制作的。从图中可以看出，沙发模型从整体到细节，完全经得住细品，如图2-5所示的沙发靠垫，其造型和摆放都显得有味道，非常讲究。

图2-5　　　　　　　　图2-6

人们常说：不怕不识货，就怕货比货。模型也一样，好模型与差模型都是比较出来的，看看图2-7所示的床单效果，再对比一下图2-3所示的床单效果，我们

就能够明白为什么好模型才能渲染出好效果。

图2-7

## 2.1.2 多边形工具是效果图建模的利器

多边形建模工具是3ds Max最重要、最常用的建模工具，也是效果图制作中使用频率最高的建模工具，熟练使用多边形工具可以胜任绝大多数从简单到复杂的室内模型的制作。图2-8所示的简约椅子，图2-9所示的中等难度的椅子以及图2-10所示的比较复杂的欧式床，这些都是笔者用多边形工具制作的。由此可见，能够熟练掌握多边形工具，并能够针对不同模型快速找到准确的布线思路，那么制作好模型将不再是什么难题。

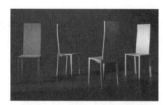

图2-8

图2-9

图2-10

总体来讲，建模就是一个熟练的过程，只要不断去熟悉工具，不断去练习各种风格的模型的制作，就能够找到一套行之有效的建模方法，从而解决工作中的实际问题。大家不要去迷信什么高级建模工具能够简单快速制作出什么复杂模型，3ds Max就是很高级的工具了。天下没有白吃的午餐，只有付出努力，我们才能够得到收成。

# 2.2 制作干净整齐的房屋框架模型

## 2.2.1 根据AutoCAD图来制作模型

### 1. 导入AutoCAD文件

**01** 打开3ds Max，执行"文件>导入"菜单命令，在系统弹出的"选择要导入的文件"对话框中打开"客厅空间.dwg"文件，如图2-11所示。

在导入dwg文件时，系统将打开如图2-12所示的对话框，保持默认参数设置并单击"确定"按钮，把dwg格式的图纸导入3ds Max中。

图2-11

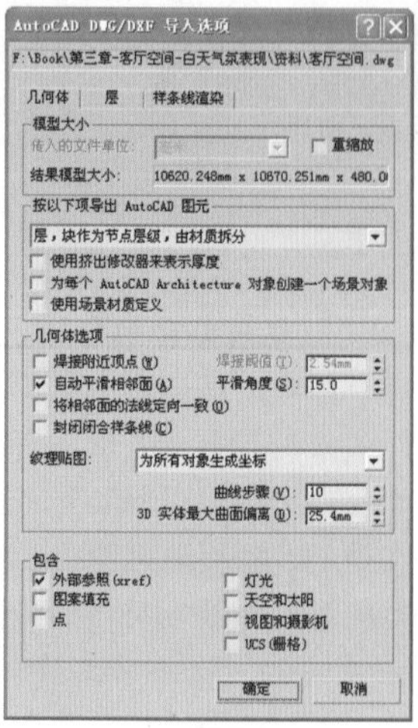

图2-12

**02** 导入后的CAD图纸效果如图2-13所示。

图2-13

### 2. 创建模型

**01** 设置捕捉功能，选择工具栏中的三维捕捉，将其切换成二维捕捉，然后在其按钮上单击鼠标右键，在弹出的对话框的"捕捉"选项卡下勾选"顶点"和"中点"选项，如图2-14所示。

**02** 打开"选项"选项卡，勾选其中的"捕捉到冻结对象"和"使用轴约束"选项，如图2-15所示。

图2-14

图2-15

03 选择所有CAD平面图，单击鼠标右键，在弹出的快捷菜单中单击"冻结当前选择"命令，冻结导入的平面图纸。

在顶视图中，选择 ⚙ 面板下的 线 按钮，捕捉平面图的顶点与端点，描绘出墙体的轮廓，闭合样条线时系统会弹出"是否闭合样条线"对话框，这里要选择"是"。

选择所有墙体样条线，然后在 修改器列表 ▾ 面板中选择 挤出 命令，设置"数量"为580mm，这样就制作出了墙裙，如图2-16所示。

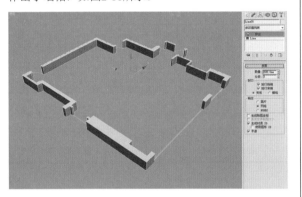

图2-16

04 复制墙裙得到墙体，修改墙体的"数量"为2220mm，并赋予墙体一个其他的颜色，如图2-17所示。

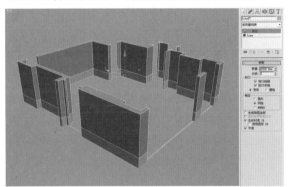

图2-17

05 选择 ⚙ 面板下的 长方体 按钮，打开捕捉命令，分别创建出门框和窗框上面的墙体，如图2-18所示。

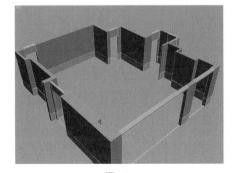

图2-18

06 选择 ⚙ 面板下的 线 按钮，打开捕捉命令，沿着墙体内部轮廓创建样条线，但要留出走道位置，然后在 修改器列表 ▾ 面板中选择 挤出 命令，设置"数量"为100mm，如图2-19所示。

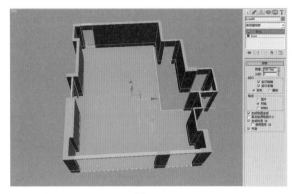

图2-19

07 选择 ⚙ 面板下的 线 按钮，打开捕捉命令，绘制出走道部分的样条线，然后在 修改器列表 ▾ 面板中选择 挤出 命令，设置"数量"为100mm，如图2-20所示。

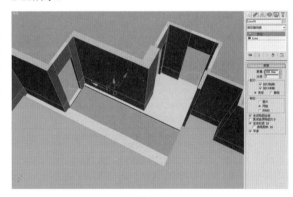

图2-20

08 选择 ⚙ 面板下的 长方体 按钮，创建出随意大小的走道拼花，如图2-21所示。

图2-21

09 选择 ⚙ 面板下的 线 按钮，打开捕捉命令，绘制出休闲室地面的样条线，然后在 修改器列表 ▾ 面板中选择 挤出 命令，设置"数量"为100mm，如图2-22所示。

10 打开3ds Max，执行"文件>合并"菜单命令，在系统弹出的"合并文件"对话框中打开"门.max"文件，如图2-23所示。

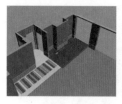

图2-22　　　　　　　　　图2-23

11 在合并max文件时，系统会打开如图2-24所示的对话框，在其中取消选择"灯光"和"摄影机"选项，然后单击"全部"按钮，最后单击"确定"按钮。

12 将合并到场景中的门模型摆放到各个门框内，如图2-25所示。

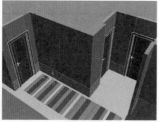

图2-24　　　　　　　　　图2-25

13 下面来创建窗户。选择 面板下的 平面 按钮，打开捕捉命令，创建出一个长度为2600mm、宽度为4820mm的平面，具体位置如图2-26所示。

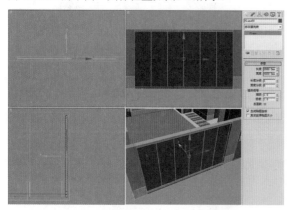

图2-26

14 孤立选择上一步创建的平面，将其转化为"可编辑多边形"，进入"边"层级，然后在"编辑边"卷展栏中单击"切角"按钮，在弹出的"切角边"对话框中设置切角量为1mm，并勾选"打开"选项，如图2-27所示。

技巧与提示　选择要孤立的模型后，按快捷键Alt+Q可以快速进入孤立模式。

图2-27

15 进入多边形层级中，在"编辑多边形"卷展栏中单击"插入"按钮，在弹出的"插入多边形"对话框内设置插入量为80mm，如图2-28所示。

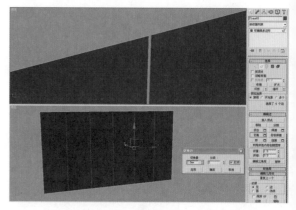

图2-28

16 在"编辑几何体"卷展栏中单击"分离"按钮，在弹出的对话框中保持默认参数设置，然后单击"确定"按钮分离出玻璃，如图2-29所示。

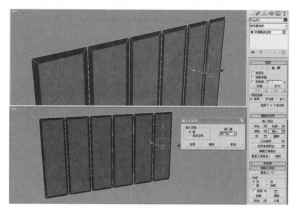

图2-29

17 选择窗框，然后在 修改器列表 面板中选择"壳"命令，设置"外部量"为50mm，如图2-30所示。

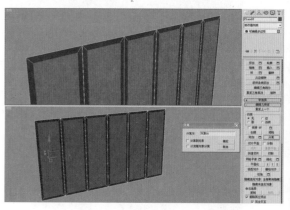

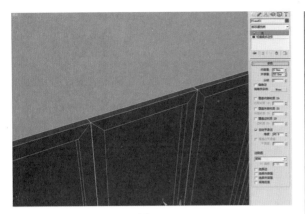

图2-30

18 选择玻璃，然后在 修改器列表 ▼ 面板中选择"壳"命令，设置"外部量"为10mm，并在顶视图中调整玻璃模型到窗框中心，如图2-31所示。

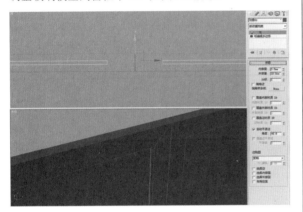

图2-31

19 使用同样的方法创建出休闲室的窗户模型，如图2-32所示。

图2-32

20 创建电视墙。选择 ◎ 面板下的 长方体 按钮，打开捕捉命令，在凹陷部位创建出电视墙模型，如图2-33所示。

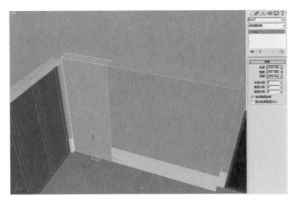

图2-33

21 创建装饰线条。选择 ◎ 面板下的 长方体 按钮，在前视图中创建一个长度为2600mm、宽度为50mm、高度为30mm的长方体，对创建出的长方体进行复制，如图2-34所示。

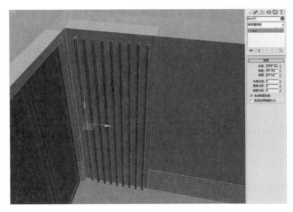

图2-34

22 选择 ◎ 面板下的 线 按钮，绘制出电视墙造型的样条线，并在 修改器列表 ▼ 面板中选择 挤出 命令，设置"数量"为100mm，如图2-35所示。

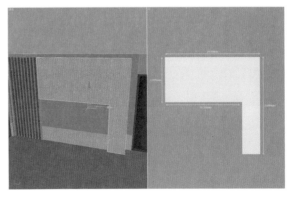

图2-35

23 选择 ◎ 面板下的 线 按钮，绘制出电视柜台的样条线，并在 修改器列表 ▼ 面板中选择 挤出 命令，设置"数量"为80mm，如图2-36所示。

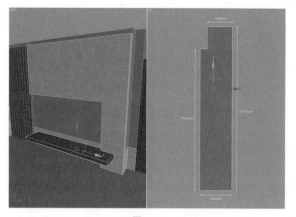

图2-36

24 创建休闲室栏杆。选择 ⊙ 面板下的 长方体 按钮，在顶视图中创建一个长度为3810.125mm、宽度为120mm、高度为100mm的长方体，然后对其进行复制，如图2-37所示。

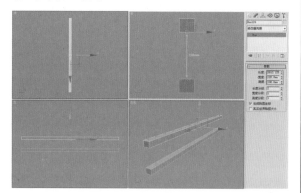

图2-37

25 选择 ⊙ 面板下的 长方体 按钮，在左视图中创建一个长度为350mm、宽度为120mm、高度为120mm的长方体，然后对其进行复制，如图2-38所示。

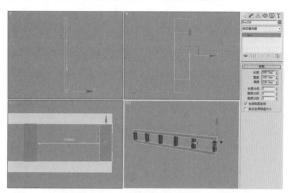

图2-38

26 选择创建完的栏杆模型，然后在 T 面板的 塌陷 选项下单击"塌陷选定对象"按钮，如图2-39所示。

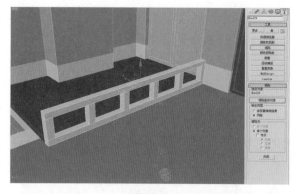

图2-39

27 创建天花模型。选择 ⊙ 面板下的 线 按钮，在顶视图中绘制出走道部分的天花的样条线，并在 修改器列表 面板中选择 挤出 命令，设置"数量"为300mm，如图2-40所示。

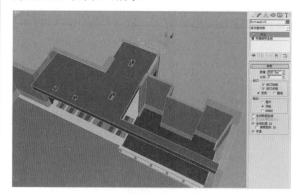

图2-40

28 选择 ⊙ 面板下的 线 按钮，在顶视图中绘制出休闲室部分的天花的样条线，并在 修改器列表 面板中选择 挤出 命令，设置"数量"为100mm，如图2-41所示。

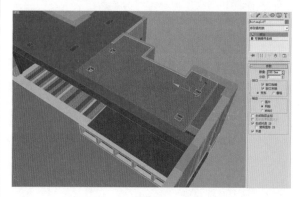

图2-41

29 选择 ⊙ 面板下的 线 按钮，在顶视图中绘制出厨房部分的天花的样条线，并在 修改器列表 面板中选择 挤出 命令，设置"数量"为300mm，如图2-42所示。

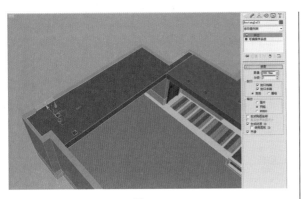

图2-42

30 选择 ○面板下的 长方体 按钮，创建出客厅天花灯槽，如图2-43所示。

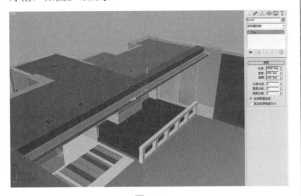

图2-43

31 选择 ○面板下的 线 按钮，在顶视图中绘制出客厅部分的天花的样条线，并在 修改器列表 面板中选择 挤出 命令，设置"数量"为100mm，如图2-44所示。

图2-44

这样，我们就完成了场景的框架建模，如果读者对建模流程还有疑问的话，请参考本书的视频教学。

## 2.2.2 根据照片来制作模型

在效果图制作中，根据照片建模是必须掌握的一项基本功，如根据照片来做家具模型、做户型结构模型等。照片建模主要是考验大家通过照片把握户型结

构、尺寸和比例的能力，当然这也需要一定的制作经验和生活常识。如住宅的层高一般是多少，一般家具的坐高是多少，餐桌的高度设置为多少合适等。

图2-45所示是一个客厅空间的两个不同角度的效果，从图中可以看出，这个空间比较简单，基本上就是一个长方形的空间结构，模型制作也很简单，就是三面墙和一面落地窗。

图2-45

下面就来进行该模型的制作，具体流程如下。

01 打开3ds Max，执行"自定义>Units Setup（单位设置）"菜单命令，把系统单位和显示单位都设置为"毫米"，如图2-46所示。

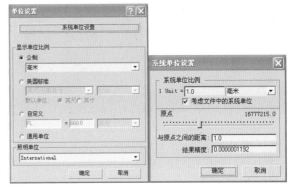

图2-46

02 在顶视图中创建一个长方体物体，设置长度为5800mm，宽度为4250mm，高度为2800mm，如图2-47所示。

03 选择长方体物体，单击鼠标右键，在弹出的快捷菜单中选择"转换为"下的"转换为可编辑多边形"命令，将模型转换为可编辑的多边形物体，如图2-48所示。

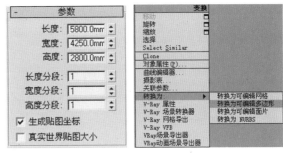

图2-47　　　图2-48

04 按4键，进入物体的"多边形"层级，选择图中所示的这个面，然后按Delete键把它删除，如图2-49所示。

29

图2-49

**05** 分别选择剩余的5个面，单击"编辑几何体"卷展栏下的"分离"按钮，把每个面都转换为单独的物体，如图2-50所示。

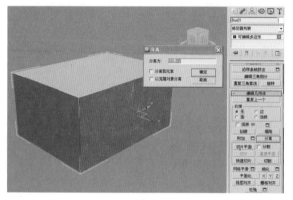

图2-50

**06** 给墙面和顶面一个基本的3ds Max默认材质，同时也给地板一个基本的3ds Max默认材质。

技巧与提示      在建模的同时，将材质也指定给模型，这样在后面调节材质时就会比较方便。所以在后面的操作中也是一样，建好一个模型就赋一个3ds Max的默认材质，同时把材质的名称区分出来，名称最好使用英文或者拼音，因为VRay的网络渲染有时候不支持中文名字。

**07** 分别选择刚才转化出来的单独物体，在"修改器列表"中选择"壳"命令，设置外部量为200mm，如图2-51所示。

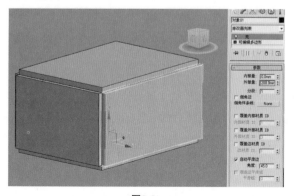

图2-51

技巧与提示      重复执行这样的操作时，可以单击鼠标右键堆栈列表中的命令，然后在弹出的快捷菜单中选择"复制"命令，再选择另外一个对象，在修改器堆栈列表中单击鼠标右键，选择"粘贴"命令，如图2-52所示。

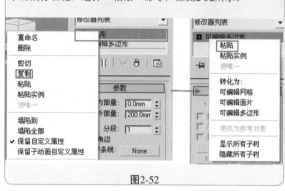

图2-52

**08** 把所有的物体都转化为可编辑多边形，然后通过调整多边形对象的点，使模型对齐，调整后的效果如图2-53所示。

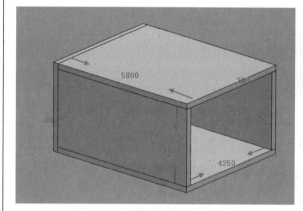

图2-53

**09** 选择右边的墙体，进入物体的"边"层级，选择上下4个边，然后在"编辑边"卷展栏中单击"连接"按钮，设置"分段"值为2，如图2-54所示。

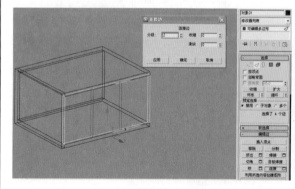

图2-54

**10** 转到顶视图里，在墙体旁边建两个辅助矩形，上面一个矩形的长度为3800mm，下面一个长度为400mm，如图2-55所示。

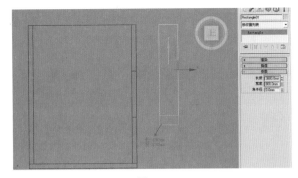

图2-55

11　把刚才新建的两个边与辅助物体的边对齐，如图2-56所示。

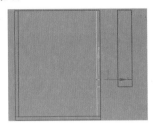

图2-56

12　按P键切换到透视图，把辅助物体删除；选择右边的墙体，进入多边形的"边"层级，选择垂直方向上的所有边，通过使用"连接"命令，添加1个新边，如图2-57所示。

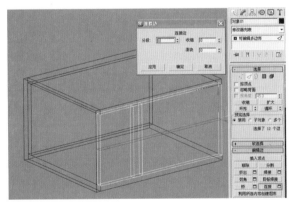

图2-57

13　通过再次创建辅助物体的方法，让新建的边距顶的距离为200mm，如图2-58所示。

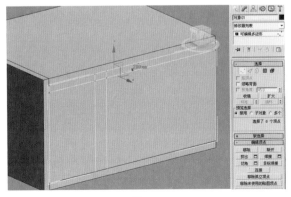

图2-58

技巧与提示　可以选择最顶边的边，查看它在z轴的坐标，例如，它的绝对坐标是2800mm，那么再选择新建的边，然后在它绝对坐标的z轴数值框中输入2600mm即可。

14　使用默认快捷键Alt+Q单独显示右边的墙体，进入物体的"多边形"层级，选择不需要的3个面，删除它们，如图2-59所示。

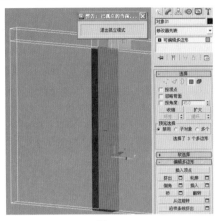

图2-59

15　进入物体的"边"层级，选择绿色线标示处的边，同时按住Shift键，向对边拖动，如图2-60所示。

图2-60

16　切换到顶视图，选择新边的4个点，向左移动点，让它们与墙体对齐，如图2-61所示。

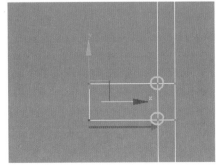

图2-61

31

17　使用"焊接"命令把顶点焊接，这时候，顶点由原来的28个变成了焊接后的24个，如图2-62所示。

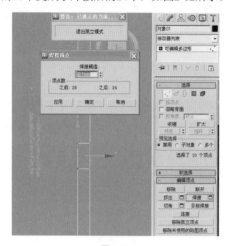

图2-62

18　在挖出来的墙洞中创建一个长方体放在墙洞里作为磨砂玻璃模型，如图2-63所示。

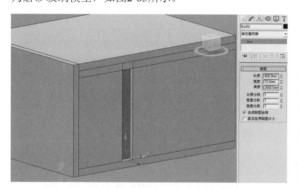

图2-63

19　接下来建旁边的阳台，操作流程如图2-64所示。

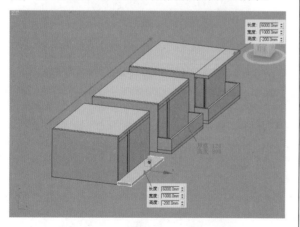

图2-64

20　创建一个平面，然后转换成可编辑多边形，通过按住Shift键移动边的方法，制作出道路模型，如图2-65所示。

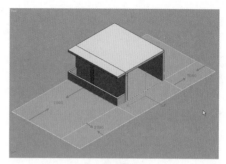

图2-65

21　再创建一个草坪的模型，模型大小参考图2-66所标示的数据。

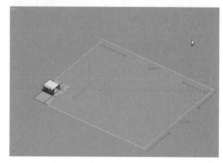

图2-66

22　制作落地窗的模型。先创建一个平面，然后转换为可编辑多边形，根据窗框之间的距离调整边，可参见图2-67所示的操作流程。

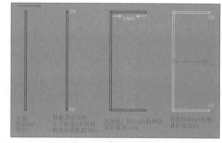

图2-67

23　重复上一步的操作，参考图2-68所示的数据，继续拉伸边。

图2-68

24　选择图2-69中用绿圈标出的边，按住Shift键向上拉伸，移动到与上面的底边对齐。

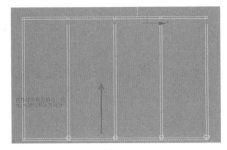

图2-69

[25] 选中重复的点，单击"编辑顶点"卷展栏中的 [焊接] 右侧的口，将点焊接，如图2-70所示。

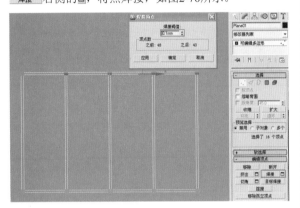

图2-70

[26] 选中编辑好的模型，在"修改器列表"中选择"壳"命令，设置"外部量"为50mm，如图2-71所示。

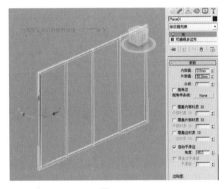

图2-71

[27] 最后将框架移动到合适的位置，如图2-72所示，这是框架结构的最终效果。

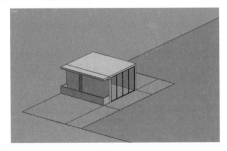

图2-72

## 2.3 制作常用室内家具模型

### 2.3.1 简洁马桶

简洁马桶的案例效果和线框效果如图2-73所示。在技术细节上，笔者使用"壳"命令制作马桶盖子，使用多边形工具制作马桶的主体结构。

图2-73

简洁马桶的建模流程如图2-74所示。

图2-74

#### 1. 创建马桶底部模型

[01] 打开3ds Max，选择 ○ 面板下的 [长方体] 按钮，在场景中创建一个长度为580mm、宽度为400mm、高度为32mm的长方体，具体参数如图2-75所示。

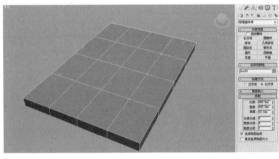

图2-75

[02] 选择模型并单击鼠标右键，将其转换为可编辑多边形，在可编辑多边形的"顶点"层级中，配合工具栏中的 ✛ 移动工具调整顶点位置，如图2-76所示。

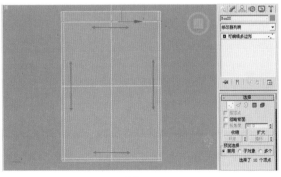

图2-76

03 将多余的点移到边角，然后选择边角所有的顶点，在"编辑顶点"卷展栏中单击"焊接"按钮，在弹出的对话框中设置"焊接阈值"为0.1mm，如图2-77所示。

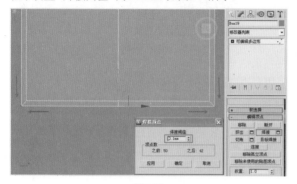

图2-77

04 切换到顶视图，沿y轴向上移动选择的顶点，如图2-78所示。

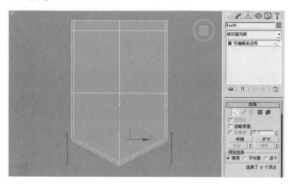

图2-78

> 技巧与提示　按键盘上的数字键1、2、3、4、5可以进入多边形的相应层级的选择。

05 进入可编辑多边形的"多边形"级别中，选择模型底部的面，然后在"编辑多边形"卷展栏中单击"挤出"按钮，设置"挤出高度"为200mm，如图2-79所示。

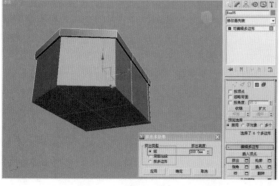

图2-79

06 进入到可编辑多边形的"边"层级中，选择图2-80所示的边。

图2-80

07 选择边后，在"编辑边"卷展栏中单击"连接"按钮，参数设置如图2-81所示。

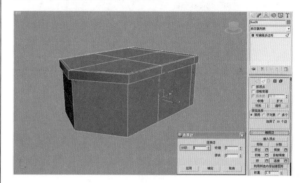

图2-81

08 沿x轴对选择的点进行缩放，如图2-82所示。

09 按B键进入底视图，向下调整选择的顶点，如图2-83所示。

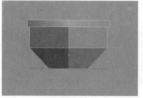

图2-82　　　　　　图2-83

10 选择马桶底部的面进行挤出，如图2-84所示。

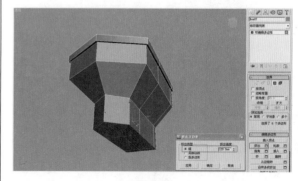

图2-84

[11] 沿x轴对选择点进行缩放，如图2-85所示。

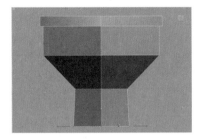

图2-85

[12] 选择马桶模型尾部的面进行挤出操作，设置"挤出高度"为40mm，如图2-86所示。

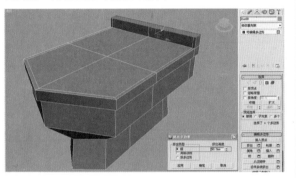

图2-86

[13] 选择点进行调节，效果如图2-87所示。

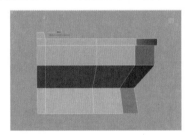

图2-87

[14] 选择边进行挤出，设置"挤出高度"为0mm，设置"挤出基面宽度"为6mm，如图2-88所示。

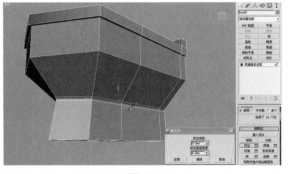

图2-88

[15] 选择边进行连接，如图2-89所示。

[16] 选择马桶背部的面进行挤出，设置"挤出高度"为3mm，如图2-90所示。

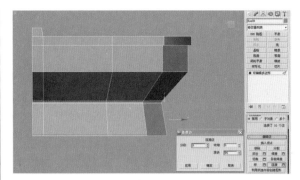

图2-89

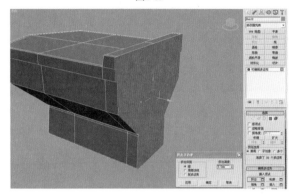

图2-90

[17] 选择边进行连接，参数设置如图2-91所示。

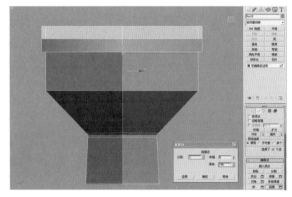

图2-91

[18] 选择边进行连接，参数设置如图2-92所示。

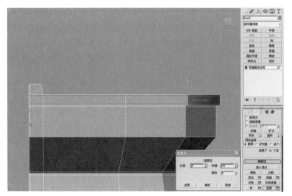

图2-92

⑲ 选择边进行连接，参数设置如图2-93所示。

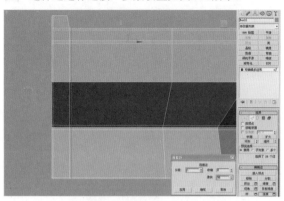

图2-93

⑳ 选择如图2-94所示的边。

图2-94

㉑ 选择边后，在"编辑边"卷展栏中单击"切角"按钮，参数设置如图2-95所示。

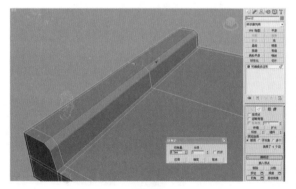

图2-95

㉒ 在 修改器列表 中添加"涡轮平滑"命令，设置"迭代次数"为3，平滑结果如图2-96所示。

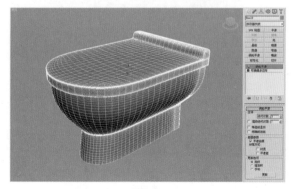

图2-96

 技巧与提示　　在可编辑多边形的布线过程中，要尽量避免五边面、三角面、多边面，以免平滑后出现破面问题。

### 2. 创建马桶盖子模型

① 选择如图2-97所示的面。

图2-97

② 在"编辑多边形"卷展栏中单击"分离"按钮，将模型以克隆对象分离，参数设置如图2-98所示。

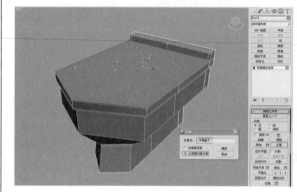

图2-98

③ 切换到顶视图，对分离出来的面进行顶点调节，如图2-99所示。

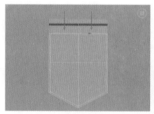

图2-99

④ 在修改器列表中给模型添加一个"壳"命令，在参数卷展栏中设置"外部量"为40mm，如图2-100所示。

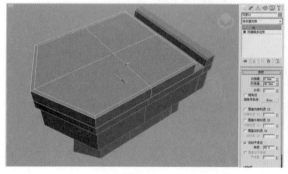

图2-100

05　选择边进行连接，参数设置如图2-101所示。

图2-101

06　给马桶盖子添加"涡轮平滑"命令，参数设置如图2-102所示。

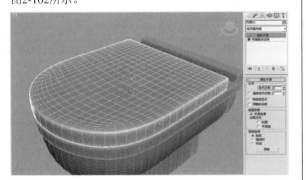

图2-102

到此，马桶模型就创建完毕了，模型如图2-103所示。渲染效果如图2-104所示。

图2-103

图2-104

## 2.3.2　皮质凳子

皮质凳子的案例效果和线框效果如图2-105所示，这个模型比较简单，主要就是"长方体"建模工具的应用。

图2-105

皮质凳子的建模流程如图2-106所示。

图2-106

### 1.　创建坐垫模型

01　在场景中创建一个长度为500mm、宽度为500mm、高度为64mm的长方体，参数设置如图2-107所示。

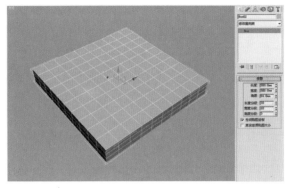

图2-107

02　把模型转换为可编辑多边形，然后在顶点层级中选择如图2-108所示的点。

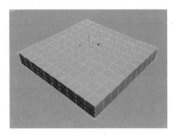

图2-108

03　在"编辑顶点"卷展栏中单击"挤出"按钮，对选择的点进行挤出，参数设置如图2-109所示。

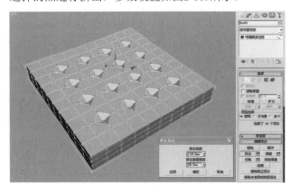

图2-109

04　继续选择如图2-110所示的点。

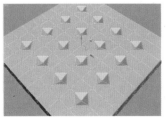

图2-110

37

05 对选择的点进行反向挤出操作，参数设置如图2-111所示。

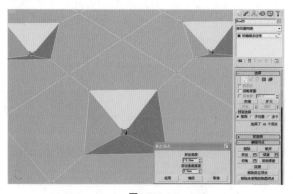

图2-111

06 选择如图2-112所示的点，并将点向上拉伸。

07 选择侧面的点进行高度缩放，如图2-113所示。

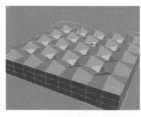 

图2-112　　　　　　　图2-113

08 对选择的点再次进行缩放，如图2-114所示。

09 选择如图2-115所示的点，然后对其进行缩放。

 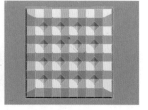

图2-114　　　　　　　图2-115

10 选择如图2-116所示的点，然后对其进行缩放。

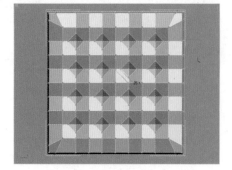

图2-116

11 在修改器列表中给模型添加"涡轮平滑"命令，设置"迭代次数"为1，结果如图2-117所示。

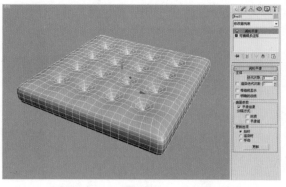

图2-117

12 把涡轮平滑后的坐垫再次转化为可编辑多边形，然后选择如图2-118所示的边。

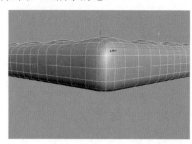

图2-118

13 对选择的边进行挤出操作，设置"挤出高度"为-2mm、"挤出基面宽度"为0.4mm，如图2-119所示。

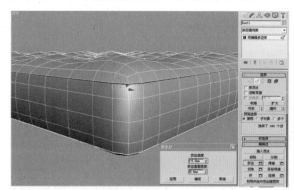

图2-119

14 选择如图2-120所示的边。

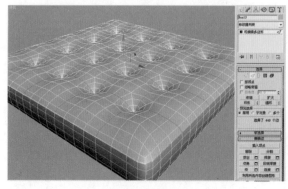

图2-120

15 对选择的边进行挤出操作，参数设置如图2-121所示。

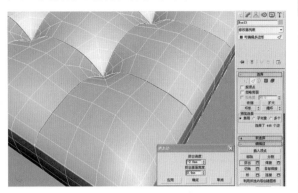

图2-121

16 在修改器列表中给模型添加"涡轮平滑"命令，设置"迭代次数"为1，这样就完成了坐垫的制作，模型效果如图2-122所示。

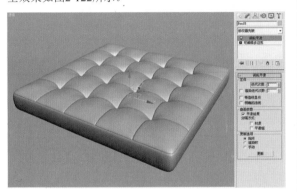

图2-122

技巧与提示　在布线的过程中，在保持线条流畅的情况下，尽量以最少的点、线、面来制作出准确的模型。

## 2. 创建凳子腿模型

01 选择 面板下的 平面 按钮，在场景中建立一个长度为500mm、宽度为500mm的平面，参数设置如图2-123所示。

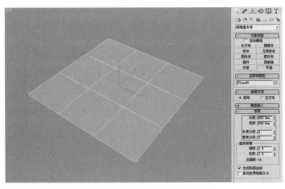

图2-123

02 将模型转换成可编辑多边形，然后进入顶点层级来调整点，如图2-124所示。

图2-124

03 在多边形级别中选择中间的面并将其删除，如图2-125所示。

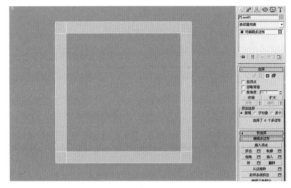

图2-125

04 选择如图2-126所示的边。

图2-126

05 对选择中的边进行连接，如图2-127所示。

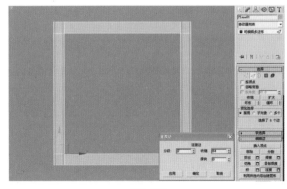

图2-127

06 执行和上一步相同的操作，连接选择的边，如图2-128所示。

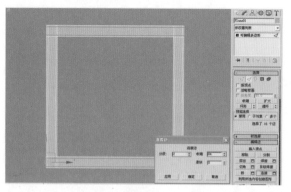

图2-128

**07** 在修改器列表中给模型添加"壳"命令，设置"外部量"为40mm，如图2-129所示。

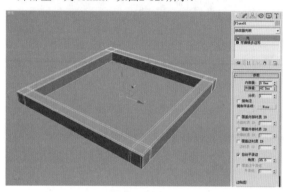

图2-129

**08** 选择如图2-130所示的面。

图2-130

**09** 在"选择"卷展栏中单击"扩大"按钮，结果如图2-131所示。

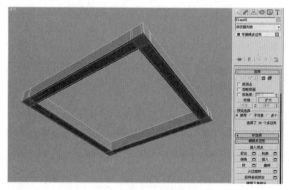

图2-131

**10** 对选择的面进行挤出，设置"挤出高度"为300mm，如图2-132所示。

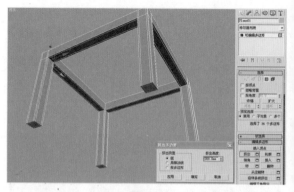

图2-132

**11** 对选择的面进行缩放，如图2-133所示。

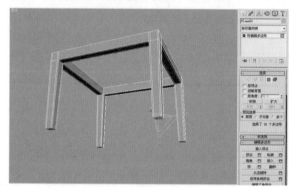

图2-133

**12** 如图2-134所示，选择边并进行连接。

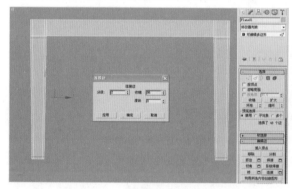

图2-134

**13** 如图2-135所示，选择边并进行连接。

图2-135

14 切换到顶视图继续进行边的连接操作，如图2-136所示。

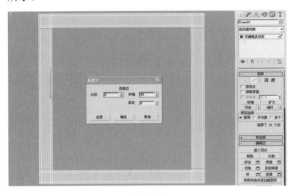

图2-136

15 如图2-137所示，选择边并进行连接。

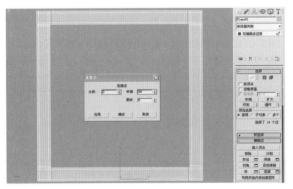

图2-137

16 如图2-138所示，选择边并进行连接。

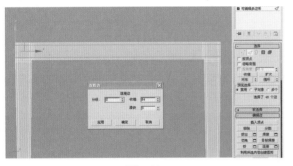

图2-138

17 在修改器列表中给模型添加"涡轮平滑"命令，设置"迭代次数"为2，结果如图2-139所示。

图2-139

到此，皮质凳子模型创建完毕，模型效果如图2-140所示。

渲染效果如图2-141所示。

图2-140　　　　　　　　图2-141

### 2.3.3 双人沙发

双人沙发的案例效果和线框效果如图2-142所示。

图2-142

双人沙发的建模流程如图2-143所示。

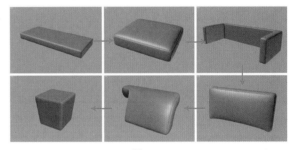

图2-143

#### 1. 创建沙发坐垫底部

01 在场景中创建一个长度为530mm、宽度为1100mm、高度为110mm的长方体，具体参数如图2-144所示。

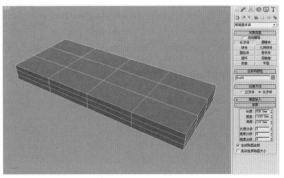

图2-144

02 将长方体转换成可编辑多边形，切换到顶视图，在顶点层级中调整点的位置，如图2-145所示。

03  切换到左视图，继续调整点的位置，如图2-146所示。

图2-145　　　　　　　图2-146

04  选择顶部的面，然后向上拖动并进行适当调整，效果如图2-147所示。

05  选择侧边的面，然后进行造型调节，效果如图2-148所示。

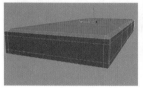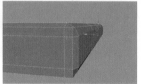

图2-147　　　　　　　图2-148

06  选择如图2-149所示的边。

07  在"编辑边"卷展栏中单击"切角"按钮，进行切角操作，设置"切角量"为2mm，如图2-150所示。

图2-149

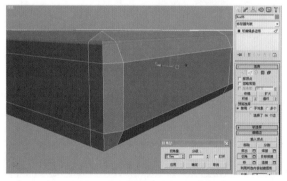

图2-150

08  对切角后的边进行挤出，设置"挤出高度"为-2mm、"挤出基面宽度"为0.4mm，如图2-151所示。

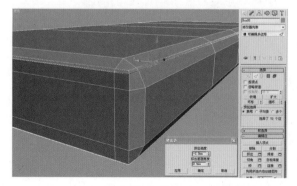

图2-151

09  在修改器列表中给模型添加一个"涡轮平滑"命令，设置"迭代次数"为2，结果如图2-152所示。

图2-152

## 2. 创建沙发坐垫

01  在场景中创建一个长度为530mm、宽度为650mm、高度为120mm的长方体，具体参数如图2-153所示。

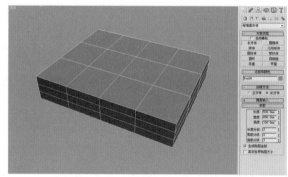

图2-153

02  将长方体转换成可编辑多边形，在顶视图中利用缩放工具调整点的位置，如图2-154所示。

03  在前视图中利用缩放工具调整选择的点，如图2-155所示。

图2-154　　　　　　　图2-155

04  选择坐垫顶部的面，向上移动并进行调节，如图2-156所示。

05  切换到前视图，选择点并进行缩放，如图2-157所示。

图2-156　　　　　　　图2-157

06 在顶视图中选择坐垫4个边角的点进行缩放调整，如图2-158所示。

图2-158

07 选择边进行切角操作，设置"切角量"为2mm，如图2-159所示。

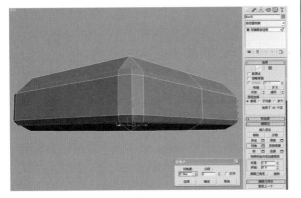

图2-159

08 对切角后的边进行挤出操作，设置"挤出高度"为-2mm、"挤出基面宽度"为0.4mm，如图2-160所示。

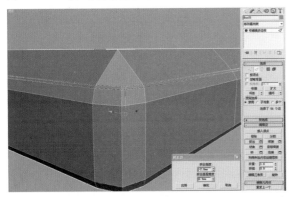

图2-160

09 在修改器列表中给模型添加"涡轮平滑"命令，设置"迭代次数"为2，如图2-161所示。

图2-161

### 3. 创建沙发靠背

01 在顶视图中创建一个长度为630mm、宽度为1500mm的平面，如图2-162所示。

图2-162

02 将模型转换成可编辑多边形，然后在"编辑多边形"卷展栏中单击"插入"按钮，设置"插入量"为100mm，如图2-163所示。

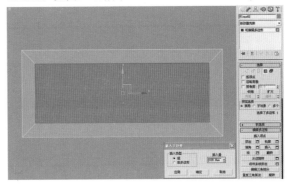

图2-163

03 将多余的面删除，如图2-164所示。

04 向下调整选择的点，如图2-165所示。

图2-164

图2-165

05 如图2-166所示，进行边的连接。

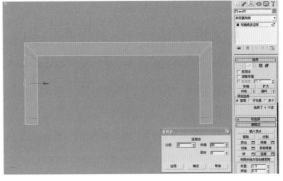

图2-166

06 如图2-167所示，进行边的连接。

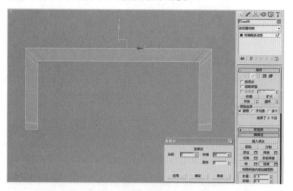

图2-167

07 在修改器列表中给模型添加一个"壳"命令，设置"外部量"为360mm，如图2-168所示。

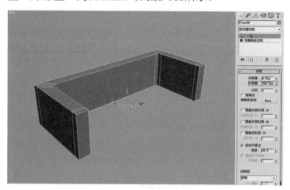

图2-168

08 将模型转换成可编辑多边形，然后进行边的连接，如图2-169所示。

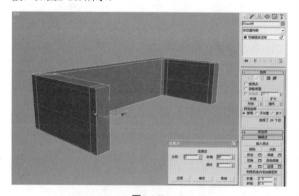

图2-169

09 如图2-170所示，选择边并进行连接。

图2-170

10 如图2-171所示，选择边并进行连接。

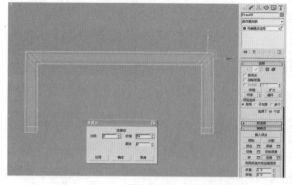

图2-171

11 选择如图2-172所示的面，将其向上移动并调整。

12 向下调整选择的点，如图2-173所示。

图2-172　　　　　　　　　图2-173

13 选择如图2-174所示的边。

图2-174

14 对选择的边进行切角操作，设置"切角量"为2mm，如图2-175所示。

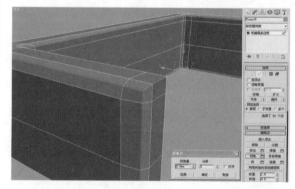

图2-175

15 对切角后的边进行挤出操作，设置"挤出高度"为-2mm、"挤出基面宽度"为0.4mm，如图2-176所示。

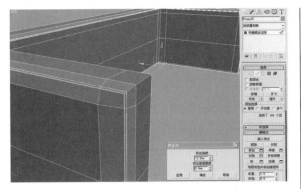

图2-176

16 在修改器列表中给模型添加"涡轮平滑"命令，设置"迭代次数"为2，如图2-177所示。

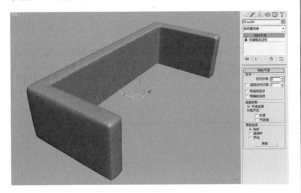

图2-177

## 4. 创建沙发靠垫

01 在前视图中创建一个长度为280mm、宽度为100mm、高度为650mm的长方体，具体参数如图2-178所示。

图2-178

02 在左视图中旋转模型的角度，如图2-179所示。

03 将长方体转换成可编辑多边形，然后对点进行调节，如图2-180所示。

图2-179

图2-180

04 进行边的连接，如图2-181所示。

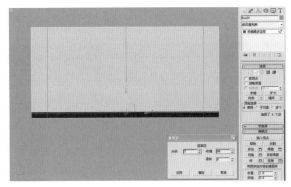

图2-181

05 对点进行调节，如图2-182所示。

06 在顶视图中对切角后的边进行缩放，如图2-183所示。

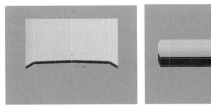

图2-182　　　　图2-183

07 选择面，向下拖动调整，如图2-184所示。

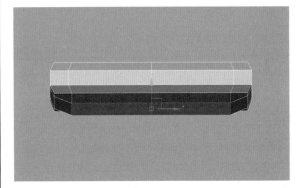

图2-184

08 选择边并进行切角，如图2-185所示。

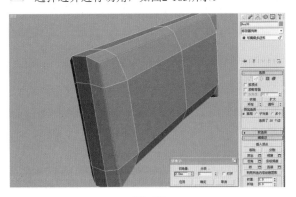

图2-185

09　对切角后的边进行挤出操作，设置"挤出高度"为-2mm、"挤出基面宽度"为0.4mm，如图2-186所示。

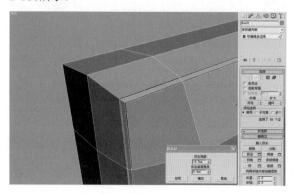

图2-186

10　在修改器列表中给模型添加"涡轮平滑"命令，设置"迭代次数"为2，结果如图2-187所示。

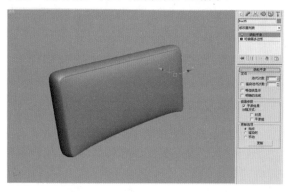

图2-187

## 5. 创建沙发扶手

01　选择 面板下的 矩形 按钮，在前视图中创建一个长度为120mm、宽度为130mm的矩形，如图2-188所示。

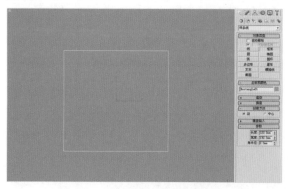

图2-188

02　在视图中单击鼠标右键，通过右键菜单命令将矩形转换成可编辑样条线，如图2-189所示。

03　在线段级别中选择线并且删除，如图2-190所示。

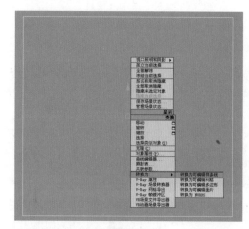

图2-189

图2-190

04　在修改器列表中给线添加一个"挤出"命令，设置"数量"为380mm，如图2-191所示。

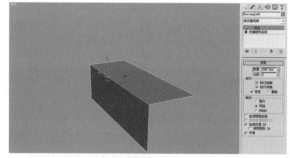

图2-191

05　在修改器列表中给模型添加"壳"命令，设置"外部量"为60mm，如图2-192所示。

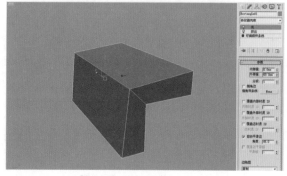

图2-192

06 将其转换成可编辑多边形，对点进行调整，如图2-193所示。

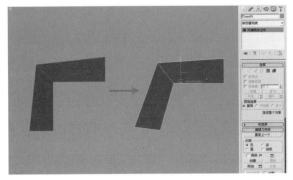

图2-193

07 在顶视图中调整顶部的点，注意只对顶部的点进行调整，如图2-194所示。

图2-194

08 选择面并挤出，设置"挤出高度"为120mm，如图2-195所示。

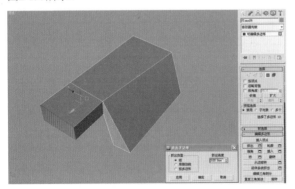

图2-195

09 在顶视图中向右移动选中的点，如图2-196所示。

图2-196

10 对边进行连接，如图2-197所示。

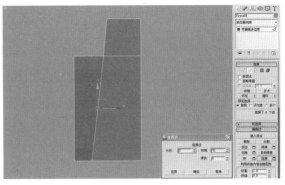

图2-197

11 在前视图中对边进行连接，如图2-198所示。

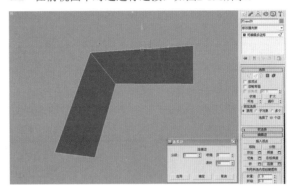

图2-198

12 继续进行边的连接，如图2-199所示。

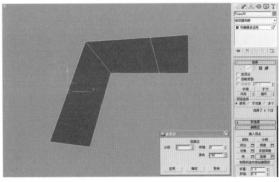

图2-199

13 再次进行边的连接，如图2-200所示。

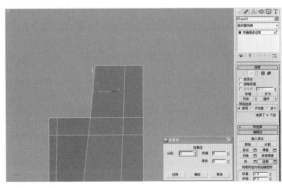

图2-200

14 选择侧边的面，如图2-201所示。

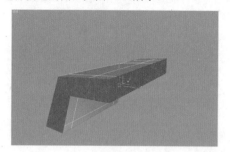

图2-201

15 对选择的面进行倒角，设置倒角"高度"为14mm、"轮廓量"为-16mm，如图2-202所示。

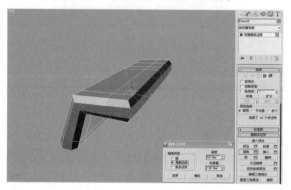

图2-202

16 如图2-203所示，选择面并向左移动。

17 如图2-204所示，向下调整被选中的点。

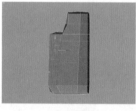
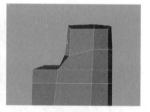

图2-203          图2-204

18 对模型的厚度进行一次调整，如图2-205所示。

19 继续进行调整，如图2-206所示。

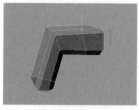

图2-205          图2-206

20 选择边进行切角操作，设置"切角量"为2mm，如图2-207所示。

21 选择边角上的点，其他类似的点也同样选择，如图2-208所示。

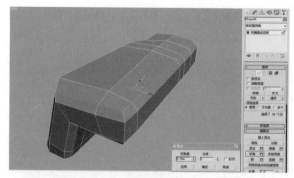

图2-207

图2-208

22 对选择的点进行焊接，设置"焊接阈值"为5mm，如图2-209所示。

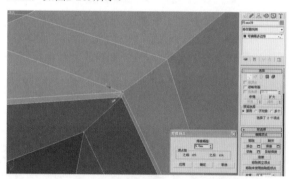

图2-209

23 选择边并进行挤出操作，设置"挤出高度"为-2mm、"挤出基面宽度"为0.4mm，如图2-210所示。

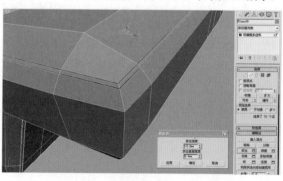

图2-210

24 检查边角的点，然后进行焊接，设置"焊接阈值"为1mm，如图2-211所示。

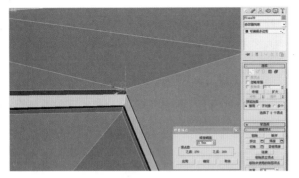

图2-211

25 在前视图中对形状进行细微的调整，如图2-212所示。

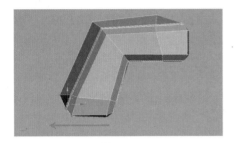

图2-212

26 在修改器列表中给模型添加"涡轮平滑"命令，设置"迭代次数"为2，如图2-213所示。

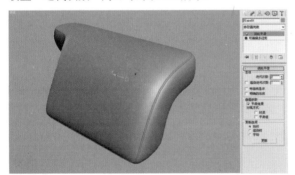

图2-213

## 6. 创建沙发脚

01 在顶视图中创建一个长度为100mm、宽度为100mm、高度为100mm的长方体，如图2-214所示。

图2-214

02 把模型转换成可编辑多边形，然后在顶视图中进行边的连接，如图2-215所示。

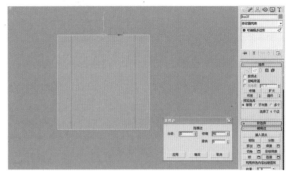

图2-215

03 再次进行边的连接，如图2-216所示。

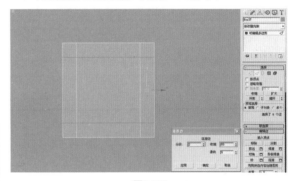

图2-216

04 在前视图中选择底部的点进行缩放，如图2-217所示。

图2-217

05 选择边并进行连接，如图2-218所示。

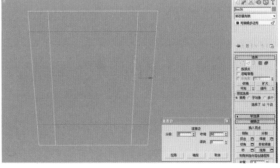

图2-218

06 对边进行切角操作，设置"切角量"为2mm，如图2-219所示。

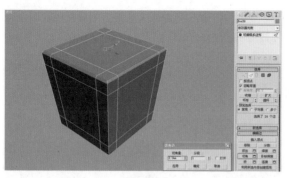

图2-219

**07** 对切角后的边进行挤出，设置"挤出高度"为-2mm、"挤出基面宽度"为0.4mm，如图2-220所示。

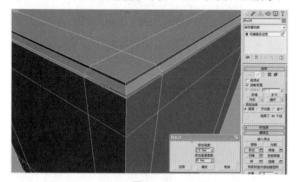

图2-220

**08** 在修改器列表中给模型添加"涡轮平滑"命令，设置"迭代次数"为2，如图2-221所示。

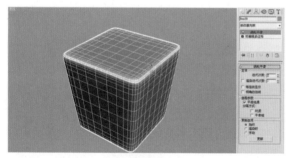

图2-221

到此，双人沙发模型创建完毕，模型效果如图2-222所示。

渲染效果如图2-223所示。

图2-222

图2-223

## 2.3.4 异型单人沙发

异型单人沙发的案例效果和线框效果如图2-224所示，本例主要学习"镜像"和"平面"工具的应用。

图2-224

异型单人沙发的建模流程如图2-225所示。

图2-225

下面来学习建模的流程。

**01** 在顶视图中创建一个长度为1000mm、宽度为1170mm的平面，具体参数如图2-226所示。

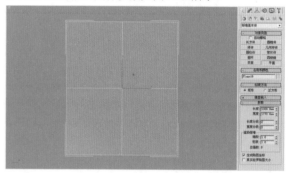

图2-226

**02** 将模型转换成可编辑多边形，然后在左视图中向上调整点，如图2-227所示。

**03** 继续对点进行调整，如图2-228所示。

图2-227

图2-228

**04** 在修改器列表中给模型添加"壳"命令，设置"外部量"为480mm，如图2-229所示。

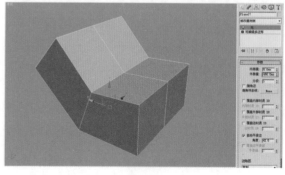

图2-229

05 进行边的连接，如图2-230所示。

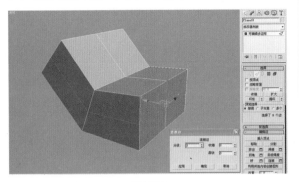

图2-230

06 在顶视图中对刚连接的边进行扩大缩放，如图2-231所示。

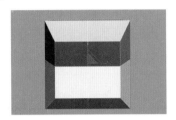

图2-231

07 选择沙发中间的点，进行挤出操作，设置"挤出高度"为-100mm、"挤出基面宽度"为240mm，如图2-232所示。

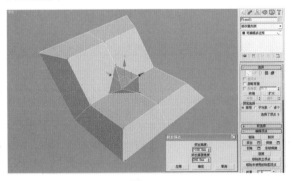

图2-232

08 选择横向的边进行挤出操作，设置"挤出高度"为-20mm、"挤出基面宽度"为3mm，如图2-233所示。

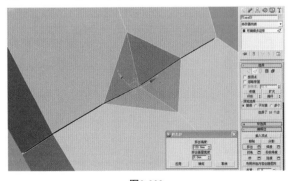

图2-233

09 对竖向的边同样进行挤出操作，设置"挤出高度"为-20mm、"挤出基面宽度"为3mm，如图2-234所示。

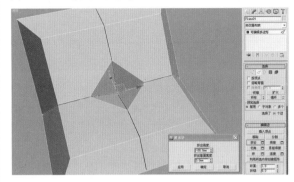

图2-234

10 在多边形层级中将模型删除一半，如图2-235所示。

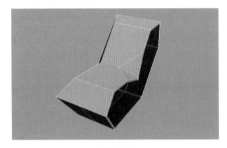

图2-235

11 在沙发背部连接一条边，具体参数如图2-236所示。

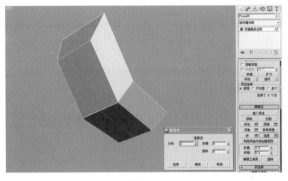

图2-236

12 再次进行边的连接，具体参数如图2-237所示。

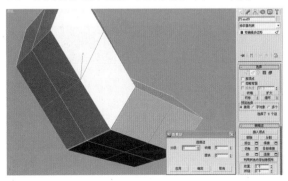

图2-237

13 选择如图2-238所示的点。

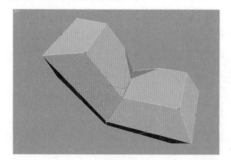

图2-238

14 在"编辑顶点"卷展栏中单击"连接"按钮，结果如图2-239所示。

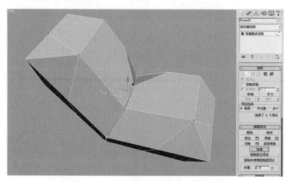

图2-239

15 对沙发角的点进行挤出操作，设置"挤出高度"为0mm、"挤出基面宽度"为90mm，如图2-240所示。

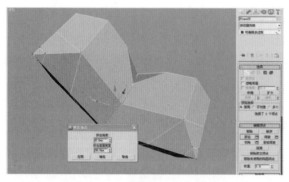

图2-240

16 对沙发角的点进行小幅度扩大调整，如图2-241所示。

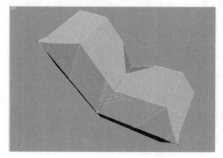

图2-241

17 进入多边形的边层级，然后单击"编辑边"卷展栏中的"插入顶点"按钮，进行顶点插入操作，如图2-242所示。

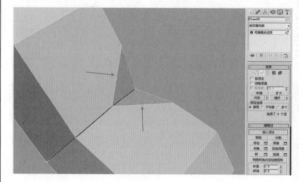

图2-242

18 利用添加的点进行连接，如图2-243所示。

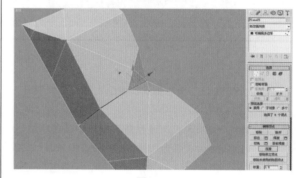

图2-243

19 如图2-244所示，对点向上调整。

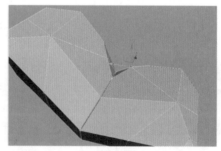

图2-244

20 在修改器列表中给模型添加"对称"命令，选择镜像轴为y轴，勾选"翻转"选项，如图2-245所示。

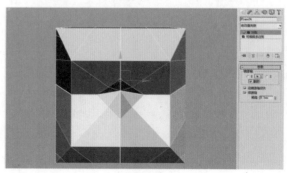

图2-245

21 对沙发中间多余的点进行焊接，设置"焊接阈值"为40mm，如图2-246所示。

图2-246

22 对沙发顶部的面进行连接，如图2-247所示。

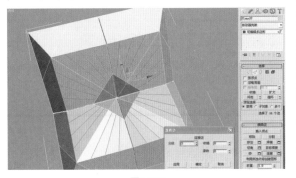

图2-247

23 对沙发中间的边插入顶点，注意每个边只需加3个点，以便下一步连接操作，如图2-248所示。

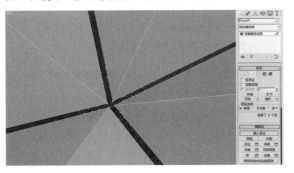

图2-248

24 利用到刚才插入的点，进行连接，其他类似点也用同样的方法，如图2-249所示。

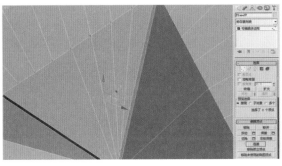

图2-249

25 将错误的点全部连接到沙发中心的点，如图2-250所示。

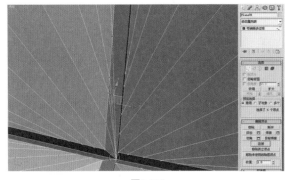

图2-250

26 利用"编辑顶点"卷展栏中的"目标焊接"工具将多余的点随意地连接到一起，如图2-251所示。

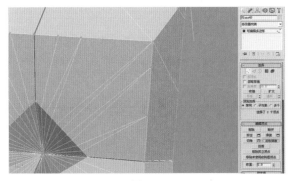

图2-251

全部连接完毕的效果如图2-252所示。

27 对凹陷部分周边的点随意向上调整，这样通过平滑后的效果看起来更自然，如图2-253所示。

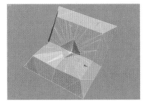

图2-252

图2-253

28 对沙发4个角的点进行挤出，设置"挤出高度"为-80mm、"挤出基面宽度"为25mm，如图2-254所示。

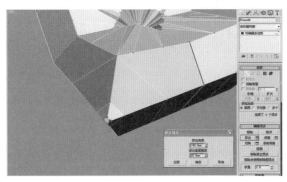

图2-254

29 对沙发周围的点进行扩大缩放，以便圆滑后看起来更软，如图2-255所示。

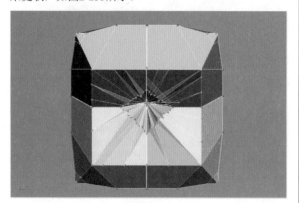

图2-255

> 技巧与提示　在创建软体模型的时候，褶皱的制作难度相对比较大，其技术核心就是布线要非常自然，这是制作真实褶皱效果的基本前提。

30 在修改器列表中给模型添加"涡轮平滑"命令，设置"迭代次数"为1，然后选择如图2-256所示的边并沿x轴向右移动。

图2-256

31 如图2-257所示，选择边并沿x轴向左移动。

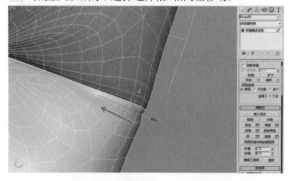

图2-257

32 在多边形的顶点层级中，对4个沙发角的点进行随意调整，这样看起来更自然，如图2-258所示。

图2-258

33 对沙发的边进行挤出操作，设置"挤出高度"为-2mm、"挤出基面宽度"为1mm，如图2-259所示。

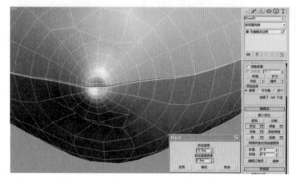

图2-259

34 如图2-260所示，对沙发4个角的边进行挤出操作，设置"挤出高度"为-2mm、"挤出基面宽度"为1mm。

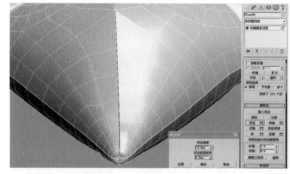

图2-260

35 在修改器列表中给模型添加"涡轮平滑"命令，设置"迭代次数"为1，如图2-261所示。

图2-261

到此，异型单人沙发模型创建完毕，模型效果如图2-262所示。

渲染效果如图2-263所示。

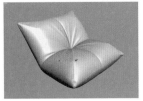

图2-262　　　　　　　　图2-263

## 2.3.5 简约椅子

简约椅子的案例效果和线框效果如图2-264所示。本例的难点是椅子靠背，这里采用了"弯曲"命令来完成。

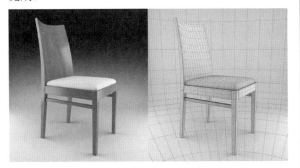

图2-264

简约椅子的建模流程如图2-265所示。

图2-265

### 1. 创建椅子背部

**01** 在前视图中创建一个长度为900mm、高度为36mm、宽度为36mm的长方体，具体参数如图2-266所示。

图2-266

**02** 将长方体转换成可编辑多边形，然后把模型中间的点向下移动65mm，如图2-267所示。

**03** 对椅子腿底部进行缩放调整，如图2-268所示。

图2-267　　　　　　　　图2-268

**04** 把椅子腿底部的点向左移动48mm，如图2-269所示。

**05** 对靠背顶部的点进行缩放，如图2-270所示。

图2-269　　　　　　　　图2-270

**06** 对选择的边进行连接，如图2-271所示。

**07** 选择如图2-272所示的点。

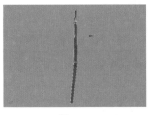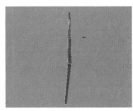

图2-271　　　　　　　　图2-272

**08** 在修改器列表中给选择的点添加"弯曲"命令，设置弯曲角度-16，选择弯曲轴为y轴，在弯曲"中心"级别中调整中心点到靠背与椅子腿的交界处，如图2-273所示。

图2-273

**09** 选择边并进行连接，具体参数如图2-274所示。

55

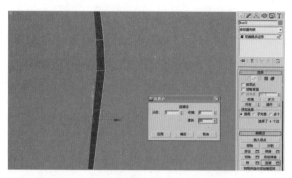

图2-274

10 选择模型所有横向的边，然后进行连接，具体参数如图2-275所示。

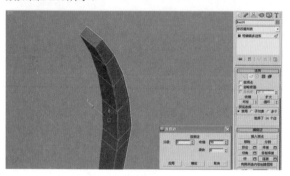

图2-275

11 在顶视图中选择竖向的边，然后进行连接，具体参数如图2-276所示。

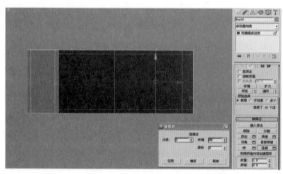

图2-276

12 选择模型顶部竖向的边进行连接，如图2-277所示。

图2-277

13 选择模型底部竖向的边进行连接，如图2-278所示。

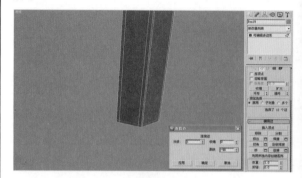

图2-278

14 在顶视图中，选择模型并按住Shift键向上拖动复制，复制间距为308mm，如图2-279所示。

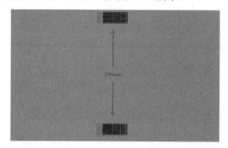

图2-279

15 选中模型，然后在工具面板下单击"塌陷"按钮，塌陷选择的对象，如图2-280所示。

图2-280

16 如图2-281所示，选择模型内侧的面。

图2-281

17 在"编辑多边形"卷展栏中单击"桥"按钮,如图2-282所示。

图2-282

18 如图2-283所示,进行边的连接。

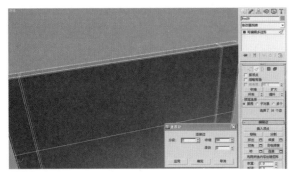

图2-283

19 如图2-284所示,进行边的连接。

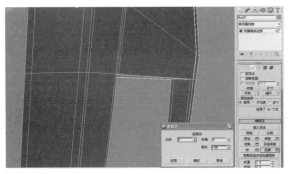

图2-284

20 如图2-285所示,进行边的连接。

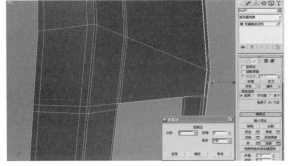

图2-285

21 对椅子靠背进行边的连接,如图2-286所示。

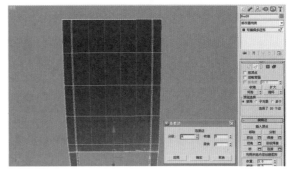

图2-286

22 选择缩放工具,按F12键打开"缩放变换输入"器,然后在x轴输入比例为0,如图2-287所示。

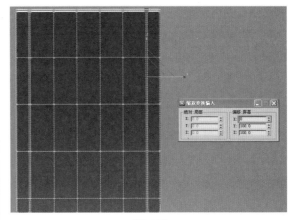

图2-287

23 执行与上一步相同的操作,对左边的点进行缩放,如图2-288所示。

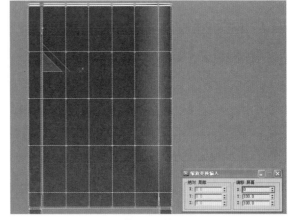

图2-288

24 选择刚才缩放过的点,在"编辑顶点"卷展栏中单击"焊接"按钮,设置"焊接阈值"为0.1mm,如图2-289所示。

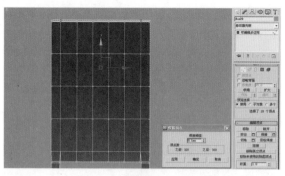

图2-289

25 选中靠背部分的点，在修改器列表中添加FFD3×3×3命令，在"控制点"级别中选择如图2-290所示的点，并将其沿x轴向后移动。

图2-290

26 在修改器列表中给模型添加"涡轮平滑"命令，设置"迭代次数"为2，如图2-291所示。

图2-291

## 2. 创建椅子腿

01 在顶视图中创建一个长度为400mm、宽度为34mm、高度为34mm的长方体，如图2-292所示。

图2-292

02 选择椅子腿底部的点进行缩放，如图2-293所示。

图2-293

03 在顶视图中进行边的连接，如图2-294所示。

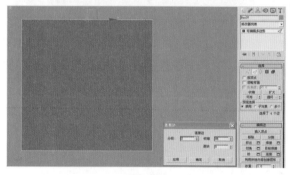

图2-294

04 如图2-295所示，继续进行边的连接。

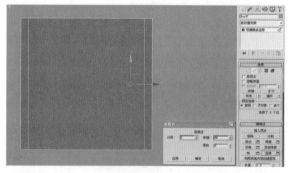

图2-295

05 在前视图中进行边的连接，如图2-296所示。

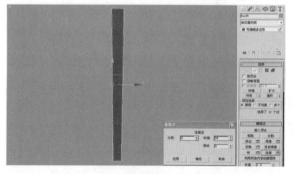

图2-296

06 在修改器列表中给模型添加"涡轮平滑"命令，设置"迭代次数"为2，如图2-297所示。

图2-297

07 使用上面讲过的方法创建出其他部分的模型，结果如图2-298所示。

图2-298

### 3. 创建椅子坐垫

01 在顶视图中创建一个长度为363mm、宽度为393mm的平面，如图2-299所示。

图2-299

02 将其转换成可编辑多边形，在"多边形"层级中选择顶部的面进行倒角处理，设置倒角高度为16mm、倒角轮廓量为-16mm，如图2-300所示。

图2-300

03 在"边界"层级中选择坐垫底部的边界，选择移动工具并按住Shift键沿z轴向下拖动得到新的面，如图2-301所示。

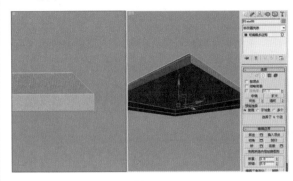

图2-301

04 如图2-302所示，在顶视图中连接横向的边。

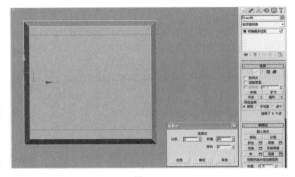

图2-302

05 如图2-303所示，连接竖向的边。

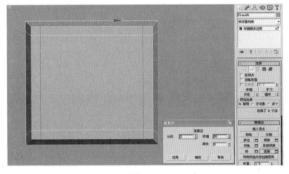

图2-303

06 选择顶部中心的面，然后将其沿z轴向上移动，结果如图2-304所示。

图2-304

07 在"边界"层级中选择模型底部的边界，然后选择缩放工具并按住Shift键进行缩放，如图2-305所示。

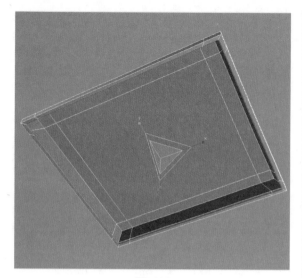

图2-305

08 在修改器列表中给模型添加"涡轮平滑"命令，设置"迭代次数"为2，如图2-306所示。

图2-306

到此，简约椅子的模型创建完毕，模型效果如图2-307所示。

渲染效果如图2-308所示。

图2-307　　　　　　图2-308

## 2.3.6　球形吊椅

球形吊椅是一个时尚家具，案例效果和线框效果

如图2-309所示。在技术细节上，笔者利用玻璃球体模型分离出金属边框，利用二维线制作铁链，请读者在学习过程中注意这两点。

图2-309

球形吊椅的建模流程如图2-310所示。

图2-310

### 1.　创建吊椅外壳

01 在左视图中创建一个半径为450mm、分段为48的球体，如图2-311所示。

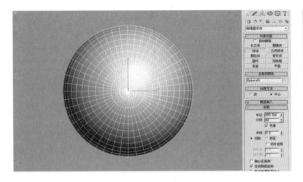

图2-311

02 将其转换成可编辑多边形，在前视图中将模型的一部分删除，如图2-312所示。

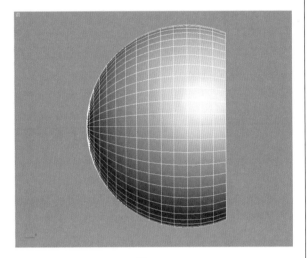

图2-312

03 选择旋转工具，按F12键打开"旋转变换输入"器，然后在z轴输入旋转角度为20°，如图2-313所示。

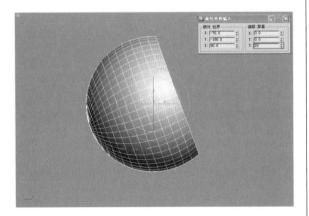

图2-313

04 在"边界"层级中选择模型的边界，然后在"编辑边界"卷展栏中单击"利用所选内容创建图形"按钮，创建出二维线备用，如图2-314所示。

图2-314

05 在修改器列表中给模型添加"壳"命令，设置"内部量"为6mm，如图2-315所示。

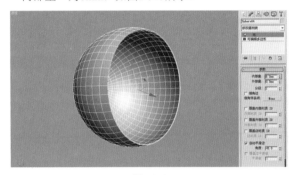

图2-315

06 选择刚才分离出来的二维线图形，在"渲染"卷展栏中对其进行设置，具体参数如图2-316所示。

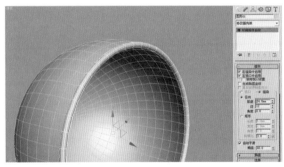

图2-316

## 2. 创建铁链模型

01 创建一个长度为22mm、宽度为8mm、角半径为2.6mm的矩形，如图2-317所示。

图2-317

02 在"渲染"卷展栏中修改矩形的参数，设置"厚度"为4mm、"边"为12mm，如图2-318所示。

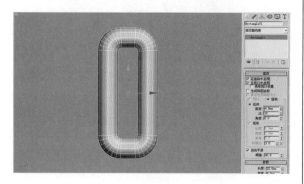

图2-318

03 对创建出来的矩形进行复制，结果如图2-319所示。

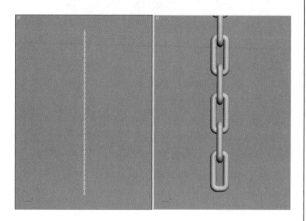

图2-319

### 3. 创建坐垫模型

01 在前视图中创建一个半径为450mm，分段为25的球体，如图2-320所示。

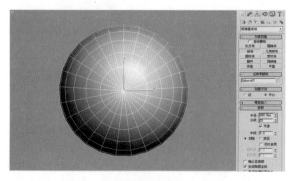

图2-320

02 将其转换成可编辑多边形，然后删除多余的面，如图2-321所示。

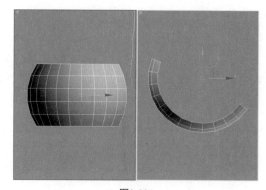

图2-321

03 选择模型中心横向的边进行切角操作，设置"切角量"为1mm，勾选"打开"选项，如图2-322所示。

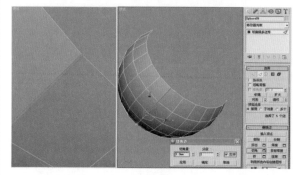

图2-322

04 在修改器列表中给模型添加"壳"命令，设置"内部量"为100mm，如图2-323所示。

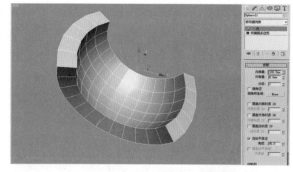

图2-323

05 给模型的侧面进行一次边的连接，参数设置如图2-324所示。

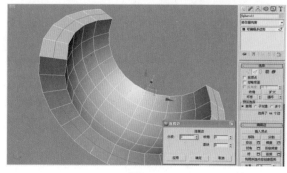

图2-324

06 在边层级中对连接后的边进行挤出操作，设置"挤出高度"为30mm、"挤出基面宽度"为100mm，如图2-325所示。

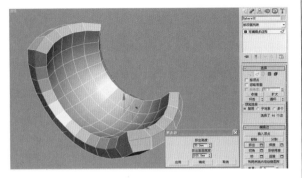

图2-325

07 选择所有的点，然后在"编辑顶点"卷展栏中单击"焊接"按钮，设置"焊接阈值"为0.1mm，如图2-326所示。

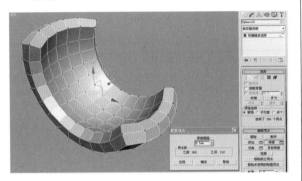

图2-326

08 把坐垫放在球形外壳内，使用移动和旋转工具调整坐垫前端的点，如图2-327所示。

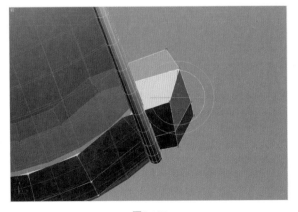

图2-327

09 给坐垫模型添加"涡轮平滑"命令，设置"迭代次数"为1，如图2-328所示。

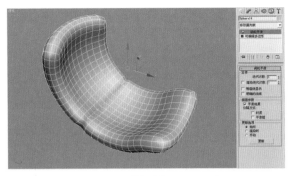

图2-328

10 如图2-329所示，选择坐垫顶部和底部的边。

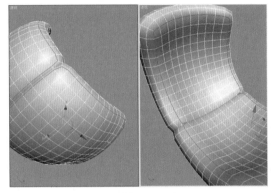

图2-329

11 对选择的边进行挤出操作，设置"挤出高度"为-3mm、"挤出基面宽度"为0.4mm，如图2-330所示。

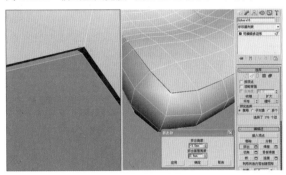

图2-330

12 给坐垫模型添加"涡轮平滑"命令，设置"迭代次数"为1，如图2-331所示。

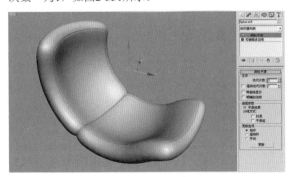

图2-331

到此，球形吊椅模型创建完毕，模型效果如图2-332所示。

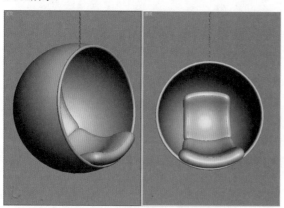

**图**2-332

渲染效果如图2-333所示。

**图**2-333

## 2.4 本章小结

本章通过一些案例讲解了室内效果图的建模技法，包括建筑框架建模和家具建模，主要用到的方法都是3ds Max最常见的一些技法。由于建模具有一定的特殊性，我们在讲解过程中可能会存在一些遗漏，如果大家有看不明白的地方，请参考配套光盘中的视频教学。

# 第3章 深度掌握VRay是渲好图的捷径

本章学习要点

» VRay灯光的使用方法

» VRay材质的使用方法

» VRay毛发的使用方法

» VRay置换修改器的使用方法

» VRay摄像机的使用方法

» VRay渲染参数的设置技巧

如果要问什么渲染器统治着效果图制作领域，答案肯定是唯一的：VRay渲染器。从进入国内到初步被用户接受，再到现在风靡全行业，VRay仅用了短短几年的时间。2007年，在效果图制作领域的一批顶尖从业者的带动下，VRay开始被越来越多的同行所接受，直到现在成为行业内占据统治地位的渲染器。VRay在渲染效率和质量方面比较均衡，既能够获得很好的效果，又具备较快的渲染速度，能够满足商业渲染对品质和效率的要求，这也是VRay之所以强大的根本。

VRay渲染器是模拟真实光照的一个全局光渲染器，无论是静止画面还是动态画面，其真实性和可操作性都让用户为之惊讶。它具有对照明的仿真，以帮助绘图者完成犹如照片般的图像；它可以表现出高级的光线追踪，以表现出表面光线的散射效果、动作模糊化；除此之外，VRay还能带给用户很多让人惊叹的功能，它以极快的渲染速度和较高的渲染质量吸引了全世界众多用户。

## 3.1 VRay的来龙去脉

VRay渲染器是Chaos Group公司开发的基于3ds Max的全局光渲染器，Chaos Group公司是一家以制作3D动画、计算机影像和软件为主的公司，有50多年的历史，其产品包括计算机动画、数字效果和电影胶片等，同时也提供电影视频切换，著名的火焰插件（Phoenix）和布料插件（SimCloth）就是它的产品。

VRay渲染器的算法是基于James T.Kajiya在1986年发表的"渲染方程"论文而改进的，这个方程主要描述了灯光是怎样在一个场景中传播和反射的。在James T.Kajiya的论文中也提到了用Monte Carlo（蒙特卡罗）的计算方式来计算真实光影，这种计算方式仅仅是基于几何光学，近似于电磁学中的Maxwell（麦克斯维）计算方式，它不能计算出衍射、干涉、偏振等现象。同时，这个渲染方程不是真正描述了物理世界中的光的活动，例如，在这个渲染方程中，它假定光线无穷小、光速无穷大，这和物理世界中的真实光线是不一样的。但是，正是因为它基于几何光学，所以它的可控制性好，计算速度快。

## 3.2 VRay灯光

### 3.2.1 VRay灯光的参数

"VRay灯光"的具体参数设置如图3-1所示。

#### 1. 常规

» 开：灯光开关。

» **排除**：排除物体的光照。

» 类型：包含3种灯光类型，分别如下。
平面：有的参考书叫"面光"。
穹顶：有的参考书叫"半球光"。
球体：有的参考书叫"球光"。

#### 2. 强度

» 单位：包含以下5种灯光亮度单位。

默认（图像）：VRay默认单位，依靠灯光的颜色和亮度来控制灯光的强弱，如果忽略曝光类型的因素，灯光色将是物体表面受光的最终色彩。

发光率（1m）：当这个单位被选择的时候，灯光的亮度将和灯光的大小无关（100W的亮度约等于1500LM）。

亮度（lm/ m²/sr）：当这个单位被选择的时候，灯光的亮度和它的大小有关系。

图3-1

辐射率（W）：当这个单位被选择的时候，灯光的亮度将和灯光的大小无关。

需要注意，这里的瓦特和物理上的瓦特不一样，这里的100W等于物理上的2～3W。

辐射（W/m²/sr）：当这个单位被选择的时候，灯光的亮度和它的大小有关系。

» 颜色：设置灯光的颜色。

» 倍增器：设置灯光的亮度值。

### 3. 大小

» 半长："平面"光长度的一半（如果选择"球体"光，该参数将变成"半径"）。

» 半宽："平面"光宽度的一半（如果选择"穹顶"光或者"球体"光，该参数不可用）。

### 4. 选项

» 投影：是否对物体的光照产生阴影。

» 双面：用来控制灯光的双面都产生照明效果（当灯光类型为"平面"时有效，其他灯光类型无效）。

» 不可见：这个选项用来控制最终渲染时是否显示VRay灯的形状。

» 忽略灯光法线：这个选项控制灯光的发射是否按照光源的法线发射。

» 不衰减：物理世界中，所有的光线都是有衰减的。如果勾选这个选项，VRay将不计算灯光的衰减效果。

» 天光入口：这个选项是把VRay灯转换为天光，这时的VRay灯就变成了"间接照明"，失去了直接照明。当勾选这个选项时，"投影""双面""不可见"等选项将不可用，这些选项将被VRay的天光参数取代。

» 存储发光贴图：勾选这个选项，同时在"渲染设置"对话框的"间接照明"卷展栏中设置首次反弹为"发光图"类型，则VRay灯的光照信息将保存在"发光图"中。在渲染光子的时候将变得更慢，但是出图的时候，渲染速度会提高很多。当渲染完光子后，可以把这个VRay灯关闭或者删除，它对最后的渲染效果没有影响，因为它的光照信息已经保存在"发光图"中。

» 影响漫射：这个选项决定灯光是否影响物体材质属性的漫反射。

» 影响高光反射：这个选项决定灯光是否影响物体材质属性的高光。

» 影响反射：勾选该选项时，灯光将对物体的反射区进行光照，物体可以将光源进行反射。

### 5. 采样

» 细分：这个参数控制灯光的采样细分。比较低的值，杂点多，渲染速度快；比较高的值，杂点少，渲染速度慢。

» 阴影偏移：这个参数用来控制物体与阴影的偏移距离，较高的值会使阴影向灯光的方向偏移。

» 中止：设置采样的最小阈值。

### 6. 纹理

» 使用纹理：这个选项允许用户使用贴图作为半球光的光源。

» [None]：选择贴图通道。

» 分辨率：贴图光照的计算精度，最大为2048。

只有设置灯光类型为"平面"时，"纹理"选项组中的参数才可用。

### 7. 穹顶灯光选项

» 目标半径：当使用"光子贴图"引擎计算时，这个选项定义光子从什么地方开始发射。

» 发射半径：当使用"光子贴图"引擎计算时，这个选项定义光子从什么地方结束发射。

只有设置灯光类型为"穹顶"时，"穹顶灯光选项"选项组中的参数才可用。

下面通过实际应用来对"VRay灯光"的一些重要参数进行说明，首先创建图3-2所示的灯光测试场景。

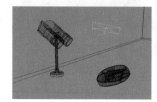

图3-2

勾选与禁用"双面"选项的对比效果如图3-3所示。

图3-3

勾选与禁用"不可见"选项的对比效果如图3-4所示。

图3-4

勾选与禁用"忽略灯光法线"选项的对比效果如图3-5所示。

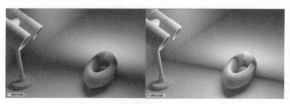

图3-5

勾选与禁用"不衰减"选项的对比效果如图3-6所示，可以看到勾选后整个场景比较亮，但却不怎么真实。

图3-6

对于"影响漫射"和"影响高光反射"选项，从图3-7中可以看到勾选不同选项的对比效果。

图3-7

从图3-8中可以看出，"细分"值越大，模糊区域的阴影越光滑。

图3-8

 技巧与提示　　其他选项大家可以自己做测试，通过测试就会更深刻地理解它们的用途。测试是学习VRay最有效的方法，通过不断的测试，避免死记硬背，从原理层次去理解参数，这样才能真正掌握每个参数的含义，做出真实的效果图。

## 学中练1——VRay灯光（平面光）的应用

本例练习"VRay灯光"的"平面"光的使用方法，案例效果如图3-9所示。本例场景全部使用"平面"光进行照明，因为是练习灯光应用，所以笔者提供的初始场景已经设置好材质和渲染参数，读者只需要布置灯光即可。

图3-9

01　打开本书配套资源中的"案例文件>第3章>学中练1>初始场景.max"文件，如图3-10所示。

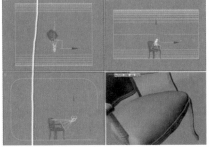

图3-10

技巧与提示　　如果贴图路径丢失，请读者重新查找一下路径，以免渲染出错。

02　在顶视图中创建一盏1/2长2400mm、1/2宽220mm的"VRay灯光"，修改灯光的颜色为（R：255，G：246，B：233），然后勾选"不可见"选项，并取消勾选"影响镜面"与"影响反射"选项，接着调整好灯光的摆放位置，如图3-11所示。

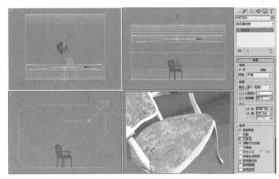

图3-11

03　在顶视图中创建一盏1/2长550mm、1/2宽550mm的"VRay灯光"，修改灯光的颜色为（R：233，G：245，B：255），然后勾选"不可见"选项，并设置"细分"为24，具体摆放位置如图3-12所示。

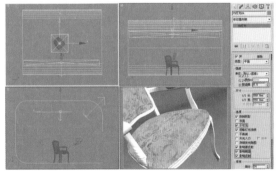

图3-12

04　在左视图中创建一盏1/2长350mm、1/2宽1150mm的"VRay灯光"，修改灯光的颜色为（R：233，G：245，B：255），勾选"不可见"选项，并设置"细分"为24，具体摆放位置如图3-13所示。

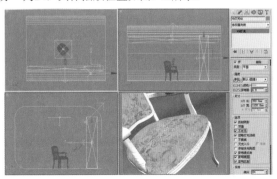

图3-13

05 选择灯光进行镜像，具体参数设置如图3-14所示。

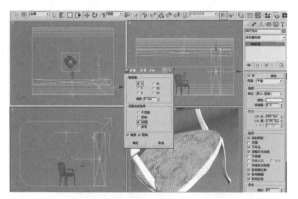

图3-14

06 对灯光位置进行调整，如图3-15所示。

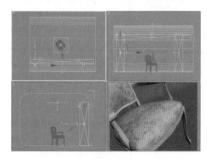

图3-15

07 按F9键进行渲染，最终效果如图3-16所示。

图3-16

## 学中练2——VRay灯光（穹顶光）的应用

本例练习"VRay灯光"的"穹顶"光的使用方法，案例效果如图3-17所示。

图3-17

01 打开本书配套资源中的"案例文件>第3章>学中练2>初始场景.max"文件，如图3-18所示。

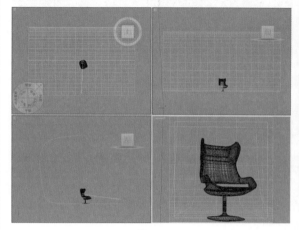

图3-18

02 在顶视图中创建一盏"VRay灯光"，设置灯光类型为"穹顶"，然后设置"倍增器"为5，接着修改灯光的颜色为（R：195，G：220，B：255），最后勾选"不可见"选项，如图3-19所示。

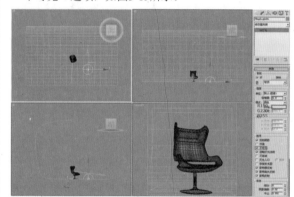

图3-19

03 按F9键进行渲染，最终效果如图3-20所示。

图3-20

68

## 学中练3——VRay灯光（球体光）的应用

本例练习"VRay灯光"的"球体"光的使用方法，案例效果如图3-21所示。

图3-21

01 打开本书配套资源中的"案例文件>第3章>学中练3>初始场景.max"文件，如图3-22所示。

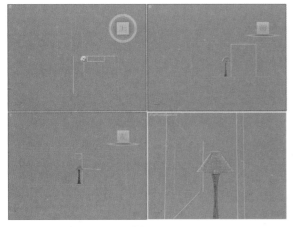

图3-22

02 在灯罩模型中创建一盏"VRay灯光"，设置灯光类型为"球体"，然后设置"倍增器"为300，接着修改灯光的颜色为（R：255，G：134，B：75），最后勾选"不可见"和"影响反射"选项，并设置"细分"为20，如图3-23所示。

图3-23

03 按F9键进行渲染，最终效果如图3-24所示。

图3-24

### 3.2.2 VRay阳光和VRay天光

"VRay阳光"和"VRay天光"能模拟物理世界中的真实阳光和天光效果，它们的变化主要是随着"VRay阳光"位置的变化而变化的。

"VRay阳光"可以根据不同位置表现出一天中不同的时间段，下面举例说明。

首先创建一盏"VR阳光"，此时系统会弹出一个确认对话框，单击其中的 是(Y) 按钮即可，如图3-25所示。

图3-25

按数字键8进入"环境和效果"对话框，可以发现系统采用了"VR天光"作为环境贴图，并且此时的"VRay阳光"和"VRay天光"是相互关联的，如图3-26所示。

通过3ds Max中的阳光系统，将"VRay阳光"的地理环境定位在中国成都的位置，时间是6月22日的早晨6:30（这时候太阳和地平面的夹角大约是15°），渲染效果如图3-27所示。

图3-26

图3-27

把阳光调整到下午3:30，这时候太阳和地平面的夹角大约为45°，渲染效果如图3-28所示。

将时间调整为下午6:00，这时候太阳和地平面的夹角大约为30°，渲染效果如图3-29所示。

图3-28　　　　　　　图3-29

将时间调整到下午7:00，这时候太阳刚好在地平面上，渲染效果如图3-30所示。

将时间调整到晚上8:30，此时太阳已经位于地平面以下，渲染效果如图3-31所示。

图3-30　　　　　　　图3-31

 通过上面的测试，大家可以看出太阳的位置会影响天光的变化，从而能模拟物理世界中的阳光和天光效果。

## 1. VRay阳光参数

下面再来看看"VRay阳光"的参数面板，如图3-32所示。

» 激活：阳光开关。

» 浊度：这个参数控制空气的混浊度，它影响"VRay阳光"和"VRay天光"的颜色。比较小的值表示晴朗干净的空气，阳光和天光的颜色比较蓝；较大的值表示灰尘含量重的空气（如沙尘暴），阳光和天光的颜色呈现黄色甚至橘黄色，如图3-33所示。

图3-32

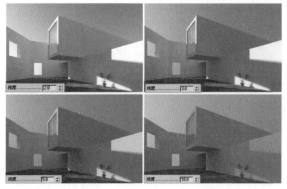

图3-33

 早晨的空气混浊度低，黄昏的空气混浊度高。

» 臭氧：这个参数是指空气中臭氧的含量，较小的值阳光比较黄，较大的值阳光比较蓝，如图3-34所示。

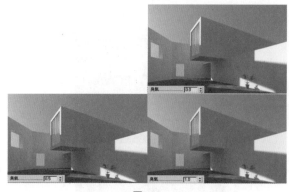

图3-34

 冬天的臭氧含量高，夏天的臭氧含量低；高原的臭氧含量低，平原的臭氧含量高。

» 强度倍增值：这个参数是指阳光的亮度，默认值为1，会让整个场景太亮，在上面测试的例子中，阳光亮度为0.005。

» 大小倍增值：这个参数是指太阳的大小，它的作用主要表现在阴影的模糊上，较大的值阳光阴影比较模糊。

» 阴影细分：这个参数是指阴影的细分，较大的值，模糊区域的阴影将比较光滑，没有杂点。

» 阴影偏移：用来控制物体与阴影偏移距离，较高的值会使阴影向灯光的方向偏移。

» 光子发射半径：这个参数和"光子贴图"计算引擎有关。

» ⬛ 排除 ⬛：排除物体光照。

## 2. VRay天光参数

"VRay天光"的参数设置面板如图3-35所示。

» 手动阳光节点：当不勾选时，"VRay天光"的参数将从场景中"VRay阳光"的参数里自动匹配，如图3-36所示；而勾选后，就可以从场景中选择不同的光源，在这种情况下，"VRay阳光"将不再控制"VRay天光"的效果，"VRay天光"将用它自身的参数来改变天光的效果。

图3-35　　　　　　　图3-36

» 阳光节点：单击后面的按钮可以选择太阳光源，这里除了可以选择"VRay阳光"之外，还可以选择其他的光源。

 "VRay天光"参数面板的其余参数和"VRay阳光"里的参数效果是一样的，这里就不再重复介绍。

## 学中练4——VRay阳光的应用

本例练习"VRay阳光"的使用方法，案例效果如图3-37所示。

图3-37

01 打开本书配套资源中的"案例文件>第3章>学中练4>初始场景.max"文件，如图3-38所示。

图3-38

02 在顶视图中创建一盏"VR阳光"，其位置如图3-39所示。

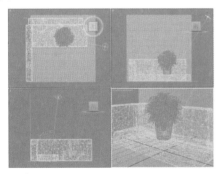

图3-39

03 按F9键进行渲染，最终效果如图3-40所示。

图3-40

## 学中练5——VRay天光的应用

本例练习"VRay天光"的使用方法，案例效果如图3-41所示。

图3-41

01 打开本书配套资源中的"案例文件>第3章>学中练5>初始场景.max"文件，如图3-42所示。

图3-42

02 按数字键8打开"环境和效果"对话框，然后在"颜色"通道中添加一张"VR天空"程序贴图，如图3-43所示。

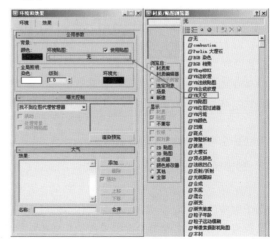

图3-43

03 拖曳颜色通道中的"VR天空"程序贴图到材质球中，具体参数设置如图3-44所示。

04 按F9键进行渲染，最终效果如图3-45所示。

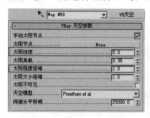 

图3-44　　　　　　　　图3-45

### 3.2.3　VRayIES

VRayIES是一个V形射线特定光源插件，可用来加载IES灯光，能使现实世界的光分布更加逼真。VRayIES和3ds Max中的光度学中的灯光类似，但专门优化的V形射线比通常的要快，其参数面板如图3-46所示。

图3-46

## 3.3　VRay材质

### 3.3.1　材质概述

材质可以看成是材料和质感的结合。在渲染程序中，它是物体表面各种可视属性的结合，这些可视属性是指色彩、纹理、光滑度、透明度、反射率、折射率、发光度等。正是有了这些属性，大家才能识别三维空间中的物体属性是怎么表现的，也正是有了这些属性，计算机模拟的三维虚拟世界才会和真实世界一样缤纷多彩。

如果要想做出真实的材质，就必须深入了解物体的属性，这需要对真实物理世界中的物体多观察，多分析。

下面来举例分析一下物体的属性。

#### 1.　物体的颜色

色彩是光的一种特性，人们通常看到的色彩是光作用于眼睛的结果。但光线照射到物体上的时候，物体会吸收一些光色，同时也会漫反射一些光色，这些漫反射出来的光色到达人们的眼睛之后，就决定物体

看起来是什么颜色，这种颜色常被称为"固有色"。这些被漫反射出来的光色除了会影响人们的视觉之外，还会影响它周围的物体，这就是"光能传递"。当然，影响的范围不会像人们的视觉范围那么大，它要遵循"光能衰减"的原理。

图3-47所示的远处的光照亮，而近处的光照暗。这是由于光的反射与照射角度的关系，当光的照射角度与物体表面成90°垂直照射时，光的反射最强，而光的吸收最柔；当光的照射角度与物体表面成180°时，光的反射最柔，而光的吸收最强。

图3-47

> **技巧与提示**　物体表面越白，光的反射越强；反之，物体表面越黑，光的吸收越强。

#### 2.　光滑与反射

一个物体是否有光滑的表面，往往不需要用手去触摸，视觉就会告诉你结果。因为光滑的物体，总会出现明显的高光，如玻璃、瓷器、金属等。而没有明显高光的物体，通常都是比较粗糙的，如砖头、瓦片、泥土等。

这种差异在自然界无处不在，但它是怎么产生的呢？依然是光线的反射作用，但和上面"固有色"的漫反射方式不同，光滑物体有一种类似"镜子"的效果，在物体的表面还没有光滑到可以镜像反射出周围物体的时候，它对光源的位置和颜色是非常敏感的。所以，光滑的物体表面只"镜射"出光源，这就是物体表面的高光区，它的颜色是由照射它的光源颜色决定的（金属除外），随着物体表面光滑度的提高，对光源的反射会越来越清晰，这就是在材质编辑中，越是光滑的物体高光范围越小，强度越高。

从图3-48所示的洁具表面可以看到很小的高光，这是因为洁具表面比较光滑。图3-49所示的表面粗糙的蛋糕没有一点光泽，光照射到蛋糕表面，发生了漫反射，反射光线射向四面八方，所以就没有了高光。

图3-48　　　　　　　图3-49

#### 3.　透明与折射

自然界的大多数物体通常会遮挡光线，当光线可

以自由穿过物体时，这个物体肯定就是透明的。这里所说的"穿过"，不单指光源的光线穿过透明物体，还指透明物体背后的物体反射出来的光线也要再次穿过透明物体，这就使得大家可以看见透明物体背后的东西。

由于透明物体的密度不同，光线射入后会发生偏转现象，也就是折射。如插进水里的筷子，看起来是弯的。不同透明物质的折射率也不一样，即使同一种透明的物质，温度不同也会影响其折射率。如眼睛穿过火焰上方的热空气观察对面的景象，会发现景象有明显的扭曲，这就是因为温度改变了空气的密度，不同的密度产生了不同的折射率。正确使用折射率是真实再现透明物体的重要手段。

在自然界中还存在另一种形式的透明，在三维软件的材质编辑中把这种属性称之为"半透明"，如纸张、塑料、植物的叶子、还有蜡烛等。它们原本不是透明的物体，但在强光的照射下背光部分会出现"透光"现象。

图3-50所示的半透明的葡萄在逆光的作用下，表现得更彻底。

图3-50

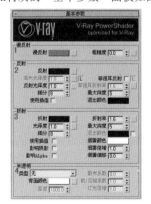

技巧与提示　这里就不再列举其他的例子了，现实生活中还有很多不同质感的物体，都需要大家多观察。只要认真观察就能有所收获，就能学到东西。

## 3.3.2 VRayMtl

VRayMtl在VRay渲染器中是最常用的一种材质，用户可以通过它的贴图通道做出真实的材质，如反射、折射、模糊、凹凸、置换等，并且一个场景如果全部使用VRayMtl材质会比使用3ds Max的材质渲染速度快很多。

### 1. 基本参数

VRayMtl材质的"基本参数"面板如图3-51所示。

图3-51

（1）漫反射

» 漫反射：决定物体的表面颜色。通过单击它的色块，可以调整自身的颜色。单击右边的█按钮可以选择不同的贴图类型。

» 粗糙度：数值越大，粗糙效果越明显，可以用该参数来模拟绒布的效果。

技巧与提示　平时看到的物体表面颜色还与反射、折射的颜色有关系。

（2）反射

» 反射：这里的反射是靠颜色的灰度来控制，颜色越白反射越强，颜色越黑反射越弱；而这里选择的颜色则是反射出来的颜色，和反射的强度是分开来计算的。单击旁边的█按钮，可以使用贴图的灰度来控制反射的强弱。

技巧与提示　颜色分为色度和灰度，灰度是控制反射的强弱，色度是控制反射出什么颜色。

» 高光光泽度：控制材质的高光大小，默认情况下是和"反射光泽度"一起关联控制的，可以通过单击旁边的L按钮来解除锁定，从而可以单独调整高光的大小。

» 反射光泽度：物理世界中所有的物体都有反射光泽度（通常也被称为"反射模糊"，本书一般都采用"反射模糊"的说法，请读者注意），只是或多或少而已。默认的1表示没有模糊效果，而比较小的值表示模糊效果较强烈。单击右边的█按钮，可以通过贴图的灰度来控制反射模糊的强弱。

» 细分：控制"反射光泽度"的品质，较高的值可以取得较平滑的效果，而较低的值让模糊区域有颗粒效果；细分值越大渲染速度越慢。

» 使用插值：当勾选该选项时，VRay能够使用类似于"发光贴图"的缓存方式来加快反射模糊的计算。

» 菲涅耳反射：勾选该选项后，反射强度会与物体的入射角度有关系，入射角度越小，反射越强烈。当垂直入射的时候，反射强度最弱。同时，菲涅耳反射的效果也和下面的"菲涅耳折射率"有关系。当"菲涅耳折射率"为0和100时，将产生完全反射；而当"菲涅耳折射率"从1变化到0时，反射越强烈；同样，当"菲涅耳折射率"从1变化到100时，反射也越强烈。

技巧与提示　这里通过真实物理世界中的照片来说明一下菲涅耳反射现象，如图3-52所示。由于远处的玻璃与人眼的视线构成的角度较大（也就是入射角度小），所以反射比较强烈；而近处的玻璃与人眼的视线构成的角度较小（也就是入射角度大），所以反射较弱。

图3-52

» 最大深度：控制反射的最大次数。反射次数越多，反射就越彻底，当然渲染时间也越慢。通常保持默认值比较合适。

» 退出颜色：当物体的反射次数达到最大次数时就会停止计算反射，这时由于反射次数不够造成的反射区域的颜色就用退出色来代替。

下面来看一个金属球的测试效果，如图3-53所示。从图中可以看出，金属的基本属性都已经表现出来了。

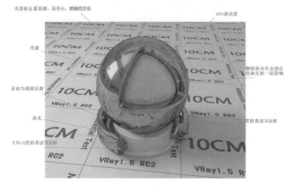

图3-53

图3-54所示是金属材质的测试参数，由于这里设置的"反射光泽度"为0.96，所以"细分"设置为20对渲染速度影响不大。

图3-54

（3）折射

» 折射：和反射的原理一样，颜色越白，物体越透明，进入物体内部产生折射的光线也就越多；颜色越黑，物体越不透明，产生折射的光线也就越少。单击右边的■按钮，可以通过贴图的灰度来控制折射的强弱。

» 光泽度：用来控制物体的折射模糊程度。值越小，模糊程度越明显。默认值1不产生折射模糊。单击右边的■按钮，可以通过贴图的灰度来控制折射模糊的强弱。

» 细分：用来控制折射模糊的品质，较高的值可以得到比较光滑的效果，渲染速度就比较慢；而较低的值模糊区域将有杂点产生，渲染速度比较快。

» 使用插值：当勾选该选项时，VRay能够使用类似于"发光贴图"的缓存方式来加快"光泽度"的计算。

» 影响阴影：这个选项将控制透明物体产生的阴影。勾选它，透明物体将产生真实的阴影。这个选项仅对"VRay灯光"或者"VRay阴影"有效。

» 影响Alpha：勾选这个选项，将会影响透明物体的Alpha通道效果。

» 折射率：设置透明物体的折射率。

技巧与提示　真空的折射率是1.0，水的折射率是1.33，玻璃的折射率是1.5，水晶的折射率是2.0，钻石的折射率是2.4，这些都是做效果图常用的折射率。

» 最大深度：和反射中的最大深度原理一样，控制折射的最大次数。

» 退出颜色：当物体的折射次数达到最大次数时就会停止计算折射，这时由于折射次数不够造成的折射区域的颜色就用退出色来代替。

» 烟雾颜色：这个选项可以让通过透明物体后的光线变少，就好像和物理世界中的半透明物体一样。这个颜色值和物体的尺寸有关系，厚的物体颜色需要给淡一点才有效果。

» 烟雾倍增：可以理解为烟雾的浓度。值越大，雾越浓，光线穿透物体的能力越差。不推荐使用大于1的值。

» 烟雾偏移：控制烟雾的偏移，较低的值会使烟雾向摄像机的方向偏移。

下面来看看玻璃材质的测试效果，如图3-55所示，玻璃的基本属性都已经表现出来了。

图3-55

图3-56所示是玻璃材质的测试参数。

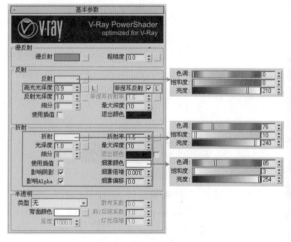

图3-56

（4）半透明

» 类型：半透明效果（也叫3S效果）的类型有3种，一种是"硬（蜡）模型"，如蜡烛；一种是"软（水）模型"，如海水；还有一种是"混合模型"。

» 背面颜色：用来控制半透明效果的颜色。

» 厚度：用来控制光线在物体内部被追踪的深度，也可以理解为光线的最大穿透能力。较大的值会让整个物体都被光线穿透；较小的值让物体比较薄的地方产生半透明现象。

» 散布系数：物体内部的散射总量。0.0表示光线在所有方向被物体内部散射；1.0表示光线在一个方向被物体内部散射，而不考虑物体内部的曲面。

» 前/后驱系数：控制光线在物体内部的散射方向。0.0表示光线沿着灯光发射的方向向前散射；1.0表示光线沿着灯光发射的方向向后散射；而0.5表示这两个情况各占一半。

» 灯光倍增：控制光线穿透能力倍增值，值越大，散射效果越强。

图3-57所示是典型的半透明效果，其材质的测试参数如图3-58所示。

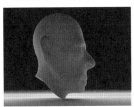
图3-57

图3-58

## 2. BRDF

BRDF[Bidirectional Reflection Distribution Function（双向反射分布函数）]主要用于控制物体表面的反射特性。当反射里的颜色不为黑色和"反射光泽度"不为1时，这个功能才有效果，其参数面板如图3-59所示。

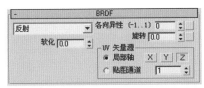
图3-59

» 类型：VRayMtl提供了3种双向反射分布类型。
多面：高光区域最小。
反射：高光区域次之。
沃德：高光区域最大。

» 各向异性：控制高光区域的形状。

» 旋转：控制高光形状的角度。

» UV矢量源：控制高光形状的轴向，也可以通过贴图通道来设置。

关于BRDF（双向反射分布函数）现象，在物理世界中随处可见。如图3-60所示，可以看到不锈钢锅底的高光形状是成两个锥形的，这就是BRDF现象。这是因为不锈钢表面是一个有规律的均匀的凹槽（大家常见的拉丝效果），光反射到这样的表面上就会产生BRDF现象。

下面结合VRayMtl材质的基本参数和BRDF参数，来测试一下BRDF现象的表现。图3-61所示是BRDF的渲染效果，效果非常明显，也非常棒。

图3-60

图3-61

图3-62所示是BRDF渲染效果的材质参数，通过在反射通道里加一个Niose贴图来控制反射的规律，让材质按照条状的分布来控制反射的强弱，从而模拟了真实的BRDF现象。

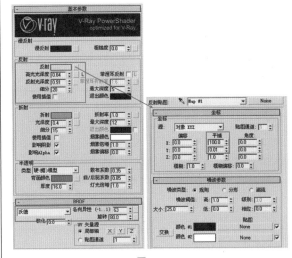
图3-62

## 3. 选项

"选项"参数面板如图3-63所示。

图3-63

» 跟踪反射：控制光线是否追踪反射。不勾选，VRay将不渲染反射效果。

» 跟踪折射：控制光线是否追踪折射。不勾选，VRay将不渲染折射效果。

» 双面：控制VRay渲染的面为双面。

» 背面反射：勾选时，强制VRay计算反射物体的背面反射效果。

> 技巧与提示　其他部分的参数在做效果图的时候用得不多，所以这里就不详细讲解了。如果大家有兴趣，可以参考官方的相关资料。

## 学中练6——使用VRay材质表现不锈钢金属

本例主要使用VRay材质来表现金属材质，其核心就是通过贴图制作拉丝金属效果，以及使用BRDF来表现不锈钢金属的各向异性，案例效果如图3-64所示。

图3-64

### 1. 打开场景文件

打开本书配套资源中的"案例文件>第3章>学中练6>初始场景.max"文件，如图3-65所示。

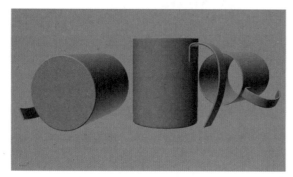

图3-65

### 2. 设置杯子把手不锈钢材质

在"材质编辑器"中新建一个 VRayMtl，设置"漫反射"颜色为（R：47，G：47，B：47），设置"反射"颜色为（R：170，G：170，B：170），然后打开"高光光泽度"的开关，并将"高光光泽度"设置为0.8，如图3-66所示。

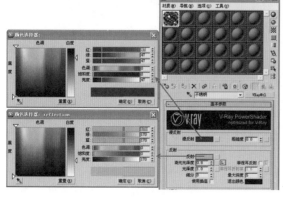

图3-66

杯子把手不锈钢材质的最终效果如图3-67所示。

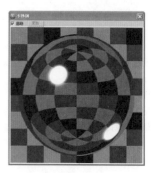

图3-67

> **技巧与提示**
> 金属材质的漫反射颜色越深渲染出来的金属效果对比越强。本例制作的就是一个较深对比的不锈钢材质，读者可以根据自己想要的材质效果来控制漫反射颜色。

### 3. 设置杯体拉丝不锈钢材质

在"材质编辑器"中新建一个 VRayMtl，设置材质的"漫反射"颜色为（R：58，G：58，B：58），设置"反射"颜色为（R：152，G：252，B：252）；然后设置"高光光泽度"为0.9、"光泽度"为0.9，接着在"高光光泽度"与"光泽度"通道中分别添加一张带有拉丝效果的贴图，并设置贴图的"模糊"为0.5、"平铺V"为2，使贴图看起来更清晰和细腻。

为了避免出现渲染出现杂点，设置"细分"为24，然后在"贴图"卷展栏中设置"反射"强度为14、"高光光泽"强度为2.4、"凹凸"强度为2.6，"凹凸"通道中的贴图与"高光光泽"通道中相同，如图3-68所示。

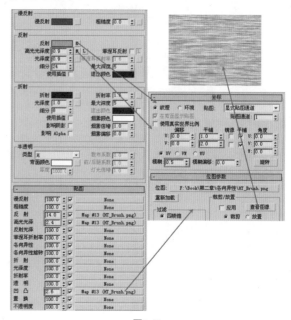

图3-68

杯体拉丝不锈钢材质的最终效果如图3-69所示。

图3-69

## 4. 设置杯子底部金属材质

在"材质编辑器"中新建一个 VRayMtl，设置"漫反射"颜色为（R：14，G：14，B：14），设置"反射"颜色为（R：199，G：201，B：205），然后调整"高光光泽度"为0.9、"光泽度"为0.92，接着设置"细分"为32。

在"双向反射分布函数"卷展栏中修改反射类型为"沃德"，修改"各向异性"的参数值为0.95，然后在"旋转"通道中添加一张"渐变坡度"贴图，修改"渐变类型"为"螺旋"，这样渲染出来的金属会带有旋转的感觉，如图3-70所示。

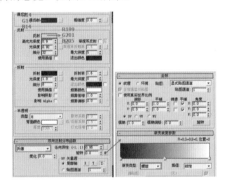

图3-70

杯子底部的金属材质最终显示效果如图3-71所示。

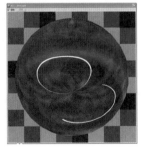

图3-71

## 5. 创建场景灯光

01 在顶视图中创建一盏1/2长2000mm、1/2宽130mm的"VR灯光"，设置灯光颜色为（R：255，G：255，B：255），然后设置"倍增器"为10，接着勾选"不可见"选项，并取消勾选"影响镜面"和"影响反射"选项，最后在视图中调整好灯光的摆放位置，如图3-72所示。

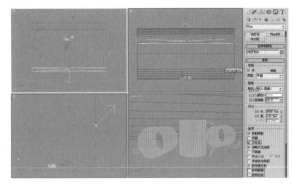

图3-72

02 在左视图中创建一盏1/2长400mm、1/2宽900mm的"VR灯光"，设置灯光颜色为（R：226，G：240，B：255），然后设置"倍增器"为4，接着勾选"不可见"选项，并调整好灯光的角度与位置，如图3-73所示。

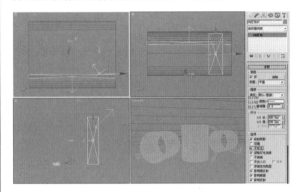

图3-73

03 选择灯光进行镜像复制，具体参数设置如图3-74所示。

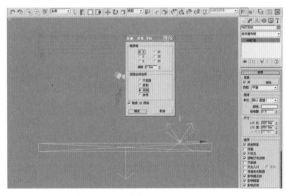

图3-74

04 调整灯光的位置，如图3-75所示。

图3-75

77

05 在左视图中创建一盏1/2长1100mm、1/2宽760mm 的"VR灯光"，设置灯光颜色为（R：255，G：217，B：157），然后设置"倍增器"为5，接着勾选"不可见"选项，并取消勾选"影响镜面"和"影响反射"选项，最后设置"细分"为24，如图3-76所示。

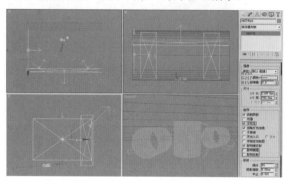

图3-76

06 将上一步创建的灯光进行镜像复制，具体参数设置如图3-77所示。

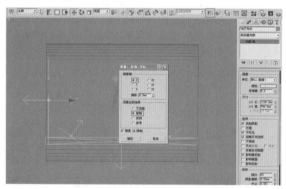

图3-77

07 移动镜像灯光的位置，调整灯光的颜色为（R：152，G：195，B：255），设置"倍增器"为5，然后勾选"不可见""影响镜面"和"影响反射"选项，接着设置"细分"为24，如图3-78所示。

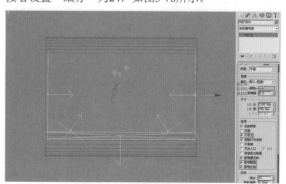

图3-78

08 按F9键进行渲染，最终效果如图3-79所示。

图3-79

### 3.3.3 VRay双面材质

"VRay双面材质"可以设置物体前、后两面不同的材质，常用来制作纸张、窗帘、树叶等效果，其参数面板如图3-80所示。

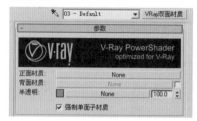

图3-80

» 正面材质：设置物体正面的材质。

» 背面材质：设置物体背面的材质；当勾选 None 按钮后面的复选框时，用户就可以指定不同于正面的材质。

» 半透明：当取值为0.0时，看到的将全部是正面的材质；当取值为1.0时，看到的将全部是背面材质；而取值为0.5时，正面和背面材质各一半。

图3-81所示是应用"VRay双面材质"渲染的叶子效果，图3-82所示是测试场景的线框模型。

图3-81　　　　　　　　　图3-82

图3-83所示是测试场景的材质参数设置面板。

图3-83

# 学中练7——使用VRay双面材质制作真实花瓣

本案例制作的花瓣效果如图3-84所示。

图3-84

## 1. 打开场景文件

打开本书配套资源中的"案例文件>第3章>学中练7>初始场景.max"文件,然后在视图中创建一盏摄像机,并调整好位置,如图3-85所示。

图3-85

## 2. 设置花瓣材质

在材质编辑器中新建一个 VR双面材质,然后在"正面材质"通道中添加VRayMtl材质,如图3-86所示。

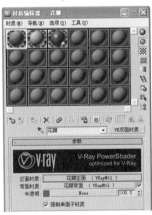

图3-86

设置正面VRayMtl材质,在"漫反射"通道中添加一张花瓣贴图,然后设置"折射"颜色为(R:16,G:16,B:16),调整折射的"光泽度"为0.2,勾选"影响阴影"选项,设置"折射率"为1.1,最后在"凹凸"通道中添加一张花瓣的黑白贴图,并设置"凹凸"强度为120,如图3-87所示。

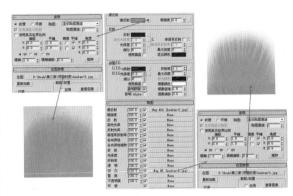

图3-87

在"背面材质"通道中添加VRayMtl材质,然后在VRayMtl材质的"漫反射"通道中添加一张"衰减"程序贴图,接着在"衰减参数"卷展栏的"前"通道中添加一张花瓣贴图,并修改衰减类型为"Fresnel",如图3-88所示。

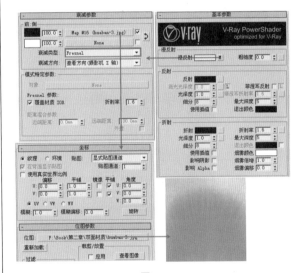

图3-88

花瓣材质的最终显示效果如图3-89所示。

图3-89

79

### 3. 设置花叶材质

在"材质编辑器"中新建一个VRayMtl材质，然后在"漫反射"通道中添加一张绿色叶子贴图，接着修改"反射"颜色为（R：250，G：250，B：250），调整"光泽度"为0.7、"细分"为16，并勾选"菲涅耳反射"选项，最后在"凹凸"通道中添加一张叶子的黑白贴图，设置"凹凸"强度为90，如图3-90所示。

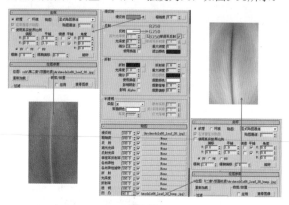

图3-90

花叶材质的最终显示效果如图3-91所示。

图3-91

### 4. 设置花土材质

在"材质编辑器"中新建一个VRayMtl材质，然后在"漫反射"通道中添加一张花土贴图，接着在"凹凸"通道中添加一张花土的黑白贴图，其他参数保持默认，如图3-92所示。

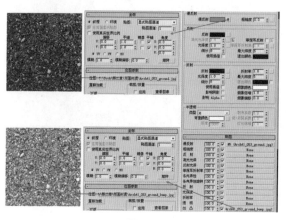

图3-92

花土材质的最终显示效果如图3-93所示。

图3-93

### 5. 设置花盆陶瓷材质

在"材质编辑器"中新建一个VRayMtl材质，设置"漫反射"颜色为（R：250，G：250，B：250），然后设置"反射"颜色为（R：23，G：23，B：23），调整"高光光泽度"为0.9，如图3-94所示。

花盆陶瓷材质的最终显示效果如图3-95所示。

图3-94　　　　　　图3-95

### 6. 设置背板材质

在"材质编辑器"中新建一个VRayMtl材质，修改"漫反射"颜色为（R：210，G：210，B：210），如图3-96所示。

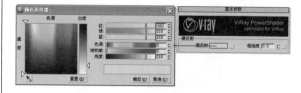

图3-96

背板材质的最终显示效果如图3-97所示。

图3-97

## 7. 创建场景灯光

01 在前视图中创建一盏长1400mm、宽1200mm的 "VR灯光"，设置灯光的颜色为（R：237，G：252，B：250），调整"倍增器"为1.8，然后勾选"不可见"选项，接着设置"细分"为24，参数设置及灯光摆放位置如图3-98所示。

图3-98

02 对灯光进行镜像复制，如图3-99所示。

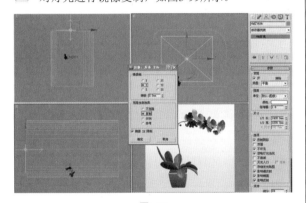

图3-99

03 对镜像生成的灯光颜色及位置进行修改，如图3-100所示。

图3-100

04 在左视图中创建一盏1/2长370mm、1/2宽1300mm的"VR灯光"，修改灯光颜色为（R：255，G：255，B：255），然后勾选"不可见"选项，并设置"细分"为24，参数设置及灯光摆放位置如图3-101所示。

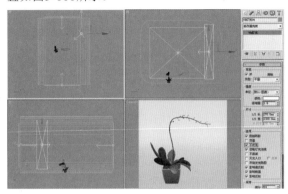

图3-101

05 对灯光进行镜像复制，如图3-102所示。

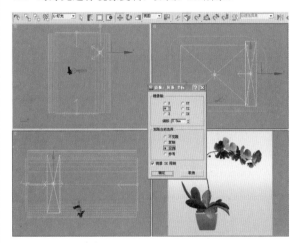

图3-102

06 对镜像生成的灯光进行位置调整，如图3-103所示。

图3-103

07 在顶视图中创建一盏1/2长450mm、1/2宽450mm的"VR灯光"，修改灯光的颜色为（R：255，G：251，B：257），然后勾选"不可见"选项，并设置"细分"为24，如图3-104所示。

图3-104

08 完成灯光的设置后，对场景进行渲染，最终效果如图3-105所示。

图3-105

## 3.3.4 VRay灯光材质

"VRay灯光材质"可以指定给物体，并把物体当作光源使用，效果和3ds Max里的自发光效果类似，用户可以把它作为材质光源，其参数面板如图3-106所示。

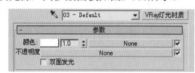

图3-106

» 颜色：控制材质光源的发光颜色，可以用贴图来控制颜色。
» 不透明度：用贴图来指定发光体的透明度。
» 双面发光：当勾选该选项时，可以让材质光源双面发光。

图3-107所示的场景就是"VRay灯光材质"的渲染效果，从中可以体验材质的发光效果。

图3-107

图3-108所示是"VRay灯光材质"的参数设置，为了让灯的贴图色彩正常，采用"VRay材质包裹器"来

加大间接照明的产生，从而达到发光效果。

图3-108

### 学中练8——使用VRay灯光材质表现自发光效果

本例使用"VRay灯光材质"制作的自发光效果如图3-109所示。

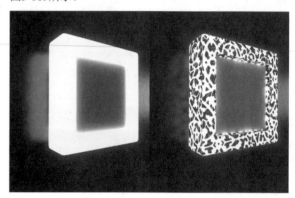

图3-109

### 1. 打开场景文件

打开本书配套资源中的"案例文件>第3章>学中练8>初始场景.max"文件，然后在视图中创建一盏摄像机，并调整好位置，如图3-110所示。

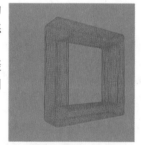

图3-110

### 2. 设置灯罩材质

在"材质编辑器"中新建一个"VRay灯光材质"，设置"漫反射"颜色为（R：236，G：224，B：152），然后将灯光的亮度设置为5，如图3-111所示。

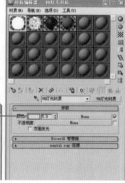

图3-111

### 3. 设置镂空灯光材质

在"材质编辑器"中新建一个"VRay灯光材质",将灯光的亮度设置为5,然后在"漫反射"通道中添加一张黑白镂花贴图。为了让贴图更清晰,设置贴图的"模糊"值为0.01,"不透明度"通道的设置方法与"漫反射"通道相同,如图3-112所示。

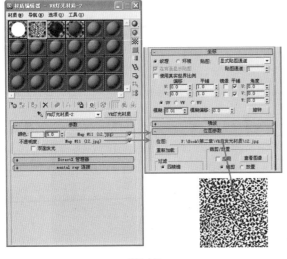

图3-112

**技巧与提示** "不透明度"通道中贴图的黑色代表透明,白色则代表不透明。

### 4. 创建场景灯光

在场景中创建一盏1/2长500mm、1/2宽250mm的"VR灯光",设置"漫反射"颜色为(R:136,G:184,B:255),然后勾选"不可见"选项,如图3-113所示。

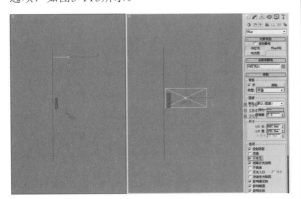

图3-113

### 5. 场景渲染

完成灯光的设置后,对两种不同材质分别进行渲染,对比效果如图3-114所示。

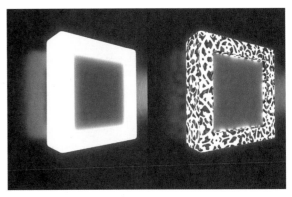

图3-114

## 3.3.5 VRay材质包裹器

"VRay材质包裹器"主要控制材质的全局光照、焦散和物体的不可见等特殊内容。通过相应的设定,可以控制所有赋有该质材物体的全局光照、焦散和不可见等属性,其参数面板如图3-115所示。

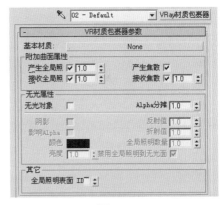

图3-115

» 基本材质:用于设置"VRay材质包裹器"中使用的基础材质参数,此材质必须是VRay渲染器支持的材质类型。

» 产生全局照:控制当前赋予材质包裹器的物体是否计算GI光照的产生,后面的参数控制GI的倍增数量。

» 接受全局照:控制当前赋予材质包裹器的物体是否计算GI光照的接受,后面的参数控制GI的倍增数量。

» 产生焦散:控制当前赋予材质包裹器的物体是否产生焦散。

» 接受焦散:控制当前赋予材质包裹器的物体是否接受焦散,后面的数值框用于控制当前赋予材质包裹器的物体的焦散倍增值。

» 无光对象:控制当前赋予材质包裹器的物体是否可见,勾选后,物体将不可见。

» Alpha分摊:控制当前赋予材质包裹器的物体在Alpha通道的状态。1表示物体产生Alpha通道;0表示物体不产生Alpha通道;-1表示会影响其他物体的Alpha通道。

» 阴影:控制当前赋予材质包裹器的物体是否产生阴影效果。勾选后,物体将产生阴影。

» 影响Alpha:勾选该选项后,渲染出来的阴影将带Alpha通道。

» 颜色：用来设置赋予材质包裹器的物体产生的阴影颜色。

» 亮度：控制阴影的亮度。

» 反射值：控制当前赋予材质包裹器的物体的反射数量。

» 折射值：控制当前赋予材质包裹器的物体的折射数量。

» 全局照明数量：控制当前赋予材质包裹器的物体的间接照明总量。

### 3.3.6  VRay混合材质

"VRay混合材质"可以让多个材质以层的方式混合来模拟物理世界中的复杂材质。"VRay混合材质"和3ds Max里的混合材质的效果类似，但是，其渲染速度要快很多，其参数面板如图3-116所示。

图3-116

» 基本材质：可以理解为最基层的材质。

» 镀膜材质：表面材质，可以理解为基本材质上面的材质。

» 混合数量：这个混合数量是表示"镀膜材质"混合多少到"基本材质"上面，如果颜色给白色，那么这个"镀膜材质"将全部混合上去，而下面的"基本材质"将不起作用；如果颜色给黑色，那么这个"镀膜材质"自身就没什么效果。混合数量也可以由后面的贴图通道来代替。

» 递增法（虫漆）模式：选择这个选项，"VRay混合材质"将和3ds Max里的"虫漆"材质效果类似，一般情况下不勾选它。

图3-117所示的场景是用"VRay混合材质"渲染的车漆效果。

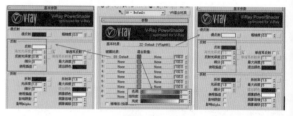

图3-117

图3-118所示的是测试场景的材质参数，在底漆里，用了一个很基本的白色；在面漆里，设置了一个镜面反射，而镜面反射的强度由"混合数量"的颜色来决定，这里设置为80。

图3-118

### 学中练9——使用VRay混合材质制作钻石效果

本例制作的钻石效果如图3-119所示。

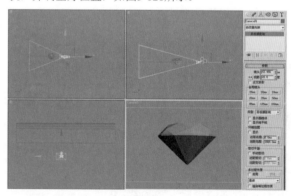

图3-119

#### 1. 打开场景文件

打开本书配套资源中的"案例文件>第3章>学中练9>初始场景.max"文件，然后在视图中创建一盏摄像机，并调整好位置，如图3-120所示。

图3-120

#### 2. 设置钻石材质

真实的钻石带有强烈的反射和折射，表面带有浅黄色系及各种红、蓝、黑、灰、棕、黄等诸多色泽，如图3-121所示。

图3-121

在"材质编辑器"中新建一个 ●VR混合材质，在"基本材质"通道中添加VRayMtl材质，然后设置"漫反射"颜色为（R：6，G：6，B：6）；设置"反射"颜色为（R：220，G：220，B：220），再勾选"菲涅耳反射"选项，并打开 L 开关按钮，设置"菲涅耳折射率"为2.0、"最大深度"为24；设置"折射"颜色为（R：0，G：0，B：255），勾选"影响阴影"选项，调整"折射率"为2.2、"最大深度"为24，再勾选"背面反射"选项。

切换到父对象层级，在"镀膜材质1"中设置"混合"颜色为（R：255，G：255，B：255），然后在该材质通道中添加VRayMtl材质，设置"漫反射"颜色为（R：6，G：6，B：6）；设置"反射"颜色为（R：220，G：220，B：220），再勾选"菲涅耳反射"选项，并打开 L 开关按钮，设置"菲涅耳折射率"为2.0、"最大深度"为24；设置"折射"颜色为（R：0，G：255，B：0），勾选"影响阴影"选项，调整"折射率"为2.195、"最大深度"为24，再勾选"背面反射"选项。

切换到父对象层级，在"镀膜材质2"中设置"混合"颜色为（R：255，G：255，B：255），然后在该材质通道中添加VRayMtl材质，设置"漫反射"颜色为（R：6，G：6，B：6）；设置"反射"颜色为（R：220，G：220，B：220），再勾选"菲涅耳反射"选项，并打开 L 开关按钮，设置"菲涅耳折射率"为2.0、"最大深度"为24；设置"折射"颜色为（R：255，G：0，B：0），勾选"影响阴影"选项，调整"折射率"为2.19、"最大深度"为24，再勾选"背面反射"选项。

回到父对象层级，然后勾选"相加（虫漆）模式"选项，参数设置如图3-122所示。

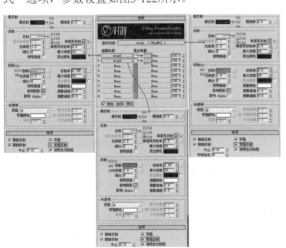

图3-122

钻石材质最终效果如图3-123所示。

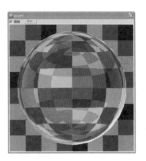

图3-123

### 3. 设置背板材质

在"材质编辑器"中新建一个VRayMtl材质，然后设置"漫反射"颜色为（R：180，G：180，B：180），如图3-124所示。

背板材质最终效果如图3-125所示。

图3-124　　　　　　图3-125

### 4. 创建场景灯光

01 在顶视图中创建一盏1/2长500mm、1/2宽37mm的"VR灯光"，设置灯光的颜色为（R：255，G：255，B：255），然后设置"倍增器"为20，并勾选"不可见"选项，具体参数设置及灯光摆放位置如图3-126所示。

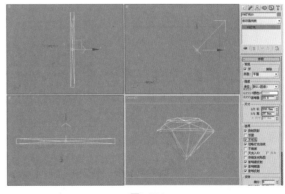

图3-126

02 在左视图中创建一盏1/2长36mm、1/2宽190mm的"VR灯光"，设置灯光颜色为（R：255，G：242，B：215），然后设置"倍增器"为7.0，并勾选"不可见"选项，具体参数设置及灯光摆放位置如图3-127所示。

03 在前视图中创建一盏1/2长100mm、1/2宽100mm的"VR灯光"，设置灯光颜色为（R：188，G：220，B：255），然后设置"倍增器"为7.0，并勾选"不可见"选项，具体参数设置及灯光摆放位置如图3-128所示。

图3-127

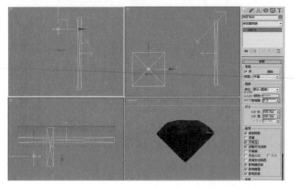

图3-128

**04** 选择刚创建完的灯光进行镜像复制，如图3-129所示。

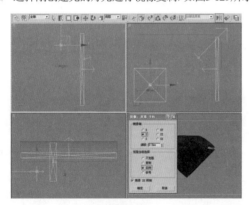

图3-129

**05** 对镜像生成的灯光进行位置调整，并修改灯光颜色为（R：255，G：202，B：145），如图3-130所示。

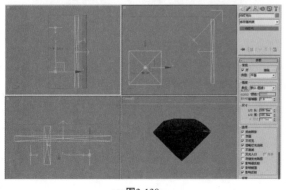

图3-130

### 5. 场景渲染

完成灯光的设置后，对场景进行渲染，最终效果如图3-131所示。

图3-131

## 3.3.7 VRay快速SSS

"VRay快速SSS"是用来计算次表面散射效果的材质，这是一个内部计算简化了的材质，它比使用VRayMtl材质里的半透明参数的渲染速度更快。但它不包括漫反射和模糊效果，如果要创建这些效果可以使用"VRay混合材质"，其参数面板如图3-132所示。

图3-132

» 预处理比率：值为0时就相当于不用插补里的效果；为-1时效果相差1/2；为-2时效果相差1/4，以此类推。

» 插补采样：用补插的算法来提高精度，可以理解为模糊过渡的一种算法。

» 漫射粗糙度：可以得到类似于绒布的效果，受光面能吸光。

» 浅层半径：依照场景尺寸来衡量物体浅层的次表面散射半径。

» 浅层颜色：控制次表面散射的浅层颜色。

» 深层半径：依照场景尺寸来衡量物体深层的次表面散射半径。

» 深层颜色：次表面散射的深层颜色。

» 背面散射深度：调整材质背面次表面散射的深度。

» 背面半径：调整材质背面次表面散射的半径。

» 背面颜色：调整材质背面次表面散射的颜色。

» 浅层纹理：是指用浅层半径来附着的纹理贴图。

» 深层纹理：是指用深层半径来附着的纹理贴图。

» 背面纹理：是指用背面散射深度来附着的纹理贴图。

图3-133所示是"VRay快速SSS"材质的渲染效果。

图3-134所示是测试场景中材质的参数设置。

图3-133

图3-134

## 3.3.8 VRay替代材质

"VRay替代材质"可以让用户更广泛地去控制场景的色彩融合、反射、折射等，它主要包括5种材质：基本材质、全局光材质、反射材质、折射材质和阴影材质，其参数面板如图3-135所示。

图3-135

» 基本材质：这个是物体的基础材质。

» 全局光材质：这个是物体的全局光材质，当使用这个参数的时候，灯光的反弹将依照这个材质的灰度来控制，而不是基础材质。

» 反射材质：物体的反射材质，在反射里看到的物体的材质。

» 折射材质：物体的折射材质，在折射里看到的物体的材质。

» 阴影材质：基本材质的阴影将用该参数中的材质来控制，而基本材质的阴影将无效。

图3-136所示的效果就是"VRay替代材质"的表现，镜框边辐射绿色，是因为用了"全局光材质"；近处的陶瓷瓶在镜子中的反射是红色，是因为用了"反射材质"；而玻璃瓶子折射的是淡黄色，是因为用了"折射材质"。

图3-136

图3-137、图3-138和图3-139所示是测试场景中部分材质的参数设置。

图3-137

图3-138

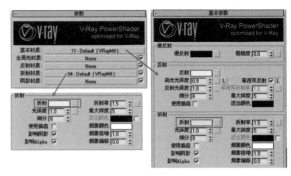

图3-139

## 3.3.9 VRay的程序贴图

### 1. VRay位图过滤器

"VRay位图过滤器"是一个非常简单的贴图类型，它可以对贴图纹理进行x、y轴向编辑，其参数面板如图3-140所示。

图3-140

» 位图：单击后面的 None 按钮可以加载一张位图。

» U偏移：x轴向偏移数量。

» 镜像U：位图在x轴向反转。

» V偏移：y轴向偏移数量。

» 镜像V：位图在y轴向反转。

» 通道：用来与物体指定的贴图坐标相对应。

### 2. VRay合成贴图

"VRay合成贴图"通过两个通道里贴图色度、灰度的不同，进行减、乘、除等操作，其参数面板如图3-141所示。

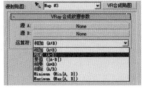

图3-141

» 源A：贴图通道A。

» 源B：贴图通道B。

» 运算符：用于A通道材质和B通道材质的比较运算方式。

相加（A+B）：与Photoshop图层中的叠加相似，两图相比较，亮区相加，暗区不变。

相减（A-B）：A通道贴图的色度、灰度减去B通道贴图的色度、灰度。

差值（|A-B|）：两图相比较，将产生照片负效果。

相乘（A*B）：A通道贴图的色度、灰度乘以B通道贴图的色度、灰度。

相除（A/B）：A通道贴图的色度、灰度除以B通道贴图的色度、灰度。

Minimum（Min{A,B}）：取A通道和B通道的贴图色度、灰度的最小值。

Maximum（Max{A,B}）：取A通道和B通道的贴图色度、灰度的最大值。

### 3. VRay污垢

"VRay污垢"贴图用来模拟真实物理世界中物体上的污垢效果，如墙角上的污垢、铁板上的铁锈等，其参数面板如图3-142所示。

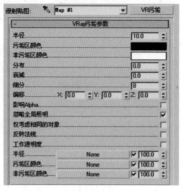

图3-142

» 半径：以场景单位为标准控制污垢区域的半径。同时可以使用贴图的灰度来控制半径，白色表示将产生污垢效果，黑色表示将不产生污垢效果，灰色就按照它的灰度百分比来显示污垢效果。

» 污垢区颜色：设置污垢区域的颜色。

» 非污垢区颜色：设置非污垢区域的颜色。

» 分布：控制污垢的分布，0表示均匀分布。

» 衰减：控制污垢区域到非污垢区域的过渡效果。

» 细分：控制污垢区域的细分，小的值会产生杂点，但是渲染速度快；大的值不会有杂点，但是渲染速度慢。

» 偏移（X,Y,Z）：污垢在x、y、z轴向上的偏移。

» 忽略全局照明：这个选项决定是否让污垢效果参加全局照明计算。

» 仅考虑相同的对象：当勾选时，污垢效果只影响它们自身；不勾选时，整个场景的物体都会受到影响。

» 反转法线：反转污垢效果的法线。

图3-143所示是"VRay污垢"材质的渲染效果。

图3-143

图3-144所示是测试场景中材质的参数设置。

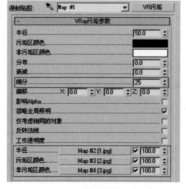

图3-144

### 4. VRay边纹理材质

"VRay边纹理材质"是一个非常简单的材质贴图，效果和3ds Max里的线框材质类似，其参数面板如图3-145所示。

图3-145

» 颜色：设置边线的颜色。

» 隐藏边线：当勾选该选项时，物体背面的边线也将渲染出来。

» 厚度：决定边线的厚度，主要分为两个单位，具体如下。
世界单位：厚度单位为场景尺寸单位。
像素：厚度单位为像素。

图3-146所示是"VRay边纹理材质"的测试渲染效果。

图3-146

图3-147所示是测试场景中材质的参数设置。

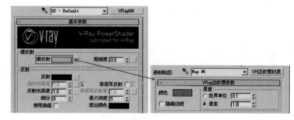

图3-147

### 5. VRay颜色

"VRay颜色"贴图可以用来设定任何颜色，其参数面板如图3-148所示。

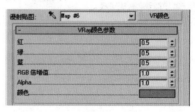

图3-148

» 红：红色通道的值。

» 绿：绿色通道的值。

» 蓝：蓝色通道的值。

» RGB倍增值：控制红、绿、蓝色通道的倍增。

» Alpha：这个是阿尔法通道的值。

### 6. VRayHDRI

VRayHDRI（高动态范围贴图）主要用于场景的环境贴图，把HDRI当作光源使用，其参数面板如图3-149所示。

图3-149

» HDR贴图：单击后面的 浏览 按钮可以指定一张HDR贴图。
» 全局倍增器：用来控制HDRI的亮度。
» 渲染多媒体：设置渲染时的光强度倍增。
» 水平旋转：控制HDRI在水平方向的旋转角度。
» 水平镜向：让HDRI在水平方向上反转。
» 垂直旋转：控制HDRI在垂直方向的旋转角度。
» 垂直镜像：让HDRI在垂直方向上反转。
» 伽玛值：设置贴图的伽玛值。
» 贴图类型：这里控制HDRI的贴图方式，主要分为以下几类。
　成角贴图：主要用于使用了对角拉伸坐标方式的HDRI。
　立方环境贴图：主要用于使用了立方体坐标方式的HDRI。
　球状环境贴图：主要用于使用了球形坐标方式的HDRI。
　球体反射：主要用于使用了镜像球形坐标方式的HDRI。
　直接贴图通道：主要用于对单个物体指定环境贴图。

### 7. VRay贴图

因为VRay不支持3ds Max里的光线追踪贴图类型，所以在使用3ds Max标准材质时，"反射"和"折射"就用"VRay贴图"来代替，其参数面板如图3-150所示。

图3-150

» 反射：当"VRay贴图"放在反射通道里时，需要选择这个选项。
» 折射：当"VRay贴图"放在折射通道里时，需要选择这个选项。
» 环境贴图：为反射和折射材质选择一个环境贴图。
» 过滤色：控制反射的程度，白色将完全反射周围的环境，而黑色将不发生反射效果。也可以用后面贴图通道里的贴图的灰度来控制反射程度。
» 背面反射：当选择这个选项时，将计算物体背面的反射效果。
» 光泽度：控制反射模糊效果的开和关。

» 光泽度：后面的数值框用来控制物体的反射模糊程度。0表示最大限度的模糊；100000表示最低程度的模糊（基本上没模糊的产生）。
» 细分：用来控制反射模糊的质量，较小的值将得到很多杂点，但是渲染速度快；较大的值将得到比较光滑的效果，但是渲染速度慢。
» 最大深度：计算物体的最大反射次数。
» 中止阈值：用来控制反射追踪的最小值，较小的值反射效果好，但是渲染速度慢；较大的值反射效果不理想，但是渲染速度快。
» 退出颜色：当反射已经达到最大次数后，未被反射追踪到的区域的颜色。
» 过滤色：控制折射的程度，白色将完全折射，而黑色将不发生折射效果。同样也可以用后面贴图通道里的贴图灰度来控制折射程度。
» 光泽度：控制模糊效果的开和关。
» 光泽度：后面的数值框用来控制物体的折射模糊程度。0表示最大限度的模糊；100000表示最低程度的模糊（基本上没模糊的产生）。
» 细分：用来控制折射模糊的质量，较小的值将得到很多杂点，但是渲染速度快；较大的值将得到比较光滑的效果，但是渲染速度慢。
» 烟雾颜色：也可以理解为光线的穿透能力，白色将没有烟雾效果，黑色物体将不透明，颜色越深，光线穿透能力越差，烟雾效果越浓。
» 烟雾倍增：用来控制烟雾效果的倍增，较小的值，烟雾效果越淡，较大的值烟雾效果越浓。
» 最大深度：计算物体的最大折射次数。
» 中止阈值：用来控制折射追踪的最小值，较小的值折射效果好，但是渲染速度慢；较大的值折射效果不理想，但是渲染速度快。
» 退出颜色：当折射已经达到最大次数后，未被折射追踪到的区域的颜色。

> **技巧与提示** 到此，材质部分的参数讲解就告一段落，这部分内容比较枯燥，希望广大读者能多观察和分析真实物理世界中的质感，再通过自己的练习，把参数的内在含义牢牢掌握，这样才能将其熟练运用到自己的作品中去。
>
> 由于篇幅关系，本书在这里没具体去演示每个材质的具体作用，但笔者将在后面的章节中，把常用的材质结合实例做详细介绍。

## 3.4 VRay毛发

"VRay毛发"是一种能模拟真实物理世界中简单毛发效果的功能，虽然效果简单，但是用途很广泛，对制作效果图来说是绰绰有余，常用来表现毛巾、衣服、草地等。下面来看看"VRay毛发"的参数面板，如图3-151所示。

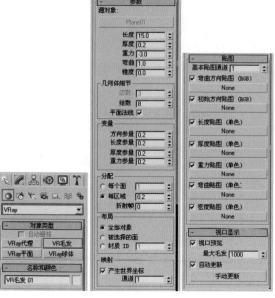

图3-151

» 源对象：用来选择一个物体产生毛发，单击按钮就可以在场景中选择想要产生毛发的物体。

» 长度：用来控制毛发的长度，值越大生成的毛发就越长。

» 厚度：用来控制毛发的粗细，值越大生成的毛发就越粗。

» 重力：用来模拟毛发受重力影响的情况。正值表示重力方向向上，数值越大，重力效果越强；负值表示重力方向向下，数值越小，重力效果越强；当值为0时，表示不受到重力的影响。

» 弯曲：表示毛发的弯曲程度，值越大越弯曲。

» 边数：当前这个参数还不可用，在以后的版本中将开发多边形的毛发。

» 结数：用来控制毛发弯曲时的光滑程度。值越高，表示段数越多，弯曲的毛发越光滑。

» 平面法线：这个选项控制毛发的呈现方式。当勾选它时，毛发将以平面方式呈现；而不勾选它，毛发将以圆柱体方式呈现。

» 方向参量：控制毛发在方向上的随机变化。值越大，表示变化越强烈；0表示不变化。

» 长度参量：控制毛发长度的随机变化。1表示变化越烈，0表示不变化。

» 厚度参量：控制毛发粗细的随机变化。1表示变化越强，0表示不变化。

» 重力参量：控制毛发受重力影响的随机变化。1表示变化越强烈，0表示不变化。

» 每个面：用来控制每个面产生的毛发数量，因为物体的每个面都不是均匀的，所以渲染出来的毛发也不均匀。

» 每区域：用来控制每单位面积中的毛发数量，这种方式下渲染出来的毛发比较均匀。

» 全部对象：这个选项让整个物体产生毛发。

» 被选择的面：这个选项让选择的面产生毛发。

» 材质ID：用材质的ID来控制毛发的产生。

» 基本贴图通道：选择贴图的通道。

» 弯曲方向贴图：用彩色贴图来控制毛发的弯曲方向。

» 初始方向贴图：用彩色贴图来控制毛发的根部生长

方向。

» 长度贴图：用灰度贴图来控制毛发的长度。

» 厚度贴图：用灰度贴图来控制毛发的粗细。

» 重力贴图：用灰度贴图来控制毛发受重力的影响。

» 弯曲贴图：用灰度贴图来控制毛发的弯曲程度。

» 密度贴图：用灰度贴图来控制毛发的生长密度。

» 视口预览：勾选该选项后，可以在视图里预览毛发的大致情况。"最大毛发"参数的数值越大，毛发生长情况的预览越详细。

图3-152所示是利用"VRay毛发"功能渲染的毛巾效果。

图3-153所示是测试场景中材质的参数设置，这些参数都是根据场景尺寸来设定单位大小的，如"长度"，这里设置为7mm，那么渲染出来的毛发的实际长度就是7mm。

图3-152       图3-153

# 3.5 VRay置换修改器

VRayDisplacementMod（VRay置换修改器）是一个可以在不需要修改模型的情况下，为场景中的模型添加细节的一个强大的修改器。它的效果很像凹凸贴图，但是凹凸贴图仅仅是材质作用于物体表面的一个效果，而VRay的置换修改器是作用于物体模型上的一个效果，它的效果比凹凸贴图带来的效果更丰富更强烈。

在图3-154中，使用的是同样的灰度贴图，可以看出，凹凸只是在物体表面上起作用，而置换却可以改变物体表面的形状，效果更强烈。

图3-154

VRayDisplacementMod（VRay置换修改器）的参数面板如图3-155所示。

» 2D映射（景观）：这种类型是根据置换贴图来产生凹凸效果的。凹或凸的地方是根据置换贴图的明暗来产生的，暗的地方凹，亮的地方凸。实际上，VRay在对置换贴图分析的时候，已经得出凹凸结果，最后渲染的时候只是把结果映射到3D空间上。这种方式要求指定正确的贴图坐标。

» 3D映射：这种方式是根据置换贴图来细分物体的三角面。它的渲染效果比"2D映射（景观）"好，但是速度要慢一些。

» 细分：这种方式和三维贴图方式比较相似，它在三维置换的基础上对置换产生的三角面进行光滑，使置换产生的效果更加细腻，渲染速度比三维贴图的渲染速度慢。

» 纹理贴图：单击下面的 None 按钮，可以选择一个贴图来当作置换所用的贴图。

» 纹理通道：这里的贴图通道和给置换物体添加的UVW map里的贴图通道相对应。

图3-155

» 过滤纹理贴图：当勾选它时，将使用渲染面板里的"抗锯齿过滤器"来为纹理进行过滤。

» 过滤模糊：控制置换物体渲染出来的纹理清晰度，值越小，纹理越清晰。

» 数量：用来控制置换效果的强度，值越高效果越强烈，而负值将产生凹陷的效果。

» 移动：用来控制置换物体的收缩膨胀效果。正值是膨胀效果，负值是收缩效果。

» 水平面：用来定义置换效果的最低界限，这个值以下的三角面将全部删除。

» 相对于边界框：置换的数量将以长方体的边界为基础，这样置换出来的效果非常强烈。

» 分辨率：用来控制置换物体表面分辨率的程度，最大值为16384，值越高表面被分辨得越清晰，当然需要置换贴图的分辨率也比较高才可以。

» 精确度：控制物体表面置换效果的精度，值越高置换效果越好。

» 紧密界限：当勾选这个选项时，VRay会对置换贴图进行预先分析。如果置换贴图色阶比较平淡，那么会加快渲染速度；如果置换贴图色阶比较丰富，那么渲染速度会减慢。

» 边长度：定义三维置换产生的三角面的边线长度。值越小，产生的三角面越多，置换品质越高。

» 视野：勾选这个选项时，边界长度以像素为单位；不勾选，则以世界单位来定义边界的长度。

» 最大细分：用来控制置换产生的一个三角面里最多能包含多少个小三角面。

» 紧密界限：当勾选这个选项时，VRay会对置换贴图进行

预先分析。如果置换贴图色阶比较平淡，那么会加快渲染速度。如果置换贴图色阶比较丰富，那么渲染速度会减慢。

» 使用对象材质：使用物体自身材质来作为置换贴图。这时"通用"参数栏中的前3项参数将不可用。

» 保持连续性：在不勾选这个选项时，具有不同材质ID和不同光滑组的面之间将会产生破裂现象，而勾选后，将防止它们破裂。

» 边阈值：当"保持连续性"被勾选以后，这个选项将被激活，它控制不同材质ID和不同光滑组的面之间进行缝合的范围。

图3-156所示是使用VRay置换修改器渲染的草地效果。

图3-157和图3-158所示是测试场景中相关材质的参数设置。

图3-156

图3-157

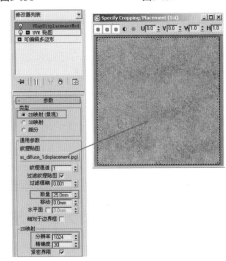

图3-158

## 学十练10——使用VRay置换修改器制作真实毛巾

本例使用VRay置换修改器制作的毛巾效果如图3-159所示。

图3-159

## 1. 打开场景文件

`01` 打开本书配套资源中的"案例文件>第3章>学中练10>初始场景.max"文件，如图3-160所示。

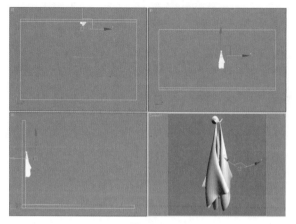

图3-160

`02` 在前视图中创建一个目标摄像机，相机参数设置及摆放位置如图3-161所示。

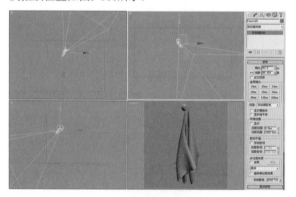

图3-161

## 2. 设置棕色条纹毛巾材质

在"材质编辑器"中新建一个VRayMtl材质，然后在"漫反射"通道中添加一张棕色条纹毛巾贴图，如图3-162所示。

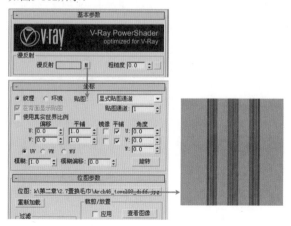

图3-162

棕色条纹毛巾材质最终效果如图3-163所示。

图3-163

## 3. 设置蓝色条纹毛巾材质

在"材质编辑器"中新建一个VRayMtl材质，然后在"漫反射"通道中添加一张蓝色条纹毛巾贴图，如图3-164所示。

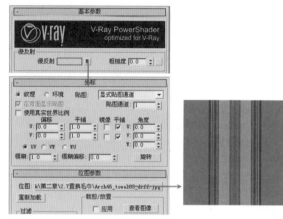

图3-164

蓝色条纹毛巾材质最终效果如图3-165所示。

图3-165

## 4. 设置挂件金属材质

在"材质编辑器"中新建一个VRayMtl材质，设置"漫反射"颜色为（R：23，G：23，B：23），设置"反射"颜色为（R：144，G：144，B：144），调整"光泽度"为0.9、"细分"为16，如图3-166所示。

金属材质最终效果如图3-167所示。

图3-166

图3-167

## 5. 设置墙面瓷砖材质

在"材质编辑器"中新建一个VRayMtl材质，然后在"漫反射"通道中添加一张瓷砖的纹理贴图；接着设置"反射"颜色为（R：240，G：240，B：240），设置"高光光泽度"为0.6、"光泽度"为0.88、"细分"为16，再勾选"菲涅耳反射"选项，如图3-168所示。

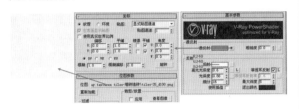

图3-168

在"凹凸"通道中添加一张砖缝纹理贴图，为了让砖缝更清晰，设置"模糊"为0.1，并设置"凹凸"强度为60，如图3-169所示。

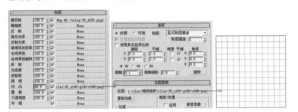

图3-169

墙面瓷砖材质最终效果如图3-170所示。

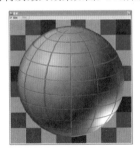

图3-170

## 6. 设置VRay置换

01 选择毛巾模型，然后为其添加"VRay置换模式"修改器，并展开"参数"卷展栏，设置"类型"为"2D贴图（景观）"；接着在"纹理贴图"通道中添加一张类似毛巾质感的纹理贴图，为了让凹凸感更强，设置置换"数量"为8mm；为了使置换出的毛巾更清晰，设置"分辨率"为1024、"精确度"为24，如图3-171所示。

02 为了更好地控制置换纹理贴图的清晰度，首先打开"材质编辑器"，然后将"纹理贴图"通道中的贴图纹理拖曳至材质球列表中，并在弹出的对话框中选择"实例"选项，最后设置贴图的"模糊"值为0.4，如图3-172所示。

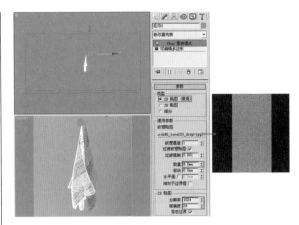

图3-171

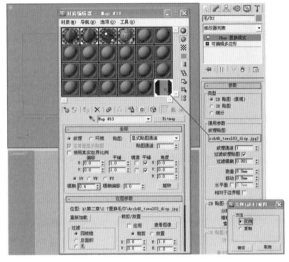

图3-172

另外一条毛巾模型的设置方法同上，这里就不再赘述。

## 7. 创建场景灯光

01 在左视图中创建一盏1/2长1000mm、1/2宽1000mm的"VR灯光"，设置灯光的颜色为（R：246，G：251，B：255），设置"倍增器"为24、"细分"为16，如图3-173所示。

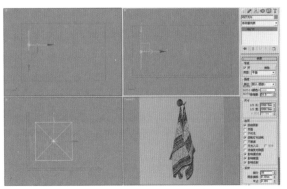

图3-173

02 在顶视图中创建一盏1/2长500mm、1/2宽500mm的 "VR灯光"，设置灯光的颜色为（R：255，G：255，B：255），设置"倍增器"为12、"细分"为16，如图3-174所示。

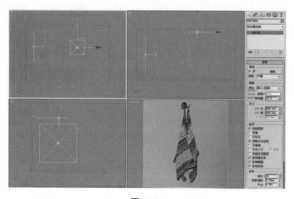

图3-174

## 8. 场景渲染

01 在"渲染设置"对话框中设置图像的"输出大小"为1280×1280，如图3-175所示。

图3-175

02 在"全局开关"卷展栏中取消勾选"默认灯光"选项，然后设置"二次光线偏移"为0.001，接着在"图像采样器"卷展栏中设置图像采样器的类型为"自适应确定性蒙特卡洛"，并设置抗锯齿过滤器类型为Mitchell-Netravali，最后在"彩色贴图"卷展栏中设置曝光类型为"指数"，并勾选"子像素贴图"与"钳制输出"选项，如图3-176所示。

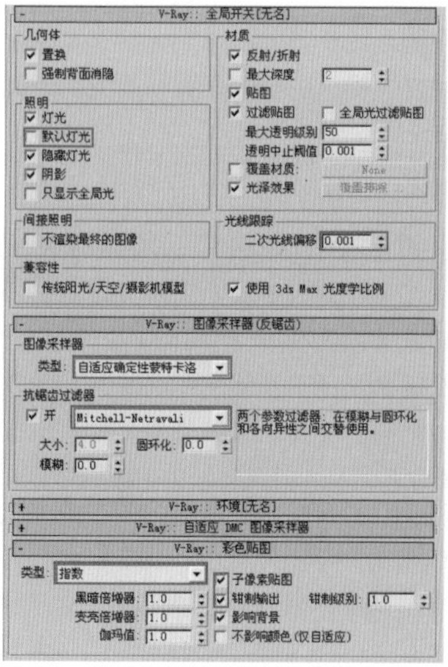

图3-176

03 在"间接照明"卷展栏中设置二次反弹全局光引擎为"灯光缓存"，在"发光贴图"卷展栏中设置"当前预置"等级为"中"，在"灯光缓存"卷展栏中设置"细分"为1000，如图3-177所示。

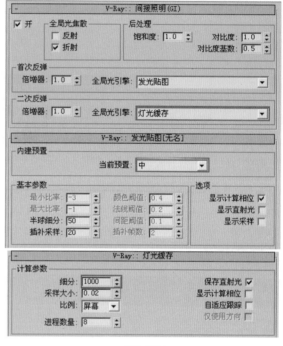

图3-177

04 在"DMC采样器"卷展栏中设置"适应数量"为0.85、"燥波阈值"为0.005、"最小采样值"为16，如图3-178所示。

图3-178

05 完成参数的设置后，对场景进行渲染，最终效果如图3-179所示。

图3-179

# 3.6 VRay摄像机

## 3.6.1 相机简介

在学习VRay摄像机之前，先来了解一下真实相机的结构和相关名词等。

如果拆卸掉任何照相机的电子装置和自动化部件，都会看到如图3-180所示的基本结构：遮光外壳的一端有一孔穴，用以安装镜头，孔穴的对面有一容片器，用以承装一段感光胶片。

为了能在不同光线强度下都产生曝光正确的影像，照相机镜头有一可变光阑，用来调节直径不断变化的小孔，这就是所谓的光圈。快门打开后，光线才能透射到胶片上，快门给了用户选择准确曝光瞬间的机会，而且通过确定某一快门速度，还可以控制曝光时间的长短。

图3-180

### 1. 镜头

一个结构简单的镜头可以是一块凸形毛玻璃，它折射来自被摄体上每一点被扩大了的光线，然后这些光线聚集起来形成连贯的点即焦平面。当镜头准确聚集时，胶片的位置就与焦平面互相叠合。镜头一般分为标准镜头、广角镜头、远摄镜头、鱼眼镜头和变焦镜头5种。

（1）标准镜头：标准镜头属于校正精良的正光镜头，其焦距长度等于或近于所用底片画幅的对角线，视角与人眼的视角相近似。凡是要求被摄景物必须符合正常的比例关系，均需依靠标准镜头来拍摄。它是使用最为广泛的一种镜头。

（2）广角镜头：广角镜头的特点是焦距短、视角广、景深长，而且均大于标准镜头。其视角超过人眼的正常范围。

它具体的特性与用途表现在：景深大，有利于把纵深度大的被摄物清晰地表现在画面上；视角大，有利于在狭窄的环境中，拍摄较广阔的场面；景深长，可使纵深景物的近大远小比例强烈，使画面透视感强。

其缺点是：影像畸变差较大，尤其在画面的边缘部分，因此在近距离拍摄中应注意变形失真。

（3）远摄镜头：这类镜头也称长焦距镜头，它具有类似望远镜的作用。这类镜头的焦距长于、视角小于标准镜头。

这类镜头具有的特点表现在：景深小，有利于摄取虚实结合的形象；视角小，能远距离摄取景物的较大影像，对拍摄不易接近的物体，如动物、风光、人的自然神态，均能在远处不被干扰的情况下拍摄；透视关系被大大压缩，使近大远小的比例缩小，使画面上的前后景物十分紧凑，画面的纵深感从而也缩短；影像畸变差小，这在人像中尤为见长。

（4）鱼眼镜头：鱼眼镜头是一种极端的超广角镜头（对135相机来说是指焦距在16mm以下、视角在180°左右的镜头，因其巨大的视角如鱼眼而得名）。它拍摄范围大，可使景物的透视感得到极大的夸张；它使画面严重地桶形畸变，故别有一番情趣。

（5）变焦镜头：变焦镜头是可以改变焦点距离的镜头。所谓焦点距离，即从镜头中心到胶片上所形成的清晰影像上的距离。焦距决定着被摄体在胶片上所形成的影像的大小。焦点距离愈大，所形成的影像愈大。变焦镜头是一种很有魅力的镜头，它的镜头焦距可在较大的幅度内自由调节，这就意味着拍摄者在不改变拍摄距离的情况下，能够在较大幅度内调节底片的成像比例。也就是说，一个变焦镜头实际上起到了若干个不同焦距的定焦镜头的作用。

### 2. 焦平面

这是通过镜头折射后的光线聚集起来形成清晰的、上下颠倒的影像的地方。经过离照相机不同距离的运行，光线会被不同程度地折射后聚合在焦平面上，因此就需要调节聚焦装置，前后移动镜头距照相机后背的距离。当镜头聚焦准确时，胶片的位置和焦平面应叠合在一起。

### 3. 光圈

光圈通常位于镜头的中央，它是一个环形，可以控制圆孔的开口大小，控制曝光时光线的亮度。当需要大量的光线来进行曝光时，就将光圈的圆孔开大；

若只需要少量光线曝光时，就将圆孔缩小、让少量的光线进入。

光圈由装设在镜头内的叶片控制，而叶片是可动的。光圈越大，镜头里的叶片开放越大，所谓"最大光圈"就是叶片毫无动作，让可通过镜头的光源全部跑进来的全开光圈；反之光圈越小，叶片就收缩的越厉害，最后可缩小到只剩一个小圆点。

光圈的功能就如同人类眼睛的虹膜，是用来控制拍摄时的单位时间的进光量，一般以 f /5、F5或1：5来标示。

光圈的计算单位称为光圈值（f-number）或者是级数（f-stop）。首先来谈谈光圈值。

标准的光圈值（f-number）的编号如下。

f/1、f/1.4、f/2、f/2.8、f/4、f/5.6、f/8、f/11、f/16、f/22、f/32、f/45、f/64 。其中，f/1是进光量最大的光圈号数，光圈值的分母越大，进光量就越小。通常一般镜头会用到的光圈号数为f/2.8～f/22，光圈值越大的镜头，镜片的口径越大，相对提高了其制作成本和难度。

级数（f-stop）是指相邻的两个光圈值的曝光量差距，如f/8跟f/11之间相差一级，f/2跟f/2.8之间也相差了一级。依此类推，f/8跟f/16之间相差了两级，f/1.4跟f/4之间就差了三级。

在职业摄影领域，有时称级数为"挡"或是"格"，如f/8跟f/11之间相差了一挡，或是f/8跟f/16之间就相差了两格。

在每一级（光圈号数）之间，后面号数的进光量都是前面号数的一半。如 f/5.6的进光量只有 f/4的一半，f/16的进光量也只有f/11的一半，号数越后面，进光量越小，并且是以等比数的方式来递减。

除了考虑进光量之外，光圈的大小还跟景深有关。景深是物体成像后在相片中的清晰程度。光圈越大景深会越浅（清晰的范围较小）、光圈越小景深就会越长（清晰的范围较大）。

大光圈的镜头非常适合低光量的环境，因为它可以在微亮光的环境下，获取更多的现场光，让用户可以用较快速的快门来拍照，以便保持拍摄时相机的稳定度。但是前面有提到大光圈的镜头不易制作，要花较多的时间才可以获得。

好的数码相机会根据测光的结果等情况自动计算出光圈的大小，一般情况下快门速度越快光圈就越大，以保证有足够的光线通过，所以也比较适合拍高速运动的物体，如行动中的汽车、落下的水滴等。

### 4. 快门

快门是相机中的一个机械装置，大多设置于机身接近底片的位置（大型相机的快门则是设计在镜头中）。快门的开关速度能决定底片接受光线的时间长短。

也就是说，在每一次拍摄时，光圈的大小控制了光线的进入量、快门的速度决定光线进入的时间长短，这样一次的动作便完成了所谓的"曝光"。

快门是镜头前阻挡光线进来的装置，一般而言，快门的时间范围越大越好。秒数低适合拍摄运动中的物体，某款相机就强调快门最快能到1/16000秒，可轻松抓住急速移动的目标。不过当要拍摄的是夜晚的车水马龙时，快门时间就要拉长，常见照片中丝绢般的水流效果也要用慢速快门才能拍摄。

快门以"秒"作为单位，它有一定的数字格式，一般在相机上可以见到的快门单位有以下几种。

B、1、2、4、8、15、30、60、125、250、500、1000、2000、4000、8000。

上面每一个数字单位都是分母，也就是说每一段快门分别是：1秒、1/2秒、1/4秒、1/8秒、1/15秒、1/30秒、1/60秒、1/125秒、1/250秒（依此类推）等。一般中阶的单眼相机快门可以到1/4000秒，高阶的专业相机则可以到1/8000秒。

B指的是慢快门Bulb，B快门的开关时间由操作者自行控制，可以借助快门按钮或是快门线，来决定整个曝光的时间。

大家可以注意到，快门之间数值的差距都是两倍，如1/30是1/60的两倍、1/1000是1/2000的两倍，这个跟光圈值的级数差距计算都是一样的。与光圈相同，每一段快门之间的差距也被称之为一级、一格或是一挡。

光圈级数跟快门级数的进光量其实是相同的，也就是说光圈之间相差一级的进光量，其实就等于快门之间相差一级的进光量，这个概念在计算曝光时很重要。

前面提到光圈决定了景深，快门则是决定了被摄物的"时间"。当拍摄一个快速移动的物体时，通常需要比较高速的快门，这样才可以抓到凝结的画面，所以在拍动态画面时，通常都要考虑可以使用的快门速度。

有时要抓取的画面可能需要有连续性的感觉，就像拍摄丝缎般的瀑布或是小河时，就必须要用到速度比较慢的快门，延长曝光的时间来抓取画面的连续动作。

### 5. 胶片感光度

根据胶片感光度，可把胶片归纳为3大类：快速胶片、中速胶片和慢速胶片。快速胶片具有较高的ISO（国际标准协会）数值，慢速胶片的ISO数值较低，快速胶片适用于低照度下的摄影。相对而言，当感光性能较低的慢速胶片可能引起曝光不足时，快速胶片获得正确曝光的可能性就更大。但是，感光度的提高会降低影像的清晰度，增加反差。慢速胶片在照度良好时，对获取高质量的照片非常有利。

在光照亮度十分低的情况下，如在暗弱的室内或黄昏时分的户外，可选用超快速胶片（即高ISO）拍摄。这种胶片对光非常敏感，即使在火柴光下也能获得满意的效果，其产生的景象颗粒度可营造画面的戏剧性氛围，获得引人注目的效果。在光照十分充足的情况下，如在阳光明媚的户外，可选用超慢速胶片（即低ISO）拍摄。

## 3.6.2 VRay穹顶摄像机

"VRay穹顶摄像机"被用来渲染半球圆顶效果，其参数面板如图3-181所示。

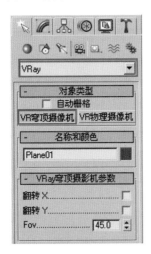

图3-181

» 翻转 X：让渲染的图像在x轴上反转。
» 翻转 Y：让渲染的图像在y轴上反转。
» Fov（视角）：设置视角的大小。

图3-182所示是上述3个参数的渲染效果对比。

图3-182

## 3.6.3 VRay物理摄像机

"VRay物理摄像机"的功能和现实中的相机功能相似，都有光圈、快门、曝光、ISO等调节功能，用户通过"VRay物理摄像机"能做出更真实的效果图，其参数面板如图3-183所示。

图3-183

### 1. 基本参数

» 类型："VRay物理摄像机"内置了3个类型的摄像机，通过这个选项，用户可以选择需要的摄像机类型。

照相机：用来模拟一台常规快门的静态画面照相机。
摄影机（电影）：用来模拟一台圆形快门的电影摄像机。
摄影机（DV）：用来模拟带CCD矩阵的快门摄像机。

» 目标：勾选此选项，摄像机的目标点将放在焦平面上；不勾选的时候，可以通过后面的"目标距离"参数来控制摄像机到目标点的位置。

» 胶片规格（mm）：控制摄像机所看到的景色范围，值越大，看到的景越多。

» 焦距（mm）：控制摄像机的焦长。

» 缩放因数：控制摄像机视图的缩放。值越大，摄像机视图拉得越近。

» 光圈：摄像机的光圈大小。控制渲染图的最终亮度，值越小图越亮，值越大图越暗。同时和景深也有关系，大光圈景深小，小光圈景深大。图3-184所示是不同"光圈"值的对比渲染效果。

图3-184

» 目标距离：摄像机到目标点的距离，默认情况下是不可使用的，当把摄像机的"目标"选项去掉时，就可以用"目标距离"来控制摄像机到目标点的距离。

» 失真：控制摄像机的扭曲系数。图3-185所示是不同扭曲系数的对比渲染效果。

图3-185

» 垂直移动：控制摄像机在垂直方向上的变形，主要用于纠正三点透视到两点透视。图3-186所示是不同"垂直移动"值的对比渲染效果。

图3-186

» 指点焦点：打开这个选项，可以手动控制焦点。

» 焦点距离：控制焦距的大小。

» 曝光：当勾选这个选项以后，"VRay物理摄像机"里的"光圈""快门速度"和"胶片感光度"参数才会起作用。

» 渐晕：模拟真实摄像机里的渐晕效果。图3-187所示是勾选和不勾选"渐晕"选项时的对比渲染效果。

图3-187

» 白平衡：和真实摄像机的功能一样，控制图的色偏。如在白天的效果中，给一个桃色的白平衡颜色，可以纠正阳光的颜色，从而得到正确的渲染颜色。

» 快门速度（s^-1）：控制光的进光时间，值越小，进光时间越长，图就越亮。反之，值越大，进光时间就越小，图就越暗。图3-188所示是不同"快门速度"值的对比渲染效果。

图3-188

» 快门角度（度）：当选择"摄影机（电影）"类型的时候，此选项激活。作用和上面的"快门速度"的作用一样，控制图的亮暗。角度值越大，图越亮。

» 快门偏移（度）：当选择"摄影机（电影）"类型的时候，此选项激活。主要控制快门角度的偏移。

» 延迟（秒）：当选择"摄影机（DV）"类型的时候，此选项激活。作用和上面的"快门速度"的作用一样，控制图的亮暗，值越大，表示光越充足，图越亮。

» 底片感光度（ISO）：控制图的亮暗，值越大，表示ISO的感光系数强，图越亮。一般白天效果比较适合用较小的ISO，而晚上效果比较适合用较大的ISO。图3-189所示是不同ISO值的对比渲染效果。

图3-189

## 2. 背景特效

"背景特效"卷展栏中的参数用于控制散景效果，当渲染景深的时候，或多或少会产生散景效果，这主要和散景到摄像机的距离有关。图3-190所示就是真实摄像机拍摄的散景效果。

图3-190

» 叶片数：控制散景产生的小圆圈的边，默认值为5，此时散景的小圆圈就是正五边形。如果不勾选它，那么散景就是个圆形。

» 旋转（度）：控制散景小圆圈的旋转角度。

» 中心偏移：控制散景偏移原物体的距离。

» 各向异性：控制散景的各向异性，值越大，散景的小圆圈拉得越长，变成椭圆。

## 3. 采样

» 景深：控制是否产生景深。

» 运动模糊：控制是否产生动态模糊效果。

» 细分：控制景深和动态模糊的采样细分，值越高，杂点越大，图的品质越高，渲染时间越慢。

> **技巧与提示**　如果使用了"VRay物理摄像机"中的"景深"和"运动模糊"，渲染面板里的"景深"和"动态模糊"将失去作用。

图3-191所示是测试渲染的景深和散景效果。

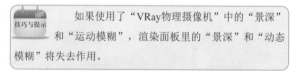

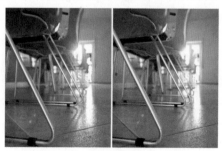

图3-191

图3-192所示是测试场景中摄像机的参数设置，大家可以分析一下。

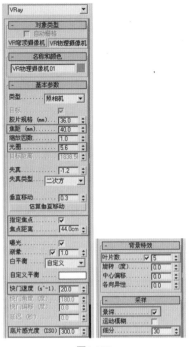

图3-192

## 学中练11——通过VRay物理摄影机渲染景深特效

本例通过"VRay物理摄影机"渲染的景深效果如图3-193所示，主要学习"VRay物理摄影机"的运用。

图3-193

### 1. 打开场景文件

01 打开本书配套资源中的"案例文件>第3章>学中练11>初始场景.max"文件，如图3-194所示。

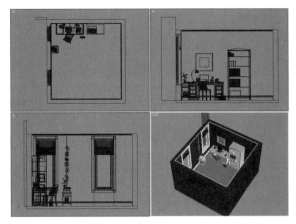

图3-194

> 本案例中的材质设置就不再多做讲解，有兴趣的读者可以打开配套资源中的最终场景文件查看。

02 在顶视图中创建一个"VR物理摄影机"，摄影机位置如图3-195所示。

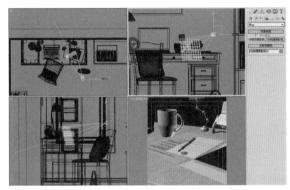

图3-195

03 在"修改"面板中展开"基本参数"卷展栏，然后设置"胶片规格"为36、"焦距"为78.4、"光圈"大小为6；接着勾选"指定焦点"选项，并设置"焦点距离"为628mm、"光晕"大小为0.3，再调整"自定义平衡"颜色为（R：255，G：209，B：166），设置"快门速度"为20，最后在"采样"卷展栏中勾选"景深"选项，设置"细分"为20，如图3-196所示。

图3-196

技巧与提示　　"光圈"数值越小，渲染出来的景深越模糊越亮。此时可以用"快门速度"来控制亮度，"快门速度"的值越大，渲染出的图像就越暗。

### 2. 创建场景灯光

01 在左视图中创建一盏"VR太阳"光，摆放位置如图3-197所示。

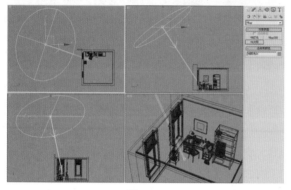

图3-197

02 对"VR太阳"光的参数进行设置，如图3-198所示。

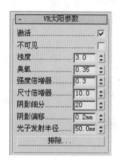

图3-198

03 在窗口处创建一盏1/2长400mm、1/2宽1015mm的"VR灯光"，然后设置单位为"辐射（W/m2/sr）"，接着设置灯光的颜色为（R：126，G：181，B：255），最后勾选"不可见"选项，并取消选择"影响镜面"与"影响反射"选项，再设置"细分"为20，如图3-199所示。

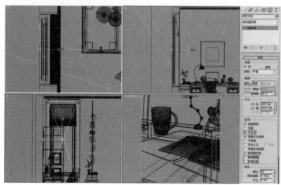

图3-199

04 将创建好的"VR灯光"复制到另一个窗口，参数设置及摆放位置如图3-200所示。

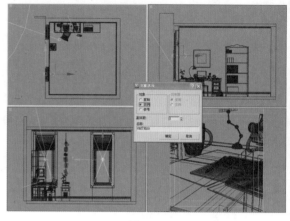

图3-200

05 按数字键8打开"环境和效果"对话框，然后在"环境贴图"通道中加载一张"VR天空"程序贴图，如图3-201所示。

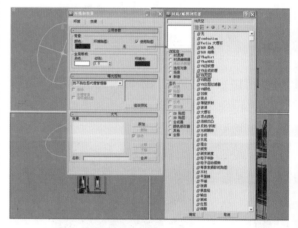

图3-201

06 打开"材质编辑器"，将"环境贴图"通道中的贴图文件拖曳至任意材质球上，如图3-202所示。

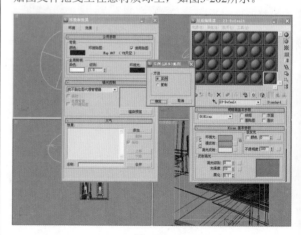

图3-202

07 选择材质球，然后在"VR天空参数"卷展栏中勾选"手动太阳节点"选项，接着单击"太阳节点"参数的通道 None 按钮，再按H键打开"拾取对象"对话框，最后选择"VR阳光01"，并单击 拾取 按钮，如图3-203所示。

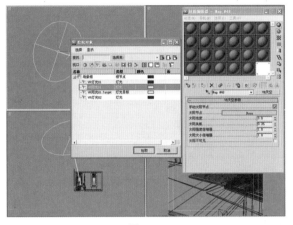

图3-203

08 打开"环境和效果"对话框与"渲染设置"对话框，然后展开"环境"卷展栏，并勾选"反射/折射环境覆盖"与"折射环境覆盖"选项，设置"反射/折射环境覆盖"的"倍增器"为2，再将"环境贴图"通道中的贴图文件拖曳至"反射/折射环境覆盖"与"折射环境覆盖"通道中，如图3-204所示。

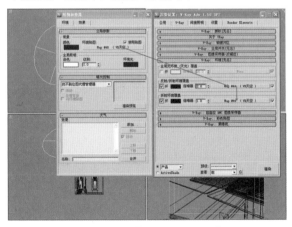

图3-204

## 3. 场景渲染

01 在"渲染设置"对话框中设置图像的"输出大小"为954×1024，如图3-205所示。

图3-205

02 在"全局开关"卷展栏中取消勾选"默认灯光"选项，然后设置"二次光线偏移"为0.001；接着在"图像采样器"卷展栏中设置图像采样器类型为"自适应确定性蒙特卡洛"，再设置抗锯齿过滤器类型为Mitchell-Netravali；最后在"彩色贴图"卷展栏中设置曝光类型为"指数"，并勾选"子像素贴图"选项，如图3-206所示。

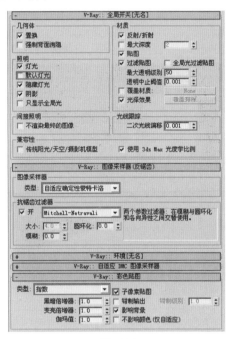

图3-206

03 在"间接照明"卷展栏中设置二次反弹全局光引擎为"灯光缓存"；然后在"发光贴图"卷展栏中设置"当前预置"等级为"中"、"半球细分"为80；最后在"灯光缓存"卷展栏中设置"细分"为600，如图3-207所示。

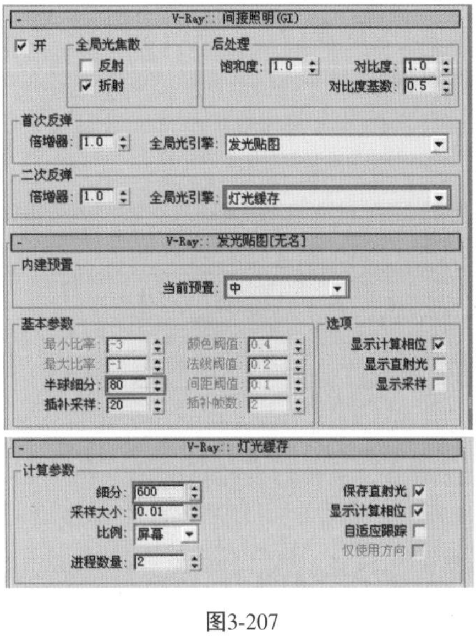

图3-207

**04** 在"DMC采样器"卷展栏中设置"适应数量"为0.8、"噪波阈值"为0.005、"最小采样值"为16，如图3-208所示。

图3-208

**05** 完成参数的设置后，对场景进行渲染，最终效果如图3-209所示。

图3-209

## 3.7 VRay渲染参数

在使用VRay渲染器之前，需要指定渲染器，具体操作步骤如下。

按F10键打开"渲染设置"对话框，然后展开"指定渲染器"卷展栏，接着在"产品级"参数中选择需要的渲染器（这里选择VRay Adv 1.50 .SP2），最后单击 **保存为默认设置** 按钮，将选择的渲染器保存为默认设置。这样在下一次使用时，系统就会自动使用选择好的渲染器，如图3-210所示。

图3-210

下面来看看VRay Adv 1.50 .SP2渲染器的参数面板，如图3-211所示。

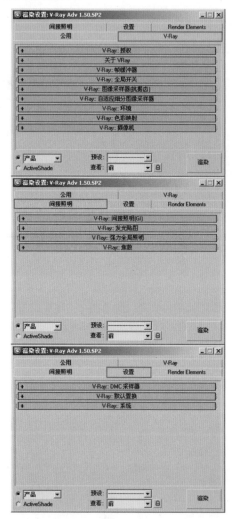

图3-211

### 3.7.1 VRay

#### 1. 授权

在"授权"卷展栏中主要呈现了VRay的注册信息，注册文件一般都放置在"C:\Program Files\Common Files\ChaosGroup\VRFLClient.ini"路径下，如果以前安装过低版本的VRay，而在安装VRay Adv 1.50 .SP2的过程中出现了问题，那么可以把这个文件删除以后再安装，其参数面板如图3-212所示。

图3-212

## 2. 关于VRay

在这个展卷栏中，用户可以看到关于VRay的官方网站地址www.chaosgroup.com，以及当前渲染器的版本号、Logo等，如图3-213所示。

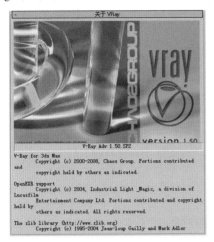

图3-213

## 3. 帧缓冲器

"帧缓冲器"卷展栏中的参数用来设置VRay自身的图形帧渲染窗口，这里可以设置渲染图像的大小，或者保存渲染图像等，其参数面板如图3-214所示。

图3-214

» 启用内置帧缓冲区：当选择这个选项的时候，用户就可以使用VRay自身的渲染窗口。同时需要注意，应该把3ds Max默认的渲染窗口关闭，这样节约内存资源，如图3-215所示。

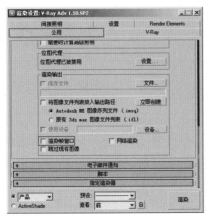

图3-215

» 显示最后的 VFB：单击此按钮，就可以看到上次渲染的图形，如图3-216所示。

图3-216

RGB color：在此下拉菜单中，用户可以查看渲染的"G-缓冲"通道里的元素，在VRay Adv 1.50 .SP2中已经把"G-缓冲"元素放到了3ds Max"渲染设置"对话框的 Render Elements 选项卡里面。

"转换到RGB通道"按钮：在查看其他通道的时候，单击此按钮可以转换到查看RGB通道。

"查看红色通道"按钮：单击此按钮可以单独查看红色通道。

"查看绿色通道"按钮：单击此按钮可以单独查看绿色通道。

"查看蓝色通道"按钮：单击此按钮可以单独查看蓝色通道。

"查看Alpha通道"按钮：单击此按钮可以查看Alpha通道，Alpha通道主要用来方便后期的修改。

"灰色显示模式"按钮：此功能和Photoshop里的去色功能一样，渲染的图形将以灰色模式显示。

"保存渲染图像"按钮：将渲染的图像以3ds Max支持的图形格式保存到硬盘中。

"清除渲染图像"按钮：把当前帧缓冲窗口里的渲染图像清除。当清除以后，渲染图像将从内存里去除，不可以恢复，请大家慎重使用该按钮。

"复制到帧缓冲窗口中"按钮：单击此按钮可以打开3ds Max默认的帧缓冲窗口，同时把VRay帧缓冲窗口里的渲染图像复制到其中。

"渲染鼠标所指的区域"按钮：这个功能很实用，当按下此按钮的时候，把鼠标指针放在渲染窗口里，VRay的渲染块就会优先渲染鼠标指针放置的区域，方便用户观察渲染图的特殊区域。

"显示校正"按钮：可以像Photoshop一样调整渲染图像的曝光、色阶、色彩曲线等。

"色彩矫正"按钮：对错误颜色进行色彩矫正。

"被修正的颜色区域"按钮：单击此按钮可以查看被修正的颜色区域。当单击以后，需要再一次单击"色彩矫正"按钮来得到正常的图像。

"查看图形信息"按钮：使用该工具可以看到图中每个像素的信息，包括坐标、颜色、Alpha通道信息、z轴信息、物体ID和法线信息。

"应用色阶调节"按钮：当调节好色阶以后，需要通过单击此按钮才能生效。

"应用曲线调整"按钮：需要单击此按钮才能让调节后的曲线效果生效。

"应用曝光调整"按钮：单击此按钮才能让调整后的曝光效果生效。

"显示sRGB颜色空间"按钮：转化渲染图像的伽玛值为2.2的sRGB空间。

█ % ▤ ▤ ▤ ▭ ▭ F：这里主要是控制水印的对齐方式、字体颜色和大小，以及显示VRay渲染的一些参数。

» 渲染到内存帧缓冲区：当勾选此选项时，可以将图像渲染到内存中，然后再由帧缓窗口显示出来，这样方便用户观察渲染的过程。不勾选时，不会出现渲染框，而直接保存到指定的硬盘文件夹中，这样的好处是可以节约内存空间。

» 从MAX获取分辨率：当勾选此选项时，将从"公用"选项卡的"输出大小"参数栏中获取渲染尺寸，如图3-217所示；不勾选它时，将从VRay渲染器的"输出分辨率"参数栏中获取渲染尺寸，如图3-218所示。

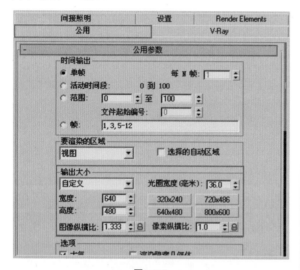

图3-217

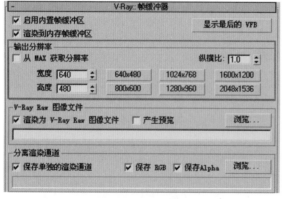

图3-218

» 渲染为V-Ray Raw图像文件：当没有勾选"渲染到内存帧缓冲区"选项时，就需要在这里设定。单击后面的 浏览... 按钮，可以在硬盘上指定一个位置来存放渲染图。此时保持的文件格式只能是*.vrimg，如图3-219所示。当渲染完成后，可以使用3ds Max的"文件"菜单来打开渲染的文件，如图3-220所示。

图3-219

图3-220

» 产生预览：当勾选它时，可以得到一个比较小的预览框来预览渲染的过程，预览框中的图不能缩放，并且看到的渲染的质量都不高，这是为了节约内存空间。

» 保存单独的渲染通道：这个选项和"渲染为V-Ray Raw图像文件"选项的用法一样，渲染元素主要有VRay的反射、折射通道、高光通道、阴影通道等，如图3-221所示。

图3-221

## 4. 全局开关

这个展卷栏中的参数主要是对场景中的灯光、材质、置换等进行全局设置，如是否使用默认灯光、是否打开阴影等，其参数面板如图3-222所示。

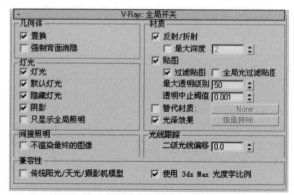

图3-222

» 置换：控制场景中的置换效果是否打开。在VRay的置换系统中，一共有两种置换方式：一种是材质置换方式，另一种是VRay置换修改器方式，如图3-223所示。当不勾选该选项时，场景中的这两种置换都不会有效果。

图3-223

» 强制背面消隐：执行3ds Max中的"自定义>Preferences（首选项）"菜单命令，在弹出的对话框中切换到"视口"选项卡，可以看到有一个"创建对象时背面消隐"选项，如图3-224所示。"强制背面消隐"选项与"创建对象时背面消隐"选项相似，但"创建对象时背面消隐"选项只用于视图，对渲染没有影响。而"强制背面消隐"是针对渲染而言的，勾选该选项后反法线的物体将不可见。

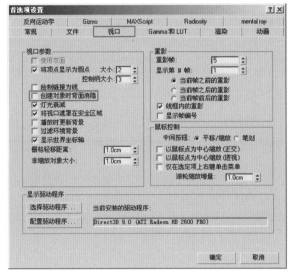

图3-224

» 灯光：控制场景中是否打开光照效果，当不勾选的时候，场景中放置的灯光将不起作用。

» 默认灯光：控制场景是否使用3ds Max系统中默认的光照，一般情况下都不勾选它。

» 隐藏灯光：控制场景是否让隐藏的灯产生光照。这个选项对于调节场景中的光照非常方便。

» 阴影：控制场景是否产生阴影。

» 只显示全局照明：当此选项被勾选的时候，场景渲染结果只显示全局照明的光照效果。虽然如此，渲染过程中也是计算了直接光照的。

» 不渲染最终的图像：控制是否渲染最终图像，如果勾选此选项，VRay将在计算完光子以后，不再渲染最终图像。这对渲染小光子图非常方便。

» 反射/折射：控制是否打开场景中材质的反射和折射效果。

» 最大深度：控制整个场景中的反射、折射的最大深度，后面的输入框用于指定反射、折射次数。

» 贴图：控制是否让场景中物体的程序贴图和纹理贴图渲染出来。如果不勾选它，那么渲染出来的图像就不会显示贴图，取而代之的是漫反射通道里的颜色。

» 过滤贴图：这个选项控制VRay渲染时是否使用贴图纹理过滤。如果勾选它，VRay将用自身的"抗锯齿过滤器"来对贴图纹理进行过滤，如图3-225所示；如果不勾选它，将以原始图像进行渲染。

图3-225

» 全局光过滤贴图：控制是否在全局光照中过滤贴图。

» 最大透明级别：控制透明材质被光线追踪的最大深度。值越高被光线追踪的深度越深，效果越好，同时渲染速度也越慢。

» 透明中止阈值：控制VRay渲染器对透明材质的追踪终止值。当光线透明度的累计比当前设定的阀值低，那么将停止光线透明追踪。

» 替代材质：是否给场景赋予一个全局材质。当后面的 None 按钮里选了一个材质后，场景中所有的物体都将使用该材质渲染。在测试阳光方向的时候，这个选项非常有用。

» 光泽效果：是否打开反射或者折射模糊效果，当不勾选它时，场景中带模糊的材质将不会渲染出反射或者折射模糊效果。

» 二级光线偏移：这个选项主要用来控制有重面的物体在渲染的时候不会产生黑斑。如果场景中有重面，在默认值0.0的情况下将会产生黑斑，一般通过给一个比较小的值来纠正渲染错误，如0.0001。但是，如果这个值给得比较大，如10，那么场景中的间接照明将变得不正常。如图3-226所示，在地板上放了一个长方体，它的位置刚好和地板重合，当该参数值为0.0的时候渲染结果不正确，出现黑块。当该参数值为0.001的时候，渲染结果正常，没有黑斑。

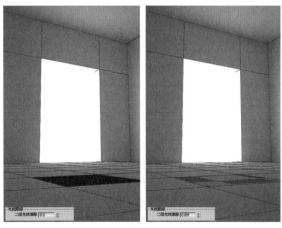

图3-226

## 5. 图像采样器

VRay Adv 1.50 .SP2把"图像采样器（抗锯齿）"和"图像采样器"分为了两个卷展栏，当用户选择的"图像采样器"不一样时，那么下面的"图像采样器"展卷栏中的内容也会跟着变化，其参数面板如图3-227所示。

图3-227

» 图像采样器：VRay提供了3种采样类型，用户可以根据场景的不同选择不同的采样类型。

固定：对每个像素使用一个固定的细分值。该采样方式适合场景中拥有大量的模糊效果（如运动模糊、景深模糊、反射模糊、折射模糊等）或者具有高细节的纹理贴图时。在这种情况下，使用"固定"方式будет兼顾渲染品质和渲染时间。其采样参数如图3-228所示，细分越高，采样品质越高，渲染时间越长。

图3-228

自适应DMC：此采样方式根据每个像素以及与它相邻像素的明暗差异，不同像素使用不同的样本数量。在角落部分使用较高的样本数量，在平坦部分使用较低的样本数量。该采样方式适合场景中拥有少量的模糊效果或者具有高细节的纹理贴图和大量几何体面时，其参数面板如图3-229所示。

图3-229

下面介绍一下图3-229所示的参数面板的各参数含义。

最小细分：定义每个像素使用的最小细分，这个值主要用在角落的采样。值越大，角落的采样品质越高，图的边线抗锯齿越好，渲染速度也越慢。

最大细分：定义每个像素使用的最大细分，这个值主要用在平坦部分的采样。值越大，平坦部分的采样品质越高，渲染速度越慢。在渲染商业图的时候，可以把这个值设置得相对比较低，因为平坦部分需要的采样不多，从而节约渲染时间。

颜色阈值：色彩的最小判断值，当色彩的判断达到这个值以后，就停止对色彩的判断。具体一点就是分辨哪些是平坦区域，哪些是角落区域。这里的色彩应该理解为色彩的灰度。

使用DMC采样器阈值：如果勾选了该选项，那么"颜色阈值"参数将不起作用，取而代之的是DMC采样器里的阈值。

显示采样：勾选它以后，可以看到"自适应DMC"的样本分布情况。

自适应细分：这是具有负值采样的高级抗锯齿功能，适用在没有或者有少量的模糊效果的场景中，在这种情况下，它的渲染速度最快。但是在具有大量细节和模糊效果的场景中，它的渲染速度会较慢，渲染品质最低，这是因为它需要去优化模糊和大量的细节，这样就需要对模糊和大量细节进行预计算，从而把渲染速度降低。同时，该采样方式是3种采样类型中最占内存空间的一个，其参数面板如图3-230所示。

图3-230

下面介绍一下图3-230所示的参数面板的各参数含义。

最小比率：定义每个像素使用的最少样本数量。数值0表示一个像素使用一个样本数量；-1表示两个像素使用一个样本；-2表示4个像素使用一个样本。值越小，渲染品质越低，渲染速度越快。

最大比率：定义每个像素使用的最多样本数量。数值0表示一个像素使用一个样本数量；1表示每个像素使用4个样本；2表示每个像素使用8个样本数量。值越大，渲染品质越好，渲染速度越慢。

颜色阈值：色彩的最小判断值，当色彩的判断达到这个值以后，就停止对色彩的判断。具体一点就是分辨哪些是平坦区域，哪些是角落区域。这里的色彩应该理解为色彩的灰度。

对象轮廓：勾选它以后，可以对物体轮廓线使用更多的样本，从而让物体轮廓的品质更高，渲染速度减慢。

法线阈值：决定"自适应细分"在物体表面法线的采样程度。当达到这个值以后，就停止对物体表面进行判断。具体一点就是分辨哪些是交叉区域，哪些不是交叉区域。

随机采样值：当勾选它以后，样本将随机分布。这个样本的准确度更高，同时对渲染速度没影响，建议勾选。

显示采样：勾选它以后，可以看到"自适应细分"的样本分布情况。

» 抗锯齿过滤器：控制渲染场景的抗锯齿。当勾选"开"选项以后，将从后面的下拉列表中选择一种抗锯齿方式来对场景进行抗锯齿处理；如果不勾选"开"选项，那么渲染时将使用纹理抗锯齿过滤。其下拉列表中的所有抗锯齿选项的对比效果如图3-231~图3-234所示，请大家仔细观察测试图中的布纹和木纹的细微区别。

图3-231

图3-232

混合          Blackman          Mitchell-Netravali

图3-233

Catmull-Rom     VRaylanczos过滤器     VRaysinc过滤器

图3-234

技巧与提示　从以上渲染图的对比中，可以看到Mitchell-Netravali过滤器的抗锯齿效果最好。如果想得到比较清晰的纹理，Mitchell-Netravali方式是个不错的选择。同时，Catmull-Rom过滤器的效果也不错，它的效果就像用了Photoshop里的锐化效果一样。

## 6. 环境

"环境"卷展栏的参数面板如图3-235所示。

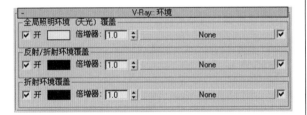

图3-235

（1）全局照明环境（天光）覆盖

» 开：勾选此选项，可以打开VRay的天光。

» 颜色：选择天光的颜色。

» 倍增器：设置天光亮度的倍增，值越高，天光的亮度越高。

» None：单击该按钮，可以选择不同的贴图来作为天光的光照。

（2）反射/折射环境覆盖

» 开：勾选此选项，可以打开VRay的反射环境。

» 颜色：选择反射环境的颜色。

» 倍增器：设置反射环境亮度的倍增，值越高，反射环境的亮度越高。

» None：单击该按钮，可以选择不同的贴图来作为反射环境。

（3）折射环境覆盖

» 开：勾选此选项，可以打开VRay的折射环境。

» 颜色：选择折射环境的颜色。

» 倍增器：反射环境亮度的倍增，值越高，折射环境的亮度越高。

» None：单击该按钮，可以选择不同的贴图来作为折射环境。

## 7. 色彩映射

"色彩映射"就是人们常说的曝光模式，它主要控制灯光方面的衰减以及色彩的不同模式，其参数面板如图3-236所示。

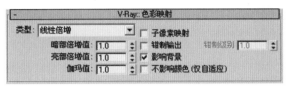

图3-236

» 类型：提供不同的曝光模式，共有7种曝光模式，不同模式下的局部参数也不一样。

线性倍增：这种模式将基于最终色彩亮度来进行线形的倍增，这种模式可能会导致靠近光源的点过分明亮。

技巧与提示　"线性倍增"模式的局部参数如下。

暗部倍增值：对暗部的亮度进行控制，加大此值可以提高暗部的亮度。

亮部倍增值：对亮部的亮度进行控制，加大此值可以提高亮部的亮度。

伽玛值：伽玛值的控制。

指数：这种曝光是采用指数模式，它可以降低靠近光源处表面的曝光效果，同时场景的颜色饱和度降低。其局部参数和"线性倍增"模式的一样。

HSV指数：与"指数"曝光模式比较相似，不同点在于可以保持场景物体的颜色饱和度，但是这种方式会取消高光的计算。其局部参数和"线性倍增"模式的一样。

亮度指数：这种方式是对上面两种指数曝光模式的结合，既抑制了光源附近的曝光效果，又保持了场景物体的颜色饱和度。其局部参数和"线性倍增"模式的一样。

伽玛校正：采用伽玛来修正场景中的灯光衰减和贴图色彩，其效果和"线形曝光"模式类似。

技巧与提示　"伽玛校正"模式的局部参数如下。

倍增值：图的总体亮度倍增。

反伽玛：反伽玛是VRay内部转化的，比如输入2.2就是和显示器的伽玛2.2一样。

亮度伽玛：此曝光不仅拥有"伽玛校正"的优点，同时还可以修正场景中灯光的亮度。

莱恩哈德：此曝光方式可以把"线性倍增"和"指数"曝光模式混合起来。

技巧与提示

"莱恩哈德"模式的局部参数如下。

混合值：这个值控制"线性倍增"和"指数"曝光模式的混合值，0表示"线性倍增"模式不参与混合；1表示"指数"模式不参加混合；0.5表示"线性倍增"和"指数"模式的曝光效果各占一半。

» 子像素映射：这是一个新选项，默认没有勾选，这样能产生更精确的渲染品质。但是，在VRay以前的版本中，此功能在内部默认是勾选的。当结合"钳制输出"选项勾选时，能避免图像中的某些杂点（如GI焦散引起的孤立亮点）。这可能导致渲染结果不精确，但因为减少了杂点，所以看起来渲染图像比较光滑（无杂点）。在VRay Adv 1.50 .SP2中，"子像素映射"和"钳制输出"选项默认都是没有勾选，虽然这样能产生更精确的渲染结果，但也许会出现在先前版本中不会出现的GI焦散引起的孤立亮点。要避免这些，就应该把这两个选项同时打开。

» 钳制输出：当勾选这个选项以后，在渲染图中有些无法表现出来的色彩通过限制来自动纠正。但是当使用HDR（高动态图像）的时候，如果限制了色彩的输出会出现一些问题。

» 影响背景：控制曝光模式是否影响背景。当不勾选它时，背景不受曝光模式的影响。

仔细观察图3-237～图3-239所示的对比测试，希望读者能深刻地理解每种曝光方式的不同。

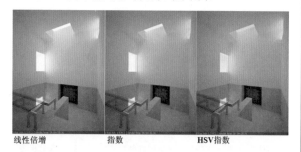

线性倍增　　　　指数　　　　HSV指数

图3-237

亮度指数　　　　伽玛校正　　　　亮度伽玛

图3-238

莱恩哈德，"混合值"为0　莱恩哈德，"混合值"为0.5　莱恩哈德，"混合值"为1

图3-239

## 8. 摄像机

"摄像机"是VRay系统里的一个摄像机特效功能，其参数面板如图3-240所示。

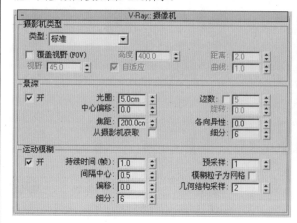

图3-240

（1）摄影机类型

定义三维场景投射到平面的不同方式，其具体参数如图3-241所示。

图3-241

» 类型：VRay支持7种摄影机类型，分别是：标准、球型、圆柱（点）、圆柱（正交）、盒、鱼眼、变形球（旧式）。

标准：这个是标准摄影机类型，和3ds Max里默认的摄像机效果一样，把三维场景投射到一个平面上，渲染效果如图3-242所示。

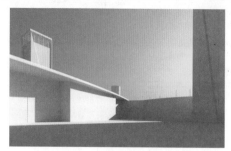

图3-242

球型：将三维场景投射到一个球面上，渲染效果如图3-243所示。

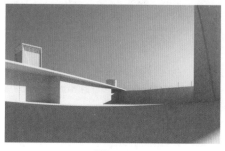

图3-243

圆柱（点）：由标准摄像机和球型摄像机叠加而成的效果，在水平方向采用球型摄像机的计算方式，而在垂直方向上采用标准摄像机的计算方式，渲染效果如图3-244所示。

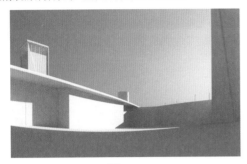

图3-244

圆柱（正交）：这种摄像机也是混合模式，在水平方向采用球型摄像机的计算方式，而在垂直方向上采用视线平行排列，渲染效果如图3-245所示。

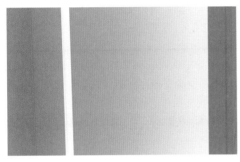

图3-245

盒：这种方式是把场景按照Box方式展开，渲染效果如图3-246所示。

图3-246

鱼眼：这种方式就是人们常说的环境球拍摄方式，渲染效果如图3-247所示。

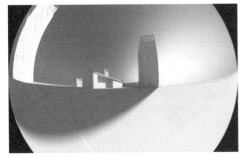

图3-247

» 变形球（旧式）：是一种非完全球面摄像机类型，渲染效果如图3-248所示。

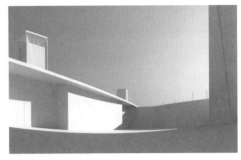

图3-248

» 覆盖视野（FOV）：用来替代3ds Max默认摄像机的视角，3ds Max默认摄像机的最大视角为180°，而这里的视角最大可以设定为360°。

» 视野：这个值可以替换3ds Max默认的视角值，最大值为360°。

» 高度：当且仅当使用"圆柱（正交）"摄像机时，该选项可用。用于设定摄像机高度。

» 自适应：当使用"鱼眼"和"变形球（旧式）"摄像机时，此选项可用。当勾选它时，系统会自动匹配歪曲直径到渲染图的宽度上。

» 距离：当使用"鱼眼"摄像机时，该选项可用。在不勾选"自适应"选项的情况下，"距离"控制摄像机到反射球之间的距离，值越大，表示摄像机到反射球之间的距离越大。

» 曲线：当使用"鱼眼"摄像机时，该选项可用。它控制渲染图形的扭曲程度，值越小扭曲程度越大。

（2）景深

用来模拟摄影里的景深效果，具体参数如图3-249所示。

图3-249

» 开：控制是否打开景深。

» 光圈：光圈值越小景深越大，光圈值越大景深越小，模糊程度越高。

» 中心偏移：这个参数控制模糊效果的中心位置，值为0意味着从物体边缘均匀地向两边模糊；正值意味着模糊中心向物体内部偏移；负值则意味着模糊中心向物体外部偏移。

» 焦距：摄像机到焦点的距离。焦点处的物体最清晰。

» 从摄像机获取：当这个选项激活的时候，焦点由摄像机的目标点确定。

» 边数：这个选项用来模拟物理世界中的摄像机光圈的多边形形状。如5就代表五边形。

» 旋转：光圈多边形形状的旋转。

» 各向异性：这个控制多边形形状的各向异性，值越大，形状越扁。

» 细分：用于控制景深效果的品质。

下面来看一下景深渲染效果的一些测试，如图3-250、图3-251和图3-252所示。

图3-250

图3-251

图3-252

（3）运动模糊

这里的参数用来模拟真实摄像机拍摄运动物体所产生的模糊效果，它仅对运动的物体有效，具体参数如图3-253所示。

图3-253

» 开：勾选此选项，可以打开运动模糊特效。

» 持续时间（帧）：控制运动模糊每一帧的持续时间，值越大，模糊程度越强。

» 间隔中心：用来控制运动模糊的时间间隔中心，0表示间隔中心位于运动方向的后面；0.5表示间隔中心位于模糊的中心；1表示间隔中心位于运动方向的前面。

» 偏移：用来控制运动模糊的偏移，0表示不偏移；负值表示沿着运动方向的反方向偏移；正值表示沿着运动方向偏移。

» 细分：控制模糊的细分，较小的值容易产生杂点，较大的值模糊效果的品质较高。

» 预采样：控制在不同时间段上的模糊样本数量。

» 模糊粒子为网格：当勾选此参数以后，系统会把模糊粒子转换为网格物体来计算。

» 几何结构采样：这个值常用在制作物体的旋转动画上。如果取值为默认的2时，那么模糊的边将是一条直线；如果取值为8的时候，那么模糊的边将是一个8段细分的弧形，通常为了得到比较精确的效果，需要把这个值设定在5以上。

## 3.7.2 间接照明

在介绍"间接照明"选项卡中的参数前，首先需要了解更多的GI方面的知识，因为只有了解GI，才能更好地把握渲染器的用法。

GI是英文单词Global Illumination（全局光照）的缩写，它的含义就是在渲染过程中考虑了整个环境（3D设计软件制作的场景）的总体光照效果和各种景物间光照的相互影响，在VRay渲染器里被理解为"间接照明"。

其实，光照按光的照射过程被分为两种，一种是直接光照（直接照射到物体上的光），另一种是间接照明（照射到物体上以后反弹出来的光）。图3-254所示的示意图中，A点处放置了一个光源，假定A处的光源只发出了一条光线，当A点光源发出的光线照射到B点时，B点所受到的照射就是直接光照；当B点反弹出光线到C点然后再到D点的过程，沿途点所受到的照射就是间接照明。而更具体地说，B点反弹出光线到C点这一过程被称为第1次反弹；C点反弹出光线以后，经过很多点反弹，到D点光能耗尽的过程被称为第2次反弹。如果没有1次反弹和2次反弹的情况下，就相当于和3ds Max默认扫描线渲染的效果一样。在用默认线扫描渲染的时候，经常需要补灯，补灯的目的就是模拟一次反弹和二次反弹的光照效果。

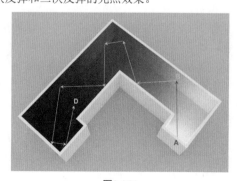

图3-254

在1984年，康奈尔大学的Cindy M. Goral发表了名为Modeling the interaction of Light Between Diffuse Surfaces的论文，其中论述了全局光照算法。这篇文章受到热辐射研究中使用有限元法来解决热能分布的启发，使用了相同的方式来计算光能在有限空间内的传播，这就是早期的全局光照算法。后来，由这种有限元法发展而来的各种全局照明算法，被统称为Radiosity算法，中文翻译成"光能传递算法""光辐射算法"等。

Radiosity应当翻译成"辐射度"，这个词实际上是照明工程里使用的一个物理量，表示单位面积上单位时间内出射的光能，单位是瓦特/平方米，类似的物理量还包括"辐亮度（Radiance）""辐照度（Irradiance）"等，都是全局照明中常用的计量单位。Cindy M. Goral最初提出的这个算法并不实用，由于有限元法的计算量巨大，只能计算一些极其简单的场景。

1988年，Cindy M. Goral发表的论文A Progressive Refinement Approach to Fast Radiosity Image Generation中，提出了一个非常实用的迭代算法，即现代的图形学教材上最常见的逐步求精辐射度算法，这是能够满足实际应用需求的最朴实的一种Radiosity算法。这个算法随后发展了一批商用渲染软件，如Lightscape，这个软件主要用来制作室内效果图，虽然速度很慢，却吸引了一大批用户。逐步求精辐射度算法并不是最理想的辐射度算法，在1992～1993年间，P. Hanrahan和S. J. Gortler提出了Wavelet Radiosity（小波辐射度算法），其速度远远超过之前的各种全局照明算法。尽管如此，由于对现有应用集成上的困难，小波辐射度算法在现代几乎没有任何商业应用价值。

从1986年开始，另一类全局照明算法——Monte-Carlo Method（蒙特卡罗算法）开始发展起来。最初是由J. T. Kajiya、D. Kirk和J. Arvo的一些相关论文建立起来的，并用于改进已有的光线追踪算法。这个名字来源于数学中的蒙特卡罗积分，是通过对大量随机数采样求期望值的方法。由于使用随机数运算，类似于轮盘赌而得名。蒙特卡罗算法在20世纪90年代得到了长足的发展，各种新的算法层出不穷，与Radiosity算法一起，在研究领域兴极一时，现在的多数商用程序中的全局照明渲染，多是由20世纪90年代初的一些研究热点继承而来。

这样，全局照明的算法就基本上分为两大类：Radiosity算法和Monte-Carlo Method（蒙特卡罗算法）。从数学的角度来看，这其实是对一个叫作"光的传输方程"的两种不同的解法：前者通过有限元法（Finite Element Method）来求解，后者通过概率积分（Probability Integral）来求解。对于现有的商用全局照明渲染软件，大家很容易通过一些明显的特征来判断它们属于哪一类：有限元法意味着在渲染时场景会被分割成很多小的面，还会按照指定的精度去计算小面间两两交互的关系，这样的一定是Radiosity算法；Monte-Carlo Method（蒙特卡罗算法）则会产生大量随机的光线或者粒子，模拟光的传播，通常还会跟随一个Final Gather的过程（其实是在做概率积分），如Mental Ray。

这两类全局照明的算法各有利弊。对于Radiosity来说，它需要在渲染时分割场景，这一点对于很多现有的三维软件而言非常不便；同时它的适用范围也不高，很难处理一些非漫射的物体表面；在存储上，也往往需要大量的内存来支持。对蒙特卡罗算法来说，随机性是致命的缺陷，在生成的图像中往往含有大量低频杂点，无法拿来渲染动画。现在的流行算法一般不使用单纯的蒙特卡罗算法，而是通过添加一些特定的处理，如选择合理的伪随机数，在VRay中表现为"自适应DMC"来减少杂点。

VRay内部包括了4种不同的GI算法：精确算法、近似算法、点射算法和会集算法。

精确算法：在VRay中，"自适应DMC"和"渐进路径跟踪（PPT）"属于这种算法。优点是渲染结果非常精确，不需要太多复杂的参数去控制渲染，占用的内存空间少。缺点是没有过多的优化参数，所以渲染时间很慢，并且最后的渲染图中会带着一些杂点。

近似算法：在VRay中，"发光贴图""灯光缓存"和"光子贴图"属于这种算法。优点是可以对参数进行优化，这就意味着它的渲染速度比精确算法快，同时近似算法可以保存和调用光子图。缺点是渲染结果并不是十分精确，常常不能达到最理想的效果，并且常出现奇怪的问题（如漏光现象），另外它有太多渲染调节参数，所需要的内存资源也比较多。

点射算法："光子贴图"也属于这种算法。优点是很容易模拟特别优秀的焦散效果。缺点是不考虑摄像机的角度，场景中所有的物体都要去计算（包括摄像机看不到的物体），这就需要更多的渲染时间；光源区域附近计算精度比较高，而远离光源的区域计算精度常常不够；不支持物体光源和天光（Skylight）。

会集算法："自适应DMC""发光贴图"和"灯光缓存"也属于这种算法。优点是只计算摄像机可见部分的场景内容，所以它比"点射算法"更有效；可以得到比较均匀的计算精度；支持物体光源和天光。缺点是模拟焦散的能力比较差。

## 1. 间接照明

上面对GI的基础知识进行了简单的概述，相信读者已经有了一个基本的认识，接下来介绍参数含义，"间接照明"卷展栏的参数面板如图3-255所示。

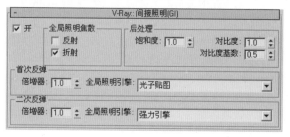

图3-255

» 开：控制是否打开"间接照明"。

» 全局照明焦散：这里主要控制间接照明产生的焦散效果。但是这里的GI焦散效果并不是很理想，如果想要得到更理想的焦散，可以使用"焦散"卷展栏中的参数来得到。

反射：控制是否让间接照明产生反射焦散。

折射：控制是否让间接照明产生折射焦散。

» 后处理：对渲染图进行饱和度、对比度控制。

饱和度：控制图的饱和度，值越高，饱和度越强。

对比度：控制图的色彩对比度，值越高，色彩对比度越强。

对比度基数：和"对比度"效果相似，这里主要控制图的明暗对比度。值越高，明暗对比越强烈。

» 首次反弹：光线的第一次反弹控制。

倍增器：控制一次反弹的光的倍增值，值越高，一次反弹的光的能量越强，渲染场景越亮，默认情况下为1。

全局照明引擎：这里选择第一次反弹的GI引擎，包括"发光贴图""光子贴图""强力引擎"和"灯光缓存"4种。

» 二次反弹：光线的二次反弹控制。

倍增器：控制二次反弹的光的倍增值，值越高，二次反弹的光的能量越强，渲染场景越亮，最大值为1，默认情况下也为1。

全局照明引擎：这里选择二次反弹的GI引擎，包括下面"无"（表示不使用引擎）、"光子贴图""强力引擎"和"灯光缓存"4种。

## 2. 发光贴图

"发光"描述了三维空间中的任意一点以及全部可能照射到这点的光线。在几何光学里，这个点可以是无数条不同的光线来照射，但是在渲染器当中，必须对这些不同的光线进行对比、取舍，这样才能优化渲染速度。那么VRay渲染器的"发光贴图"是怎样对光线进行优化的呢？当光线射到物体表面的时候，VRay会从"发光贴图"里寻找与当前计算过的点类似的点（VRay计算过的点就会放在"发光贴图"里），然后根据内部参数进行对比，满足内部参数的点就认为和计算过的点相同，不满足内部参数的点就认为和计算过的点不相同，同时就认为此点是个新点，那么

就重新计算它，并且把它也保持在"发光贴图"里。这就是大家在渲染时看到的"发光贴图"在计算过程中运算几遍光子的现象。正是因为这样，"发光贴图"会在物体的边界、交叉、阴影区域计算得更精确（这些区域光的变化很大，所以被计算的新点也很多）；而在平坦区域计算的精度就比较低（平坦区域的光的变化并不大，所以被计算的新点也相对比较少）。

"发光贴图"卷展栏的参数面板如图3-256所示。

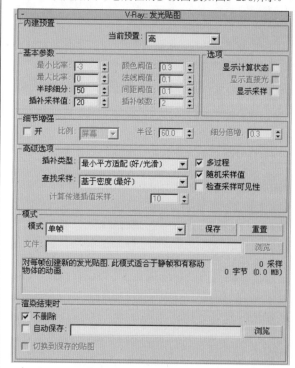

图3-256

（1）内建预置

» 当前预置：选择当前的模式，其下拉菜单包括8种模式：自定义、非常低、低、中、中-动画、高、高-动画、非常高。用户可以根据需要来选择这8种模式，从而渲染出不同质量的效果图。当选择"自定义"的时候，可以手动调节"发光贴图"卷展栏中的参数。

（2）基本参数

控制样本的数量、采样的分布以及物体边缘的查找精度，具体参数如图3-257所示。

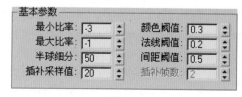

图3-257

» 最小比率：控制场景中平坦区域的采样数量。0表示计算区域的每个点都有样本；-1表示计算区域的1/2是样本；-2表示计算区域的1/4是样本。

» 最大比率：控制场景中的物体边线、角落、阴影等细节的采样数量。0表示计算区域的每个点都有样本；-1表示计算区域的1/2是样本；-2表示计算区域的1/4是样本。

» 半球细分：因为VRay采用的是几何光学，它可以模拟光线的条数。这个参数就是用来模拟光线的数量，值越高，表现光线越多，那么样本精度也就越高，渲染的品质也越好，同时渲染时间也会增加。

» 插补采样值：这个参数对样本进行模糊处理，较大的值得到比较模糊的效果，较小的值得到比较锐利的效果。

» 颜色阈值：这个值主要让渲染器分辨哪些是平坦区域，哪些不是平坦区域，它是按照颜色的灰度来区分的。值越小，对灰度的敏感度越高，区分能力越强。

» 法线阈值：这个值主要让渲染器分辨哪些是交叉区域，哪些不是交叉区域，它是按照法线的方向来区分的。值越小，对法线方向的敏感度越高，区分能力越强。

» 间距阈值：这个值主要让渲染器分辨哪些是弯曲表面区域，哪些不是弯曲表面区域，它是按照表面距离和表面弧度的比较来区分的。值越高，表示弯曲表面的样本更多，区分能力越强。

以上这些参数都比较概念化，可能大家还不太明白，下面通过一个简单的场景来对比说明它们的不同用处。

如果设置"最小比率"为-2，效果如图3-258所示；如果设置"最小比率"为-5，效果如图3-259所示。

图3-258

图3-259

通过图3-258和图3-259的对比可以看到，当"最小比率"比较小时，样本在平坦区域的数量比较少，渲染时间也比较少；"最小比率"比较大时，样本在平坦区域的样本数量比较多，同时渲染时间也增加。

如果设置"最大比率"为0，效果如图3-260所示；如果设置"最大比率"为-1，效果如图3-261所示。

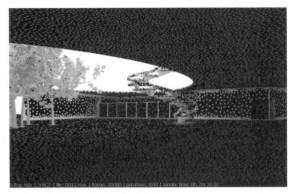

图3-260

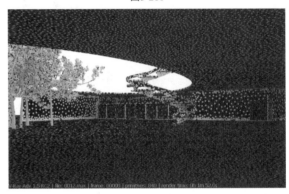

图3-261

从图3-260和图3-261所示的效果中可以看出，"最大比率"越大，角落地方的样本数量越多，渲染时间越长；"最大比率"越小，角落地方的样本数量越少，渲染时间越快。

如果设置"半球细分"为20，效果如图3-262所示；如果设置"半球细分"为100，效果如图3-263所示。

图3-262

图3-263

从图3-262和图3-263所示的对比效果可以看出，"半球细分"的值比较小时，地面有斑块，这是模拟的光线数量不够造成的。但是，渲染时间却用不了太多；"半球细分"的值比较大时，整个图都没什么异常情况，但是，渲染时间比较慢。所以请读者自己去衡量这个值的取舍，而笔者的经验就是默认值一般都能达到比较满意的效果，在渲染时间方面也能接受。

如果设置"插补采样值"为2，效果如图3-264所示；如果设置"插补采样值"为20，效果如图3-265所示。

图3-264

图3-265

从图3-264和图3-265所示的效果对比中可以看出，"插补采样值"的值比较小的时候，会有斑块，这是因为没对样本采用模糊技术，所以看上去有点块状；"插补采样值"的值比较大的时候，一切正常，但是这个值别给太大，否则，阴影的地方也会模糊掉，建议给默认的20，同时值增大以后渲染时间也会增加一点，因为模糊的过程需要消耗CPU资源。

（3）选项

控制渲染过程的显示方式和样本是否可见，具体参数如图3-266所示。

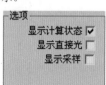

图3-266

» 显示计算状态：勾选该选项后，用户就可以看到渲染帧里的GI预计算过程，同时会占用一定的内存空间。

» 显示直接光：在预计算的时候显示直接光照，方便用户观察直接光照的位置。

» 显示采样：显示采样的分布，以及分布的密度，帮助用户分析GI的精度够不够。

（4）细节增强

这个功能是VRay Adv 1.50 .SP2的新功能，在以前的版本中，如果要增加细部的GI就必须把样本密度开得很高，这样才能达到目的。但这样也会把平坦部分的样本密度增高，比较浪费渲染时间，所以VRay Adv 1.50 .SP2推出了"细节增强"功能，它的目的在于用另外一种计算方式（高蒙特卡罗积分计算方式）来单独计算场景中物体的边线、角落等细节的地方。这样在平坦的区域可以不需要很高的GI。总体上来说节约了渲染时间，提高了图像的品质，具体参数如图3-267所示。

图3-267

» 开：控制是否打开细部增强功能。

» 比例：后面的下拉菜单里有两个选项，分别是"屏幕"和"世界"。"屏幕"主要是按照渲染图的大小来衡量后面的"半径"单位，如"半径"给60，而渲染的图的大小是600，那么就表示细节部分的大小是整个图的1/10。"世界"是按照3ds Max里的场景尺寸来设定的，如场景单位是mm，半径为60，那么代表细节部分的半径为60mm。

> 做动画的时候，请使用"世界"模式，这样才不会出现异常情况。

» 半径：表示细节部分有多大区域使用细部增强功能，半径越大，使用细部增强功能的区域也就越大，渲染时间就越慢。

» 细分倍增：这里主要是控制细部的细分，但是这个值和"发光贴图"里的"半球细分"有关系，0.3就代表细分是"半球细分"的30%，1就代表和"半球细分"的值一样。值越低，细部越会产生杂点，渲染速度比较快；值越高，可以避免细部产生杂点，同时渲染速度增加。

这里对"细节增强"选项组中的参数再进行对比介绍，以便于大家加深理解。

如果设置"最小比率"为-5、"最大比率"为-4、"单位"为"屏幕"、"半径"为20、"细分倍增"为0.3，效果如图3-268所示。

从图中可以看到，采用低GI的"最小比率"和"最大比率"，整个图的阴影都不飘，细节相对比较高。

图3-268

如果设置"最小比率"为-5、"最大比率"为-4、"单位"为"屏幕"、"半径"为1、"细分倍增"为0.3，效果如图3-269所示。

从图中可以看到，将"半径"改为1后，阴影的细节就不理想了，甚至在右边的墙角上还出现了错误。但是渲染速度却快了很多。

图3-269

如果设置"最小比率"为-5、"最大比率"为-4、"单位"为"屏幕"、"半径"为50、"细分倍增"为0.01，效果如图3-270所示。

从图中可以看到，把"细分倍增"改为0.01后，细节增强区域有杂点，这就是细分太小所造成的，同时渲染速度也提高了不少。

图3-270

（5）高级选项

主要对样本的相似点进行插补、查找，具体参数如图3-271所示。

图3-271

» 插补类型：VRay内部提供了4种样本插补方式，为"发光贴图"的样本的相似点进行插补，这4种样本插补方式分别为"加权平均值（好/强）""最小平方适配（好/光滑）""三角测试法（好/精确）"和"最小平方加权测试法（测试）"。

加权平均值（好/强）：这个插补方式是VRay早期采用的方式，它根据采样点到插补点的距离和法线差异进行简单的混合而得到最后的样本，从而进行渲染。这种方式渲染出来的结果是4种插补方式中最差的一种。

最小平方适配（好/光滑）：这种插补方式和"三角测试法"比较类似，但是它的算法比"三角测试法"在物理边缘上要模糊点。它的主要优势在于更适合计算物体表面过渡区的插补，效果不是最好的。

三角测试法（好/精确）：这种方式与上面两种的不同在于：它尽量避免采用模糊的方式去计算物体的边缘，所以计算的结果相当精确，主要体现在阴影比较实，其效果也是比较好的。

最小平方加权测试法（测试）：它采用类似于"最小平方适配"的计算方式，但又结合"三角测试法"的一些算法，让物体的表面过渡区域和阴影双方都得到比较好的控制，是4种方式中最好的一种，速度也是最慢的。

» 查找采样：主要控制哪些位置的采样点是适合用来作为基础插补的采样点。VRay内部提供了4种样本查找方式，分别为"四元组平衡（好）""相近（草图）""重叠（非常好/快）"和"基于密度（最好）"。

四元组平衡（好）：它将插补点的空间划分为4个区域，然后尽量在它们中寻找相等数量的样本，它的渲染效果比"相近（草图）"效果好，但是渲染速度比"相近（草图）"慢。

相近（草图）：这种方式是一种草图方式，它简单地使用"发光贴图"里最靠近的插补点样本来渲染图形，渲染速度比较快。

重叠（非常好/快）：这种查找方式需要对"发光贴图"进行预处理，然后对每个样本半径进行计算。低密度区域样本半径比较大，而高密度区域样本半径比较小。渲染速度比其他3种都快。

基于密度（最好）：它基于总体密度来进行样本查找，不但物体边缘处理非常棒，而且在物体表面也处理得十分均匀。它的效果比"重叠（非常好/快）"更好，其速度也是4种查找方式中最慢的一种。

» 计算传递插值采样：它是被用在计算"发光贴图"过程中的，主要计算已经被查找后的插补样本使用数量。较低的数值可以加速计算过程，但是会导致信息不足，较高的值计算速度会减慢，但是所利用的样本数量比较多，所以渲染质量也比较好。推荐使用10~25的数值。

» 多过程：当勾选此选项时，VRay会根据"最大比率"和"最小比率"进行多次计算。如果不勾选，将强制一次性计算完。一般根据多次计算以后的样本分布会均匀合理一些。

» 随机采样值:控制"发光贴图"的样本是否随机分配,如果勾选此选项,那么样本将随机分配,如图3-272所示。如果不勾选,那么样本将以网格方式排列样本,如图3-273所示。

图3-272

图3-273

» 检查采样可见性:在灯光通过比较薄的物体时,很有可能会产生漏光,勾选此选项可以解决这个问题,但是渲染时间就会更长一点。通常在比较高的GI情况下,也不会漏光,所以一般情况下不勾选它。当出现漏光的情况时,可以试着把它勾选,如图3-274所示的对比效果,下图为勾选后的效果。

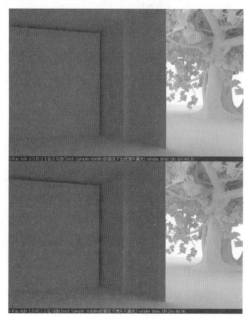

图3-274

(6)模式

提供对"发光贴图"不同的使用模式,如图3-275所示。

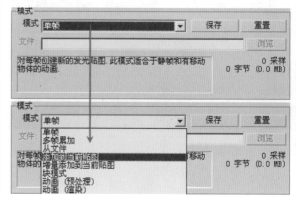

图3-275

» 模式:包括8种不同的模式。

单帧:一般用来渲染静帧。

多帧累加:用于渲染仅有摄像机移动的动画。当VRay计算完第一帧的光子以后,在后面的帧里根据第一帧里没有的光子信息进行新计算,这样就节约了渲染时间。

从文件:当渲染完光子以后,可以保存起来,这个选项就是调用保存的光子图进行动画计算(静帧同样也可以这样用)。

添加到当前贴图:当渲染完一个角度的时候,可以把摄像机转一个角度再全新计算新角度的光子,最后把这两次的光子叠加起来,这样的光子信息更丰富和准确,同时也可以更多次地叠加。

增量添加到当前贴图:这个模式和"添加到当前贴图"相似,不同的是,它不是全新计算新角度的光子,而是只对没计算过的区域进行新的计算。

块模式:把整个图分成块来计算,渲染完一个块再进行下一个块的计算,但是在低GI的情况下,渲染出来的块会出现错位的情况。它主要用于网络渲染,速度比其他方式快。

动画(预处理):适合动画预览,使用这种模式要预先保存好光子贴图。

动画(渲染):适合最终动画渲染,这种模式要预先保存好光子贴图。

» 保存:单击该按钮保存光子图到硬盘。

» 重置:单击该按钮把光子图从内存中清除。

» 浏览:单击该按钮,可以从硬盘中调用需要的光子图进行渲染。

(7)渲染结束时

主要控制光子图在渲染完以后的处理,具体参数如图3-276所示。

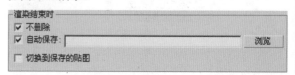

图3-276

» 不删除:当光子渲染完以后,不把光子从内存中删掉。

» 自动保存:当光子渲染完以后,自动保存在硬盘中,单

击 浏览 按钮就可以选择保存位置。

  » 切换到保存的贴图：当勾选"自动保存"选项后，这个选项才激活，当勾选它时，将自动使用最新渲染的光子图来进行大图渲染。

### 3. 强力全局照明

"强力全局照明"计算方式是由蒙特卡罗积分方式演变过来的，它和蒙特卡罗不同的是多了细分和反弹控制，并且内部计算方式采用了一些优化方式。虽然这样，但是它的计算精度还是相当精确的，同时渲染速度也很慢，在"细分"较小时，会有杂点产生，其参数面板如图3-277所示。

图3-277

  » 细分：定义"强力全局照明"的样本数量，值越大效果越好，速度越慢；值越小，产生的杂点会更多，速度相对快些。图3-278的上图所示是"细分"为3的效果，下图所示是"细分"为10的效果。

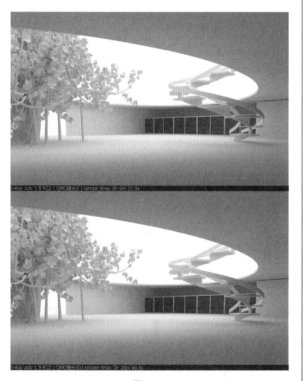

图3-278

  » 二次反弹：当二次反弹也选择"强力全局照明"后，这个选项被激活，它控制二次反弹的次数，值越小，二次反弹越不充分，场景越暗。通常在值达到8以后，更高值的渲染效果区别不是很大，同时值越高渲染速度越慢。图3-279的上图所示是"细分"为8、"二次反弹"次数为1的效果；下图所示是"细分"为8、"二次反弹"次数为8的效果。

图3-279

### 4. 灯光缓存

"灯光缓存"也使用近似计算场景中的全局光照信息，它采用了"发光贴图"和"光子贴图"的部分特点，在摄像机可见部分跟踪光线的发射和衰减，然后把灯光信息储藏到一个三维数据结构中。它对灯光的模拟类似于"光子贴图"，而计算范围和"发光贴图"的方式一样，仅对摄像机可见部分进行计算。虽然它对灯光的模拟类似于"光子贴图"，但是它支持任何灯类型，其参数面板如图3-280所示。

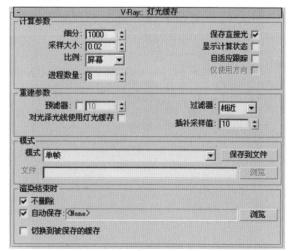

图3-280

117

（1）计算参数

用来设置"灯光缓存"的基本参数，如细分、样本大小、单位依据等，具体参数如图3-281所示。

图3-281

» 细分：决定"灯光缓存"的样本数量，值越高，样本总量越多，渲染效果越好，渲染时间越慢。图3-282的上图所示是"细分"值为200的渲染效果，下图所示是"细分"值为800的渲染效果。

图3-282

» 采样大小：用来控制"灯光缓存"的样本大小，比较小的样本可以得到更多的细节，但是同时需要更多的样本。图3-283的上图所示是"采样大小"值为0.04的渲染效果，下图所示是"采样大小"值为0.01的渲染效果。

图3-283

» 比例：主要确定样本的大小依靠什么单位，这里提供了两种单位。其中"屏幕"表示依靠渲染图的尺寸来确定样本的大小，越靠近摄像机的样本越小，越远离摄像机的样本越大，如图3-284所示。而"世界"表示按3ds Max系统里的单位来定义样本大小，比如样本大小为10mm，那么所有场景中的样本大小都为10mm，和摄像机角度无关，如图3-285所示。

图3-284

图3-285

技巧与提示　当渲染像走廊一样的场景的时候，不适合使用"屏幕"单位，因为远处的样本太大，会出现异常情况。此外，渲染动画时，使用"世界"单位是个不错的选择。

» 进程数量：这个参数由CPU的个数来确定，如果是单CPU单核单线程，那么就可以设定为1；如果是双核，就可以设定为2。同时，这个值设定太大会让渲染的图有点模糊。

» 保存直接光：勾选此选项以后，"灯光缓存"将保存直接光照信息。当场景中有很多灯的时候，使用这个选项会提高渲染速度。因为它已经把直接光照信息保存到"灯光缓存"里了，在渲染出图的时候，不需要对直接光照再进行采样计算。

» 显示计算状态：勾选此选项以后，可以显示"灯光缓存"的计算过程，方便观察。

» 自适应追踪：这个选项的作用在于记录场景中的光的位置，并在光的位置上采用更多的样本，同时模糊特效也会处理得更快，但是占用更多的内存资源。

» 仅使用方向：当"自适应追踪"选项被勾选以后，此参数被激活。它的作用在于只记录直接光照的信息，而不考虑间接照明，可以加快渲染速度。

（2）重建参数

主要对"灯光缓存"的样本以不同的方式进行模糊处理，具体参数如图3-286所示。

图3-286

» 预滤器：勾选此选项后，可以对"灯光缓存"样本进行提前过滤，它主要是查找样本边界然后对其进行模糊处理。后面的值越高，对样本进行模糊处理的程度越深。图3-287的上图所示是"预滤器"值为10的渲染效果，下图所示是"预滤器"值为50的渲染效果。

图3-287

» 过滤器：此参数是在渲染最后成图时，对样本进行过滤，其中包括3个选项，分别介绍如下。

无：对样本不进行过滤。

相近：使用这个过滤方式，过滤器会对样本的边界进行查找，然后对色彩进行均化处理从而得到一个模糊的效果。当选择此选项以后，下面会出现一个"插补采样值"参数。其值越高，模糊程度越深。图3-288的上图所示是"插补采样值"为10的渲染效果，下图所示是"插补采样值"为50的渲染效果。

图3-288

固定：这个与"相近"方式的不同点在于，它采用距离的判断来对样本进行模糊处理。同时，它也附带一个"过滤大小"参数。其值越大，表示模糊的半径越大，图的模糊程度也越深。图3-289的上图所示是"过滤大小"为0.02的渲染效果，下图所示是"过滤大小"为0.06的渲染效果。

图3-289

» 对光泽光线使用灯光缓存：此选项勾选后，会提高对场景中反射和折射模糊效果的渲染速度。

（3）模式

这里的模式和"发光贴图"卷展栏里的功能一样，其参数只有两个不一样，这里就重点介绍这两个不同的参数，如图3-290所示。

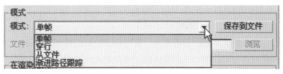

图3-290

» 渐进路径跟踪：这个模式就是PPT，是一种新的计算方式，和"自适应DMC"一样是精确计算方式。不同的是，它不停地去计算样本，不对任何样本进行优化，直到样本计算完毕。

» 穿行：这个模式用在动画方面，它把第一帧到最后一帧的所有样本都融合在一起。

（4）渲染结束时

控制光子图在渲染完以后的处理，具体参数如图3-291所示。

图3-291

» 不删除：当光子渲染完以后，不把光子从内存中删掉。

» 自动保存：当光子渲染完以后，自动保存在硬盘中，单击 浏览 按钮就可以选择保存位置。

» 切换到被保存的缓存：当勾选"自动保存"选项以后，

119

这个选项才被激活，当勾选它以后，自动使用最新渲染的光子图来进行大图渲染。

### 5. 全局光子贴图

"全局光子贴图"是基于场景中的灯光密度来进行渲染的，与"发光贴图"相比，它没有自适应性，同时它更需要依据灯光的具体属性来控制对场景的照明，这就对灯光有选择性，它仅支持3ds Max里的"目标平行光"和"VR灯光"。

"全局光子贴图"和"灯光缓存"相比，它的使用范围小，而且功能上也没"灯光缓存"强大，所以这里仅仅简单介绍一下"全局光子贴图"的部分重要参数，其参数面板如图3-292所示。

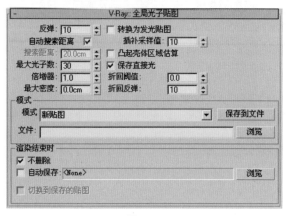

图3-292

» 反弹：控制光线的反弹次数，较小的值场景比较暗，这是反弹光线不充分造成的。默认的值10就可以达到理想的效果。

» 自动搜索距离：VRay根据场景的光照信息自动估计一个光子的搜索距离，方便用户的使用。

» 搜索距离：当不勾选"自动搜索距离"选项时，此参数激活，它主要让用户手动输入数字来控制光子的搜索距离。较大的值会增加渲染时间，较小的值会让图像产生杂点。

» 最大光子数：控制场景里着色点周围参与计算的光子数量。值越大效果越好，同时渲染时间越长。

» 倍增器：控制光子的亮度，值越大，场景越亮；值越小，场景越暗。

» 最大密度：它表示在多大的范围内使用一个光子贴图。0表示不使用这个参数来决定光子贴图的使用数量，而使用系统内定的使用数量。值越高，渲染效果越差。

» 转换为发光贴图：它可以让渲染的效果更平滑。

» 插补采样值：这个值是控制样本的模糊程度，值越大渲染效果越模糊。

» 凸起壳体区域估算：当勾选此选项时，VRay会强制去除光子贴图产生的黑斑。同时渲染时间也会增加。

» 保存直接光：把直接光信息保存到光子贴图中，提高渲染速度。

» 折回阈值：控制光子来回反弹的阈值，较小的值，渲染品质高，渲染速度慢。

» 折回反弹：用来设置光子来回反弹的次数，较大的值，渲染品质高，渲染速度慢。

### 6. 焦散

焦散是一种特殊的物理现象，在VRay渲染器里有专门的"焦散"卷展栏，如图3-293所示。

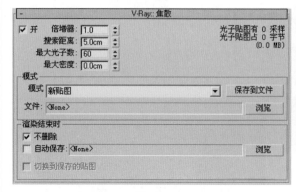

图3-293

» 开：勾选此选项，可以渲染焦散效果。

» 倍增器：焦散的亮度倍增。值越高，焦散效果越亮。图3-294的左图所示为"倍增器"为4的渲染效果，右图所示为"倍增器"为12的渲染效果。

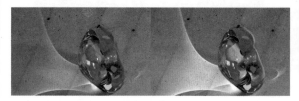

图3-294

» 搜索距离：当光子追踪撞击在物体表面的时候，会自动搜寻位于周围区域同一平面的其他光子，实际上这个搜寻区域是一个以撞击光子为中心的圆形区域，其半径就是由这个搜寻距离确定的，较小的值容易产生斑点，较大的值又会产生模糊焦散效果。图3-295的左图所示为"搜索距离"为0.1的渲染效果，右图所示为"搜索距离"为2的渲染效果。

图3-295

» 最大光子数：定义单位区域内的最大光子数量，然后根据单位区域内的光子数量来均分照明，较小的值，不容易得到焦散效果，而较大的值，焦散效果容易模糊。图3-296的左图所示为"最大光子数"为1的渲染效果，右图所示为"最大光子数"为200的渲染效果。

图3-296

　最大密度：控制光子的最大密度程度，默认值0表示使用VRay内部确定的密度，较小的值会让焦散效果比较锐利。图3-297的左图所示为"最大密度"为0.01的渲染效果，右图所示为"最大密度"为5的渲染效果。

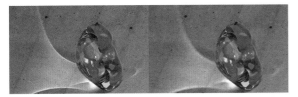

图3-297

> 焦散的产生必须具备3个条件：第一，必须有物体要产生焦散；第二，必须要有物体接受焦散；第三，必须要有光源发射光子。

## 学中练12——制作玻璃焦散特效

本例制作的焦散特效效果如图3-298所示。

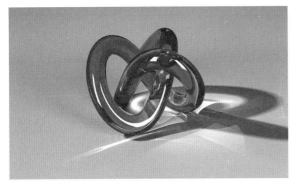

图3-298

### 1. 打开场景文件

01 打开本书配套资源中的"案例文件>第3章>学中练12>初始场景.max"文件，如图3-299所示。

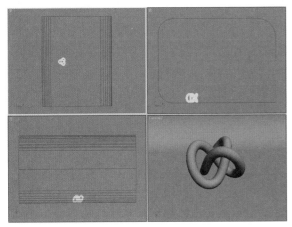

图3-299

02 在前视图中创建一个"目标摄像机"，相机参数设置及摆放位置如图3-300所示。

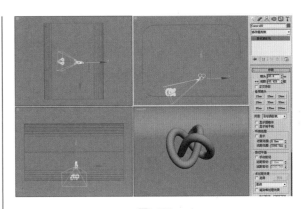

图3-300

### 2. 设置红色玻璃材质

在"材质编辑器"中新建一个VRayMtl材质，然后设置"漫反射"颜色为（R：98，G：98，B：98）；设置"反射"颜色为（R：174，G：174，B：174），接着勾选"菲涅耳反射"选项并打开L按钮，并设置"菲涅耳折射率"为2.0；最后设置"折射"颜色为（R：240，G：240，B：240），设置"烟雾颜色"为（R：254，G：253，B：253），并勾选"影响阴影"选项，如图3-301所示。

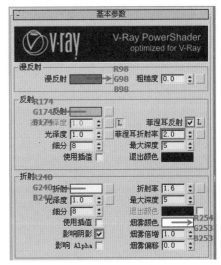

图3-301

红色玻璃材质最终效果如图3-302所示。

图3-302

## 3. 设置背板材质

在"材质编辑器"中新建一个VRayMtl材质，然后设置"漫反射"颜色为（R：78，G：78，B：78），如图3-303所示。

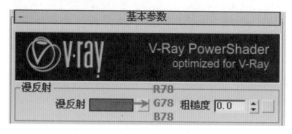

图3-303

背板材质最终效果如图3-304所示。

图3-304

## 4. 创建场景灯光

01　在左视图中创建一盏1/2长430mm、1/2宽1200mm的"VR灯光"，设置灯光颜色为（R：255，G：255，B：255），然后勾选"不可见"选项，设置"细分"为16，如图3-305所示。

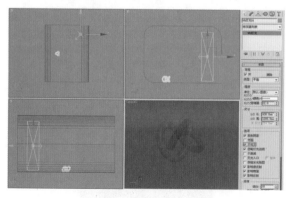

图3-305

02　对创建完毕的灯光进行镜像复制，如图3-306所示。

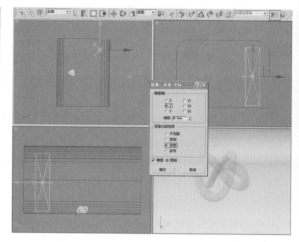

图3-306

03　调整镜像灯光的摆放位置，如图3-307所示。

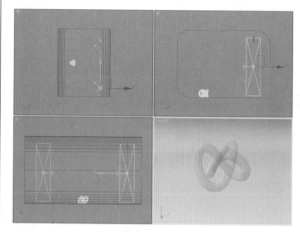

图3-307

04　在左视图中创建一盏"目标平行光"，灯光摆放位置如图3-308所示。

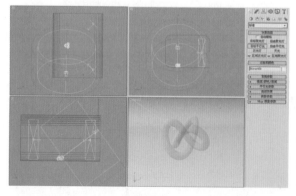

图3-308

05　对"目标平行光"的参数进行设置，如图3-309所示。

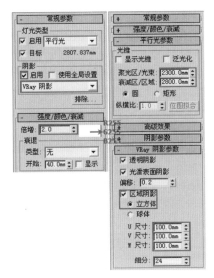

图3-309

06 选择"目标平行光",然后在视图中单击鼠标右键,接着选择"V-Ray属性"选项,打开"VRay灯光属性"对话框,设置"焦散细分"为40000、"焦散倍增"为4,如图3-310所示。

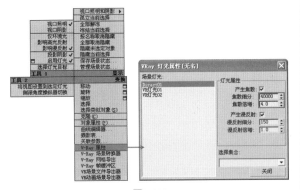

图3-310

> 在VRay的灯光属性中,"焦散细分"数值越大,渲染出来的焦散光影就越细腻,"焦散倍增"决定焦散阴影的强度。在较多灯光的场景中,可以把多余灯光的"产生焦散"属性关闭,使用一盏灯对焦散物体产生焦散,这样既增加了渲染速度又可以减少多余的噪点。

## 5. 场景渲染

01 在"渲染设置"对话框中设置图像的"输出大小"为1280×768,如图3-311所示。

图3-311

02 打开"渲染设置"对话框,在"全局开关"卷展栏中取消勾选"默认灯光"选项,然后设置"二次光线偏移"为0.001;在"图像采样器"卷展栏中设置图像采样器的类型为"自适应确定性蒙特卡洛",设置抗锯齿过滤器类型为Mitchell-Netravali;在"彩色贴图"卷展栏中设置曝光类型为"线性倍增",勾选"子像素贴图"与"钳制输出"选项,如图3-312所示。

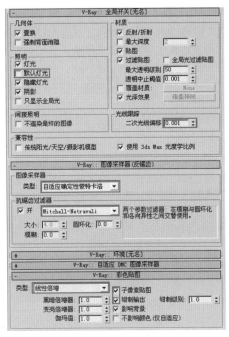

图3-312

03 在"间接照明"卷展栏中设置二次反弹全局光引擎为"灯光缓存";在"发光贴图"卷展栏中设置"当前预置"等级为"高",调整"半球细分"为80、"插补采样"为40;在"灯光缓存"卷展栏中设置"细分"为1000,如图3-313所示。

图3-313

**04** 在"焦散"卷展栏中勾选"开"选项，设置"倍增器"为1、"搜索距离"为5mm、"最大光子数"为60，如图3-314所示。

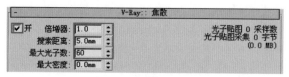

图3-314

**05** 在"DMC采样器"卷展栏中设置"适应数量"为0.7、"噪波阈值"为0.003、"最小采样值"为20，如图3-315所示。

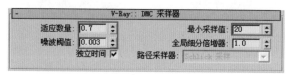

图3-315

**06** 完成参数的设置后，对场景进行渲染，最终效果如图3-316所示。

图3-316

## 3.7.3 设置

### 1. DMC采样器

"DMC采样器"是VRay渲染器的核心部分，一般用于确定获取什么样的样本，最终哪些样本被光线追踪。它控制场景中的反射模糊、折射模糊、面光源、抗锯齿、次表面散射、景深、动态模糊等效果的计算程度。

与那些任意一个"模糊"评估使用分散的方法来采样不同的是，VRay根据一个特定的值，使用一种独特的、统一的标准框架来确定有多少以及多么精确的样本被获取，那个标准框架就是大名鼎鼎的"DMC采样器"。那么在渲染中实际的样本数量是由什么决定的呢？其条件有3个，分别如下。

第1个：由用户在VRay参数面板里指定的细分值。

第2个：取决于评估效果的最终图像采样，例如，暗的平滑的反射需要的样本数就比明亮的要少，原因

在于最终的效果中反射效果相对较弱；远处的面积灯需要的样本数量比近处的要少。这种基于实际使用的样本数量来评估最终效果的技术被称之为"重要性抽样"。

第3个：从一个特定的值获取的样本的差异。如果那些样本彼此之间比较相似，那么可以使用较少的样本来评估；如果是完全不同的，为了得到好的效果，就必须使用较多的样本来计算。在每一次新的采样后，VRay会对每一个样本进行计算，然后决定是否继续采样。如果系统认为已经达到了用户设定的效果，会自动停止采样，这种技术称之为"早期性终止"。

现在来看看"DMC采样器"的参数面板，如图3-317所示。

图3-317

» 适应数量：控制早期终止应用的范围，值为1.0意味着最大限度的早期性终止；值为0则意味着早期性终止不会被使用。值越大渲染时间越快，值越小渲染时间越慢。

» 噪波阈值：在评估样本细分是否足够好的时候，控制VRay的判断能力，在最后的结果中表现为杂点。较小的取值意味着较少的杂点、使用更多的样本以及更好的图像品质。值越大渲染时间越快，值越小渲染时间越慢。

» 最小采样值：它决定早期性终止被使用之前使用的最小样本。较高的取值将会减慢渲染速度，但同时会使早期性终止算法更可靠。值越小渲染时间越快，值越大渲染时间越慢。

» 全局细分倍增器：在渲染过程中这个参数会倍增VRay中的任何细分值。在渲染测试的时候，可以把这个值减小而得到更快的预览效果。

» 独立时间：如果勾选它，在渲染动画的时候就会强制每帧都使用一样的"DMC采样器"。

» 路径采样器：VRay提供了两种路径采样器供用户选择。

### 2. 默认置换

主要控制3ds Max系统里的置换修改器效果和VRay材质里的置换贴图，其参数面板如图3-318所示。

图3-318

» 覆盖MAX设置：当勾选它以后，3ds Max系统里置换修改器的效果将被这里设定的参数替代；同时VRay材质里的置换贴图效果也才能产生作用。

» 边长度：定义三维置换产生的三角面的边线长度。值越小，产生的三角面越多，置换品质越高。

» 视野：勾选这个选项时，边界长度以"像素"为单位；不勾选，则以"世界"单位来定义边界的长度。

» 最大细分：用来控制置换产生的一个三角面里最多能包

含有多少个小三角面。

» 数量：用来控制置换效果的强度，值越高效果越强烈，而负值将产生凹陷的效果。

» 相对于界框：置换的数量将以Box的边界为基础，这样置换出来的效果非常强烈。

» 紧密界限：当勾选这个选项时，VRay会对置换贴图进行预先分析。如果置换贴图色阶比较平淡，那么会加快渲染速度；如果置换贴图色阶比较丰富，那么渲染速度会减慢。

### 3. 系统

控制VRay的系统设置，主要包括光线追踪设置、渲染块设置、水印、网络渲染等，其参数面板如图3-319所示。

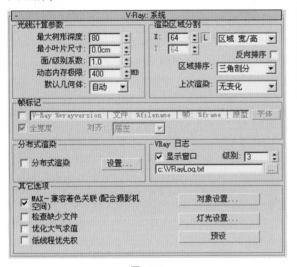

图3-319

（1）光线计算参数

允许用户控制VRay渲染器的二元空间划分树（BSP树，即Binary Space Partitioning）的各种参数以及内存的分配情况。

VRay最基本的操作之一就是完成光线追踪，也就是确定一条特定的光线是否与场景中的几何体碰撞，假如碰撞的话，就测试该几何体。在测试过程中，VRay采用一种逆向运算来计算每个原始的三角面。同时，因为场景是由成千上万个三角面构成的，所以这个过程很缓慢，为了加快这个过程，VRay就必须将场景中的几何信息组织成树状结构，这就是这里谈到的二元空间划分树（BSP树，即Binary Space Partitioning）。它是通过两大部分对场景进行细分操作：根节点和叶节点。根节点用来表现场景框架，叶节点用来表现场景的真实三角面。在VRay的计算过程中，先查找根节点的场景框架，然后对每个分支继续向下查找，最后计算叶节点。

"光线计算参数"选项组中的具体参数如图3-320所示。

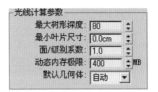

图3-320

» 最大树形深度：控制根节点的最大分支数量。较高的值会加快渲染速度，同时占用内存较多。

» 最小叶片尺寸：控制叶节点的最小尺寸，当达到叶节点尺寸以后，系统将停止对场景计算。0表示考虑计算所有的叶节点，这个参数对速度的影响并不大。

» 面/级别系数：控制一个节点中的最大三角面数量，当未超过临近点时计算速度较快，超过临近点以后，渲染速度减慢。所以，这个值要根据不同的场景来设定，进而提高渲染速度。

» 动态内存极限：控制动态内存的总量，注意这里的动态内存被分配给每个线程，如果是双线程，那么每个线程各占一半的动态内存。如果这个值较小，那么系统经常在内存中加载，释放一些信息，这样就减慢了渲染速度。用户应该视自己的内存情况来确定该值。

» 默认几何体：控制内存的使用方式，VRay提供了3种方式。

自动：VRay会根据使用内存的情况自动调整使用静态或动态的方式。

静态：在渲染过程中采用静态内存会让渲染速度加快，同时在复杂场景中，由于需要的内存资源较多，经常出现3ds Max跳出的情况。这是因为系统需要更多的内存资源，这时应该选择动态内存。

动态：它使用内存资源交换技术，当渲染完一个块，就会释放占用的内存资源，同时开始下个块的计算。这就有效地扩展了内存的使用。注意动态内存的渲染速度比静态内存慢。

（2）渲染区域分割

这个选项组允许用户控制渲染区域（块）的各种参数，如图3-321所示。

图3-321

» X：当后面的选择框里选择"区域 宽/高"时，它表示渲染块的像素宽度；当后面的选择框里选择"区域计算"时，它表示水平方向一共多少个渲染块。

» Y：当后面的选择框里选择"区域 宽/高"时，它表示渲染块的像素高度；当后面的选择框里选择"区域计算"时，它表示垂直方向一共多少个渲染块。

» L：当按下该按钮以后，将强制x和y的值一样。

» 反向排序：当勾选此选项以后，渲染顺序将和设定的顺序相反。

» 区域排序：控制渲染块的渲染顺序，这里主要提供了6种方式，分别如下。

上→下：渲染块将按照从上到下的渲染顺序渲染。

左→右：渲染块将按照从左到右的渲染顺序渲染。

棋盘格：渲染块将按照棋格方式的渲染顺序渲染。

螺旋：渲染块将按照从里到外的渲染顺序渲染。

三角剖分：这是VRay默认的渲染方式，它将图形分为两个三角形依次进行渲染。

希尔伯特曲线：渲染块将按照希尔伯特曲线方式的渲染顺序渲染。

» 上次渲染：这个参数确定在渲染开始的时候，在3ds Max默认的帧缓存框中以什么样的方式处理先前渲染图像。这些参数的设置都不会影响最终渲染效果，系统提供了以下几种方式。

无变化：保持和前一次渲染图像相同。

交叉：每隔2个像素图像被设置为黑色。

区域：每隔一条线设置为黑色。

黑色：图像的颜色设置为黑色。

蓝色：图像的颜色设置为蓝色。

（3）帧标记

按照一定规则显示关于渲染的相关信息，具体参数如图3-322所示。

图3-322

» V-Ray %vrayversion | 文件: %filename | 帧: %frame | 原型: %primitives | ：当勾选它以后，就可以显示水印。

» 字体：可以修改水印里的字体属性。

» 全宽度：水印的最大宽度，当勾选此选项以后，它的宽度和渲染图形的宽度相当。

» 对齐：控制水印里的字体排列位置，如选择"居左"，水印位置就居左。

（4）分布式渲染

控制VRay的分布式渲染。一个渲染块就是当前渲染帧中被独立渲染的矩形部分，它可以被传送到局域网中其他空闲机器中进行处理，也可以被几个CPU进行分布式渲染，具体参数如图3-323所示。

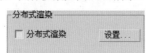

图3-323

» 分布式渲染：当勾选此选项以后，就可以打开分布式渲染功能。

» 设置：这里用来控制网络中的计算机的添加、删除等。

（5）VRay日志

用于控制VRay的信息窗口，具体参数如图3-324所示。

图3-324

» 显示窗口：勾选此选项，可以显示"VRay日志"的窗口。

» 级别：控制"VRay日志"的显示内容，一共分为4个层级。

1：表示仅显示错误信息。

2：表示显示错误和警告信息。

3：表示显示错误、警告和情报信息。

4：表示显示错误、警告、情报和调试信息。

» c:\VRayLog.txt ... ：可以选择保存"VRay日志"文件的位置。

（6）其他选项

这里主要控制场景中物体、灯光的一些设置，以及系统线程的控制等，具体参数如图3-325所示。

图3-325

» MAX-兼容着色关联（配合摄影机空间）：有些3ds Max插件（如大气等）是采用摄影机空间来进行计算的，因为它们都是针对默认的扫描线渲染器而开发。为了保持与这些插件的兼容性，VRay通过转换来自这些插件的点或向量的数据，模拟在摄像机空间计算。

» 检查缺少文件：当勾选此选项时，VRay会自己寻找场景中丢失的文件，并将它们进行列表，最后保存到"C:\VRayLog.txt"路径中。

» 优化大气求值：当场景中拥有大气效果，并且大气比较稀薄的时候，勾选这个选项会得到比较优秀的大气效果。

» 低线程优先权：当勾选此选项时，VRay将使用低线程进行渲染。

» 对象设置... ：单击该按钮会弹出"VRay对象属性"对话框，在该对话框中可以设置场景物体的局部参数。

» 灯光设置... ：单击该按钮会弹出"VRay灯光属性"对话框，在该对话框中可以设置场景灯光的一些参数。

» 预设 ：单击该按钮会打开"VRay预设"对话框，在该对话框中可以保存当前VRay渲染参数的各种属性，方便以后调用。

# 3.8 本章小结

本章的概念和理论方面的知识比较多，希望广大读者结合现实生活中的东西多做测试，把理论和实际联系起来，真正掌握参数的内在含义。由于本书的篇幅有限，不可能对每个参数都进行详细讲解，只是对重要的参数进行了介绍。在后面的章节中，笔者将会把大家带到实践中去，通过效果图的制作，一步一步了解VRay的精髓。

# 第4章 从简单小空间开始学习VRay渲染

## 本章学习要点

>> "VR物理摄影机"的使用方法

>> "VR材质"在效果图制作中的运用

>> VRay常用灯光的使用方法

>> 3ds Max常用灯光的使用方法

>> VRay常用渲染参数的设置

从本章开始，笔者将带领读者进入案例实战阶段，为了给读者一个学习过渡，笔者特意在本章设置了3个小案例，其目的是让读者通过这些小案例来巩固前面所学的基础知识，进一步掌握使用3ds Max/VRay制作效果图的基本思路和方法，为后面的大型案例实战奠定坚实的基础。

## 4.1 阳光餐厅

这是一个简单的局部小空间，该空间有大面积落地窗，采光效果很好，所以在表现的时候以室外阳光为主要照明，辅以室内人工照明，表达出一种温馨的日光效果。在材质方面，主要以窗纱、布纹、大理石为主，其做法都比较简单，主要使用"VR材质"来制作，这是VRay最基本的材质。

本例的表现效果如图4-1所示，请读者参考效果并跟着笔者的步骤来进行制作。

图4-1

### 4.1.1 创建摄影机

01 选择 面板下的 VR物理摄影机 按钮，在顶视图中创建一个"VR物理摄影机"，位置如图4-2所示。

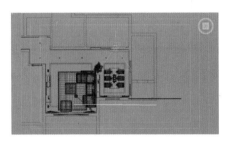

图4-2

02 切换到左视图，调整摄影机的位置，如图4-3所示。

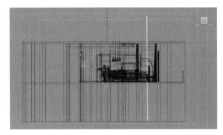

图4-3

03 在修改器面板中设置摄影机的参数，如图4-4所示。

图4-4

**04** 按C键切换到摄影机视图，其镜头效果如图4-5所示。

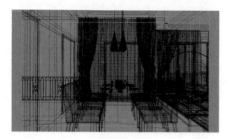

图4-5

## 4.1.2 制作材质

为了便于讲解，这里给最终效果图上的材质编号，根据图上的编号来对材质一一讲解，如图4-6所示。

图4-6

### 1. 白色纱帘材质

要在VRay中表达一种材质，首先要清楚这个材质在真实物理世界中是什么样的，了解它有什么样的特点及物理属性，然后再来制作。在这里，笔者找了一张白色纱帘的照片作为参考，如图4-7所示。从图中可以看出纱帘的基本属性就是透光不透明。

图4-7

根据以上了解的特征现在来设置白色纱帘材质。在材质编辑器中新建一个 ●VR材质 ，设置"漫反射"的颜色值为（红：220，绿：220，蓝：220）。

在"折射"通道栏添加一个"衰减"命令，设置前通道颜色值为200的灰度，其他参数不变；设置"光

泽度"值为0.92、"折射率"值为1.001，并勾选"影响阴影"选项，如图4-8所示。

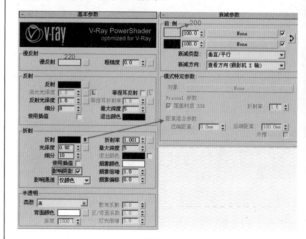

图4-8

参数设置完毕后，白色纱帘材质球效果如图4-9所示。

图4-9

### 2. 灯罩玻璃材质

玻璃材质的实物照片效果如图4-10所示，从图中可以看出玻璃是一种透明不透气的材质，有折射，而且高光很明显。

图4-10

根据以上特征分析，现在来设置玻璃材质。在材质编辑器中新建一个VR材质，将"漫反射"颜色设置为0。

设置"反射"通道颜色为35的灰度，调整"高光光泽度"值为0.85，设置"反射光泽度"值为0.98，设置"细分"为7。

设置"折射"通道颜色为255，调整"折射率"值为1.517，勾选"影响阴影"选项，如图4-11所示。

图4-11

设置完毕的玻璃材质球效果如图4-12所示。

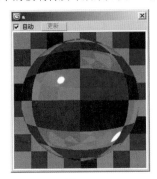

图4-12

技巧与提示 玻璃的折射率为1.517，水的折射率为1.33，窗帘的折射率为1.001。

### 3. 白色大理石材质

白色大理石是最常用的建筑材料之一，它的表面光滑并带有一定的纹理，反射较强，带有菲涅耳反射现象，外观看起来很漂亮，照片效果如图4-13所示。

图4-13

首先在材质编辑器中新建一个VR材质，在"漫反射"通道添加一张大理石贴图，"模糊"设置为0.1，"反射"通道添加"衰减"命令，衰减类型为"Fresnel"方式，"高光光泽度"设置为0.9，"反射光泽度"值为0.98，参数设置如图4-14所示。

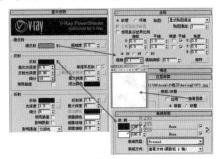

图4-14

大理石最终效果如图4-15所示。

图4-15

在这里，笔者只介绍了3种主要材质的制作方法，其他材质的制作方法请参考视频教学。

## 4.1.3 布置灯光

### 1. 设置测试渲染参数

01 按F10键打开渲染面板，在"全局开关"卷展栏中关闭默认灯光及"光泽效果"，设置"二次光线偏移"为0.001，参数设置如图4-16所示。

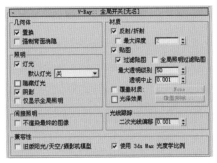

图4-16

02 在"图像采样器（反锯齿）"卷展栏中设置图像采样器类型为"固定"，并关闭"抗锯齿过滤器"，参数设置如图4-17所示。

图4-17

03 在"颜色贴图"卷展栏中设置曝光类型为"指数"，勾选"子像素贴图"与"钳制输出"选项，参数设置如图4-18所示。

图4-18

04 在"间接照明"卷展栏中勾选全局光开关，设置首次反弹全局光引擎为"发光图"，设置二次反弹全局光引擎为"灯光缓存"，参数设置如图4-19所示。

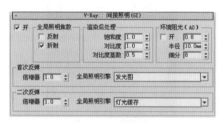

图4-19

05 在"发光图"卷展栏中设置当前预置为"自定义"，然后设置基本参数中的最小比率为-3、最大比率为-3、半球细分为20，参数设置如图4-20所示。

图4-20

06 在"灯光缓存"卷展栏中设置"细分"为200，为了观察灯光缓存的计算过程，勾选"显示计算相位"选项，然后勾选"预滤器"开关选项并设置其数值为100，其他面板参数保持默认即可，参数设置如图4-21所示。

图4-21

## 2. 设置室外阳光及天光

01 在 面板VRay选项下单击 VR太阳 按钮，在顶视图中创建一盏VRay阳光，然后在左视图中调节阳光的高度，如图4-22所示。

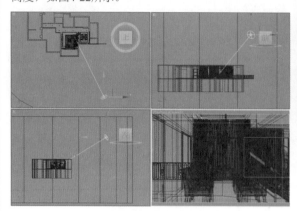

图4-22

02 在修改面板中设置"VR太阳"的参数，本案例要表现一种清晨阳光比较充足的效果，首先设置"强度倍增"为0.5、"大小倍增"为1.0、"阴影细分"为16，如图4-23所示。

图4-23

03 阳光设置完后，按F9键进行测试渲染，测试结果如图4-24所示。

图4-24

04 从上图可以看出,阳光的位置已经比较合适了,但是场景暗部的光线还不够,所以要增加室外天光照明,让空间的整体亮度提起来。在窗户和阳台位置布置VRay的"平面"光,以此来模拟室外天光,位置如图4-25所示,参数(灯光面积不一致)设置如图4-26所示。

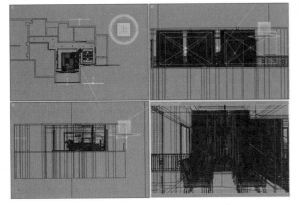

图4-25

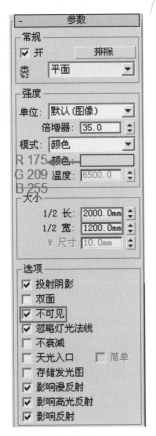

图4-26

05 室外灯光设置完毕后,按F9键进行测试渲染,测试结果如图4-27所示。观察图像,感觉室外照明的亮度已经足够,要进一步打亮场景只能通过增加室内人工照明来实现了。

图4-27

### 3. 设置室内灯光

01 在 面板的光度学选项下单击 目标灯光 按钮,在场景中创建一盏目标灯光,然后以关联的方式复制10盏,分别将它们放置在对应的孔灯位置,如图4-28和图4-29所示。

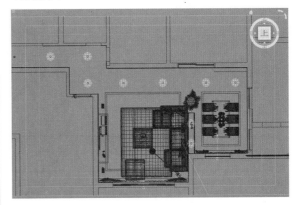

图4-28

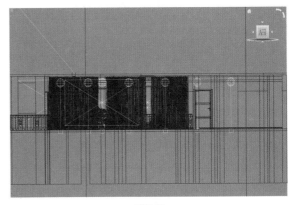

图4-29

02 在创建完的灯光中选择一盏并对灯光的参数进行设置,首先在常规参数卷展栏中"启用"阴影,并设置阴影类型为"VRay阴影贴图",设置灯光分布类型为"光度学Web"。

在"分布(光度学Web)"卷展栏中,在光度学文件通道中添加"00.ies"光域网文件。

在"强度/颜色/衰减"卷展栏中设置"过滤颜色"
值为（红：255，绿：221，蓝：155），设置灯光强度
为20000，如图4-30所示。

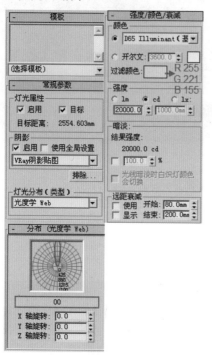

图4-30

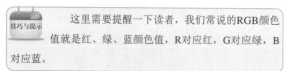

这里需要提醒一下读者，我们常说的RGB颜色
值就是红、绿、蓝颜色值，R对应红，G对应绿，B
对应蓝。

03 灯光设置完成后，对场景进行测试渲染，测试渲
染结果如图4-31所示。

图4-31

观察渲染图像，可以看出室内的主光亮度比较合
适了，但暗部亮度还是不够，接下来我们将设定辅助
灯光来弥补暗部的不足。

04 在 面板的VRay选项下单击 VR灯光 ，在场景
中创建天花灯带灯光，灯光摆放位置如图4-32和图
4-33所示。

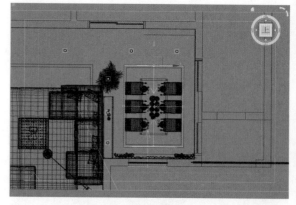

图4-32

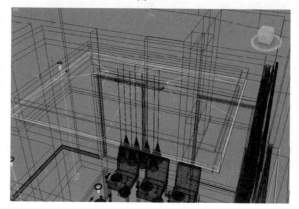

图4-33

05 在灯光参数卷展栏中设置灯光的颜色值为（红：
255，绿：159，蓝：55），并设置灯光"倍增器"为
150，勾选"不可见"选项，如图4-34所示。

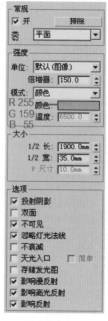

图4-34

06 对场景进行一次测试渲染，测试渲染结果如图
4-35所示。

图4-35

07 接下来创建吊灯的灯光，在 面板的VRay选项下单击 VR灯光 ，选择灯光类型为"球形"灯，设置灯光颜色值为（红：230，绿：241，蓝：255），勾选"不可见"选项，如图4-36所示。

图4-36

08 对场景进行测试渲染，观察一下整体气氛和光效，感觉基本达到理想效果，如图4-37所示，接下来就可以渲染出图了。

图4-37

## 4.1.4 渲染出图

01 设置输出图像大小，宽度为2500、高度为1563，如图4-38所示。

图4-38

02 在"全局开关"卷展栏中勾选"光泽效果"选项，为了防止出图时产生破面，设置"二次光线偏移"为0.001，如图4-39所示。

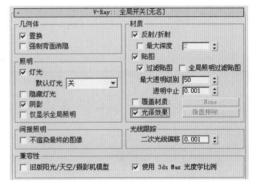

图4-39

03 在"图像采样器（反锯齿）"卷展栏中设置图像采样器类型为"自适应确定性蒙特卡洛"，打开"抗锯齿过滤器"选项，并设置采样器类型为"VRay蓝佐斯过滤器"，如图4-40所示。

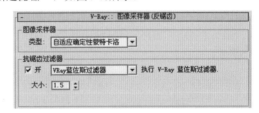

图4-40

04 在"颜色贴图"卷展栏中设置曝光类型为"指数"，勾选"子像素贴图"与"钳制输出"选项，如图4-41所示。

图4-41

05 在"间接照明"卷展栏中设置首次反弹全局照明引擎为"发光图"，设置二次反弹全局照明引擎为"灯光缓存"，如图4-42所示。

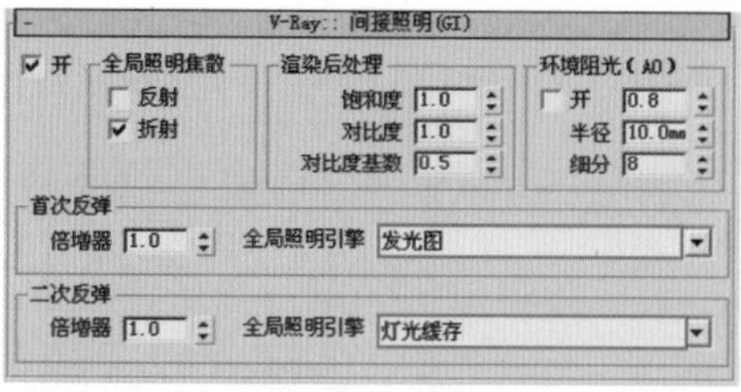

图4-42

**06** 在"发光图"卷展栏中设置当前预置等级为"自定义"，设置"半球细分"为50，勾选"细节增强"开关选项，并设置"半径"为60，如图4-43所示。

图4-43

**07** 在"灯光缓存"卷展栏中设置"细分"为1000，勾选"预滤器"选项。设置"预滤器"数值为100，参数设置如图4-44所示。

图4-44

**08** 在"DMC采样器"卷展栏中设置"适应数量"为0.8、"最小采样值"为16、"噪波阈值"为0.002，如图4-45所示。

图4-45

**09** 其他参数保持默认即可，然后开始渲染出图，最后得到的成图效果如图4-46所示。

图4-46

## 4.1.5 Photoshop后期处理

**01** 使用Photoshop打开渲染后的图像，如图4-47所示。

图4-47

**02** 观察图像，发现画面亮度不够，需要调整图像的亮度。把背景图层复制一份得到一个新的图层，调整新图层的混合模式为"滤色"，设置新图层的"不透明度"为50%，如图4-48所示。

图4-48

**03** 继续观察图像，感觉画面偏灰，对比度不够。继续将背景图层复制一份，调整新图层的混合模式为"柔光"，用来控制图像的对比度，设置新图层的"不透明度"为30%，如图4-49所示。

图4-49

04 观察图像，感觉整体的亮度与色彩都不错了，为了让图像更加清新，执行"图像>调整>照片滤镜"命令，在弹出的"照片滤镜"对话框中设置"滤镜"的色彩类型为"冷却滤镜（82）"，并设置"滤镜"的"浓度"值为3，如图4-50所示，后期处理完毕的效果如图4-51所示。

图4-50

图4-51

# 4.2 夜景客厅

前面介绍了阳光效果的表现手法，下面通过一个小客厅来学习一下夜景效果的表现手法，如图4-52所示。这是一个相对封闭的空间，只能使用人工光进行照明，从效果图可以看出，场景以台灯和落地灯作为主要照明，其他灯光均为辅助照明，这种空间的关键点就是灯光气氛的表达。

图4-52

## 4.2.1 创建摄影机

01 单击 面板下的 VR物理摄影机 按钮，在顶视图中创建一个"VR物理摄影机"，然后切换到左视图中调整摄影机位置，如图4-53所示。

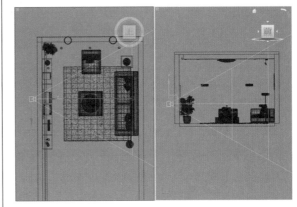

图4-53

02 在修改器面板中设置摄影机的参数，设置如图4-54所示。

图4-54

03 按C键切换到摄影机视图，镜头效果如图4-55所示。

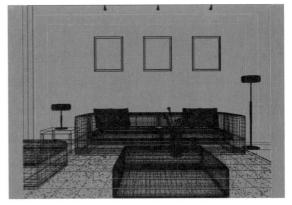

图4-55

## 4.2.2 设置材质

这里同样给最终效果图上的材质编号，然后根据编号来讲解材质，便于读者学习，如图4-56所示。

图4-56

### 1. 黑色茶几材质

在材质编辑器中新建一个 VR材质，设置"漫反射"颜色值为（红：10，绿：10，蓝：10）。

在"反射"通道添加一个"衰减"命令，设置"侧"通道颜色值为（红：141，绿：141，蓝：141）、衰减类型为"Fresnel"方式。

设置"高光光泽度"值为0.8、"反射光泽度"值为0.8、"细分"值为20，如图4-57所示。

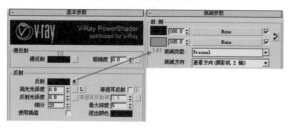

图4-57

设置完毕的材质球效果如图4-58所示。

图4-58

### 2. 白色灯罩材质

在材质编辑器中新建一个 VR材质，设置"漫反射"颜色值为（红：237，绿：237，蓝：237）。

设置"折射"通道的颜色值为（红：60，绿：60，蓝：60），调整"折射率"值为1.517，并勾选"影响阴影"选项，如图4-59所示。

图4-59

设置完毕的白色灯罩材质如图4-60所示。

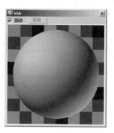

图4-60

### 3. 白色墙面材质

在材质编辑器中新建一个 VR材质，设置"漫反射"颜色值为（红：252，绿：252，蓝：252）。

设置"反射"通道颜色值为28的灰度，设置"高光光泽度"值为0.21，在"选项"卷展栏下取消勾选"跟踪反射"选项，如图4-61所示。

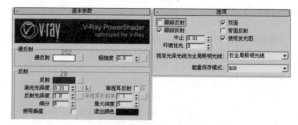

图4-61

设置完毕的白色墙面材质效果如图4-62所示。

图4-62

在"选项"卷展栏中取消勾选"跟踪反射"后，此时反射中的细分将不再起作用，但同时又保留了高光。

## 4.2.3 布置灯光及渲染成图

本案例的测试渲染参数与上一个案例的测试参数一致，这里就不再讲解，下面直接布置灯光。

**01** 观察摄影机角度，发现两盏台灯可以作为主要灯光照明。在面板的VRay卷展栏下创建一盏 VR灯光 ，选择其中的"平面"光，并关联复制两盏，位置如图4-63所示。

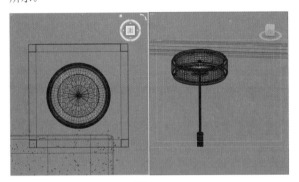

图4-63

**02** 选择其中一盏"平面"灯光，设置"倍增器"值为2500，设置颜色为（红：255，绿：193，蓝：95），调整1/2长度值为35mm、1/2宽度值为35mm，勾选"不可见"和"双面"选项，如图4-64所示。

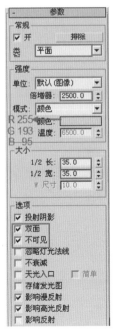

图4-64

**03** 对场景进行一次测试渲染，效果如图4-65所示。

图4-65

**04** 分析测试渲染图像，台灯和落地灯的灯光效果很不错，有一种暖暖的感觉，不过场景整体的光线太暗，特别是视图中间位置，所以还需要布置辅助光源。在电视柜位置创建一盏 VR灯光 ，依然使用"平面"光，并关联复制一盏移动到天花灯带位置，如图4-66所示。

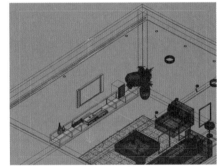

图4-66

**05** 选择一盏"平面"灯光，设置"倍增器"值为225，设置颜色值为（红：255，绿：185，蓝：95），勾选"不可见"选项，如图4-67所示。

图4-67

06　在电视机屏幕上创建一盏VRay的"平面"光，模拟电视机的发光效果，位置如图4-68所示，参数设置如图4-69所示。

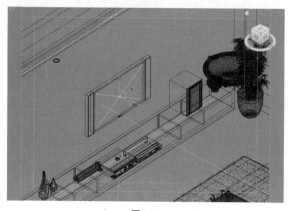

图4-68

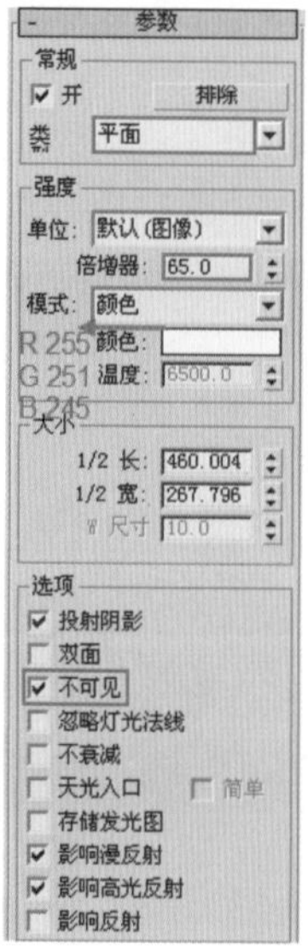

图4-69

07　灯光设置完成后，对场景进行测试渲染，结果如图4-70所示。

图4-70

观察上图，感觉场景的灯光气氛及明暗对比已经比较理想了，接下来就可以渲染出图了。本例的渲染出图参数和阳光餐厅完全一致，这里就不重复讲解了，渲染输出的成图效果如图4-71所示。

图4-71

## 4.2.4　Photoshop后期处理

01　使用Photoshop打开渲染完成的图像，如图4-72所示。

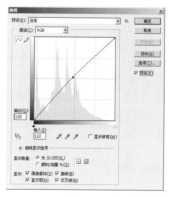

图4-72

02　通过观察和分析，可以看出效果图稍微有些暗，并且带点灰，先复制背景图层，然后按快捷键Ctrl+M打开"曲线"对话框，调整渲染图像的亮度，如图4-73所示。

图4-73

03 打开"亮度/对比度"对话框,调整渲染图像的对比度,如图4-74所示。调整完成后的图像效果如图4-75所示。

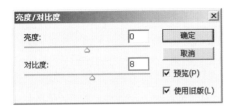

图4-74

图4-75

04 执行"图像>调整>照片滤镜"命令,给渲染图像添加一个"照片滤镜",参数设置如图4-76所示。使用"照片滤镜"后的效果如图4-77所示。

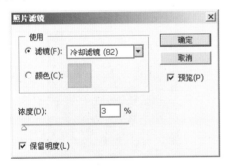

图4-76

图4-77

05 复制图层,得到一个新的图层,然后对新图层执行"滤镜>锐化>锐化"命令,接着降低新图层的"不透明度"为50%,最后合并图层,效果如图4-78所示。

图4-78

# 4.3 时尚卫生间

本案例是一个非常简约时尚的卫生间,空间很小,但很有代表性,如图4-79所示。在当前的商业家装项目中,小户型要占绝大多数,而小户型就意味着空间紧凑,设计不能太复杂,就像本例一样,大家在以后的工作中肯定会经常遇到这样的小卫生间表现。

图4-79

## 4.3.1 创建摄影机

01 单击 🖦 面板下的 VR物理摄影机 按钮,在顶视图中创建一个"VR物理摄影机",然后切换到前视图并调整摄影机位置,如图4-80所示。

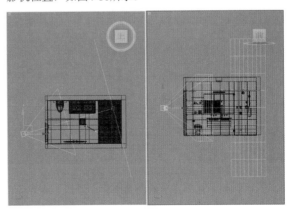

图4-80

02 在修改器面板中设置摄影机的参数，如图4-81所示。

图4-81

03 按C键切换到摄影机视图，观察镜头效果，如图4-82所示。

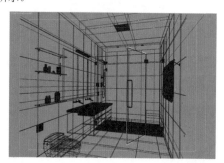

图4-82

## 4.3.2 设置材质

在制作材质之前，先给材质编号，如图4-83所示。

图4-83

### 1. 玻璃材质

在材质编辑器中新建一个 VR材质，将"漫反射"颜色设置为0。

在"反射"通道添加"衰减"命令，衰减类型设置为"Fresnel"，调节"高光光泽度"值为0.9。

设置"折射"通道颜色为255，"折射率"值为1.517，勾选"影响阴影"选项，调整"烟雾颜色"的颜色值为（红：69，绿：119，蓝：92），如图4-84所示。

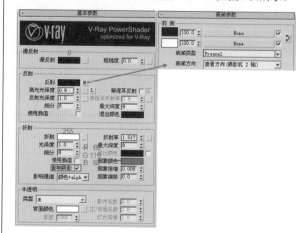

图4-84

设置完毕的绿色玻璃材质球效果如图4-85所示。

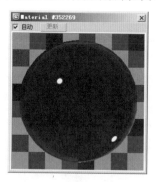

图4-85

### 2. 镜面材质

在材质编辑器中新建一个 VR材质，将"漫反射"颜色设置为0，设置"反射"通道颜色值为（红：244，绿：255，蓝：252），如图4-86所示。

图4-86

设置完毕的镜面材质球效果如图4-87所示。

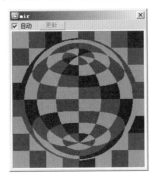

图4-87

## 3. 不锈钢材质

在材质编辑器中新建一个 ● VR材质，将"漫反射"颜色设置为50。

设置"反射"通道的颜色值为150的灰度，调整"高光光泽度"为0.9、"反射光泽度"为0.98、"细分"值为15。

在"双向反射分布函数"卷展栏下设置类型为"沃德"，设置"各向异性"值为0.5，"旋转"值为30，如图4-88所示。

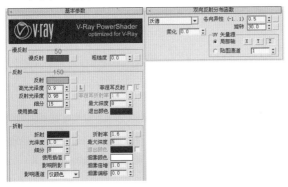

图4-88

不锈钢材质球效果如图4-89所示。

图4-89

## 4.3.3 布置灯光

一般情况下，卫生间需要表现比较明亮的灯光效果。本例的设计简约时尚，因此灯光的处理也比较简单。

01 在 面板的VRay卷展栏下创建一盏 VR灯光 的"平面"光，灯光位置如图4-90所示，灯光参数设置如图4-91所示。

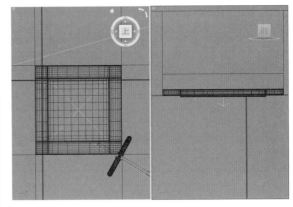

图4-90

图4-91

02 对场景进行测试渲染，效果如图4-92所示。

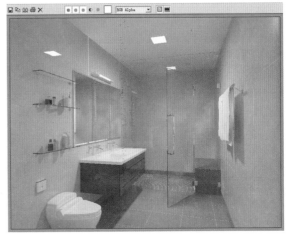

图4-92

03 分析测试渲染图像可以看出，主灯光的亮度还是比较合适的，接下来设置辅助光源。首先来设置镜前灯，位置如图4-93所示，参数设置如图4-94所示。

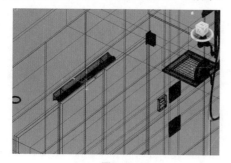

图4-93

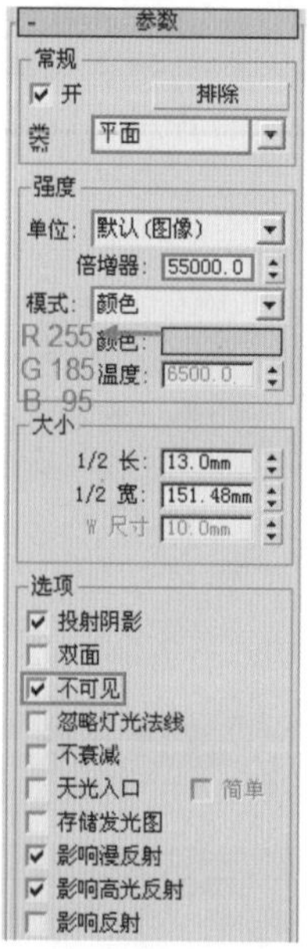

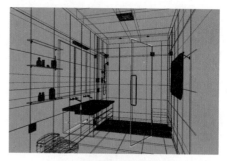

图4-96

图4-94

04 再次对场景进行测试渲染，效果如图4-95所示。

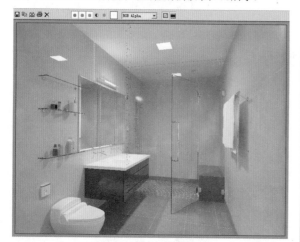

图4-95

05 在洗漱台下面创建一盏VRay的"平面"光，位置如图4-96所示，参数设置如图4-97所示。

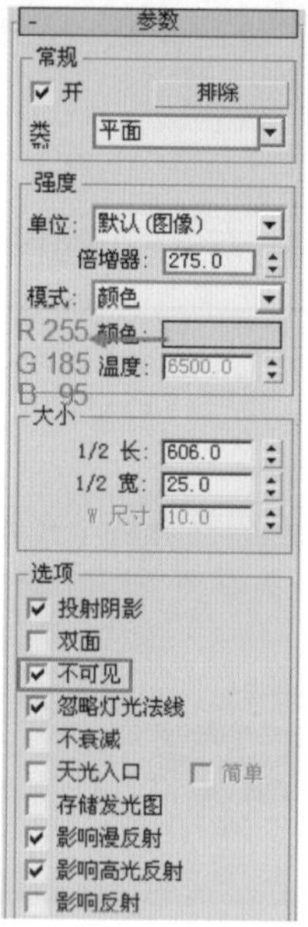

图4-97

技巧与提示 本场景主要使用了3盏"平面"光来照明，其中主光用的是白光，两盏辅助光源都是黄光，这样做的目的就是要形成冷暖对比效果，如果全是白光，那么场景看起来就会很苍白。

06 对场景进行测试渲染，效果如图4-98所示，此时的效果基本可以，接下来准备渲染出图。

图4-98

## 4.3.4 渲染出图

☐01 设置输出图像的大小为2500×1563，如图4-99所示。

图4-99

☐02 在"全局开关"卷展栏中勾选"光泽效果"选项，设置"二次光线偏移"为0.001，如图4-100所示。

图4-100

☐03 在"图像采样器（反锯齿）"卷展栏中设置图像采样器类型为"自适应确定性蒙特卡洛"，打开"抗锯齿过滤器"选项，并设置采样器类型为"VRay蓝佐斯过滤器"，如图4-101所示。

图4-101

☐04 在"颜色贴图"卷展栏中设置曝光类型为"指数"，勾选"子像素贴图"与"钳制输出"选项，如图4-102所示。

图4-102

☐05 在"间接照明"卷展栏中设置首次反弹全局照明引擎为"发光图"，设置二次反弹全局照明引擎为"灯光缓存"，如图4-103所示。

图4-103

☐06 在"发光图"卷展栏中设置当前预置等级为"自定义"，勾选"细节增强"开关选项，参数设置如图4-104所示。

图4-104

☐07 在"灯光缓存"卷展栏中设置"细分"为2500，参数设置如图4-105所示。

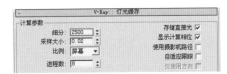

图4-105

☐08 在"DMC采样器"卷展栏中设置"适应数量"为0.8、"最小采样值"为16、"噪波阈值"为0.002，如图4-106所示。

图4-106

☐09 出图参数设置完毕后，开始渲染成图，效果如图4-107所示。

图4-107

## 4.3.5 Photoshop后期处理

☐01 使用Photoshop打开渲染完成的图像，如图4-108所示。

143

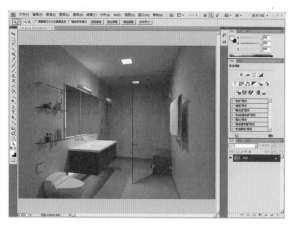

图4-108

02 通过观察和分析，叮以看出效果图梢微有些暗，并且偏灰。先复制背景图层，然后按快捷键Ctrl+M打开"曲线"对话框，调整渲染图像的亮度，如图4-109所示。

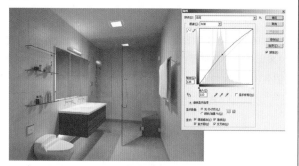

图4-109

03 调整亮度之后，感觉图像的明暗对比还不够，所以执行"图像>调整>亮度/对比度"菜单命令，在打开的对话框中设置如图4-110所示的参数。

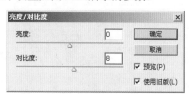

图4-110

04 执行"图像>调整>照片滤镜"命令，给图像添加一个"照片滤镜"，参数设置如图4-111所示，此时的画面效果如图4-112所示。

图4-111

图4-112

05 再观察图像，发现效果还有一些偏暗，按快捷键Ctrl+L打开"色阶"对话框，对图像色阶进行调整，如图4-113所示。

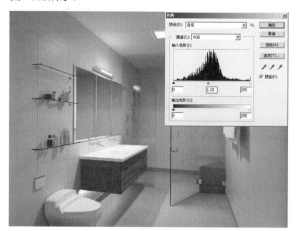

图4-113

06 复制图层，得到一个新图层，然后对新图层执行"滤镜>锐化>锐化"菜单命令，接着降低新图层的"不透明度"为50%，最后合并图层，效果如图4-114所示。

图4-114

## 4.4 本章小结

在本章，笔者讲解了3个小场景的材质、灯光以及后期处理方法，让读者对效果图制作有一个整体的认识。在后面的案例中，将更加深入地讲解不同材质的制作方法，以及各种家装空间的布光方法。

# 第5章 制作一张家装效果图的完整流程

**本章学习要点**

» 使用多边形建模方法来创建各种室内模型

» 使用动力学功能来制作真实的床单模型

» 熟悉常用建筑材质的物理特性并运用到VRay材质制作中

» 3ds Max标准材质和VRay基本材质的运用

» VRay的"平面"光和"球体"光的运用

» 光域网的运用

## 5.1 空间简介

本场景是一个居家卧室空间，因为是封闭式的空间，所以使用人工照明来制作夜景效果，最终渲染效果如图5-1所示。在本例的教学中，笔者将详细介绍场景的模型制作、材质制作、布光方法、渲染设置和后期处理，目的就是让大家对制作效果图的流程有一个整体的把握。

图5-1

## 5.2 创建卧室模型

### 5.2.1 制作房屋结构模型

01 打开3ds Max，执行"自定义>单位设置"菜单命令，把系统单位和显示单位都设置为"毫米"，如图5-2所示。

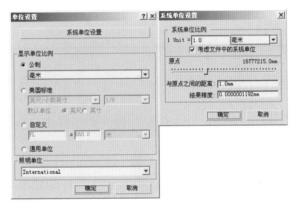

图5-2

02 执行"文件>导入"命令，导入清理好的CAD平面图，如图5-3所示。

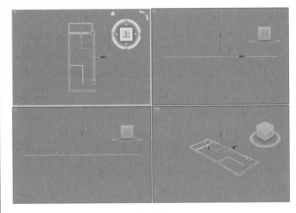

图5-3

03 鼠标右键单击按钮，然后在打开的"栅格和捕捉设置"对话框中开启"垂足"和"顶点"捕捉，如图5-4所示。

图5-4

04　在"创建"面板中单击 按钮，选择"线"命令，在顶视图中沿着CAD平面图制作墙体框架，如图5-5所示。

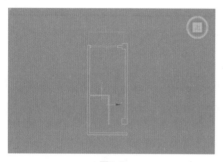

图5-5

05　选择勾勒出的墙体样条线，单击 挤出 按钮，设置挤出高度为3000mm，如图5-6所示。

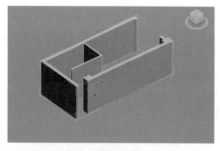

图5-6

06　制作窗户结构。在"标准基本体"下单击"长方体"按钮，在窗框处创建一个长度为240mm、宽度为3000mm、高度为300mm的长方体，如图5-7所示。

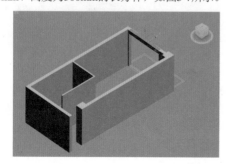

图5-7

07　建立滑窗模型。在"前"视图使用"矩形"命令创建一个长度为2200mm、宽度为800mm的矩形框，然后单击鼠标右键将其转换为"可编辑样条线"，如图5-8所示。

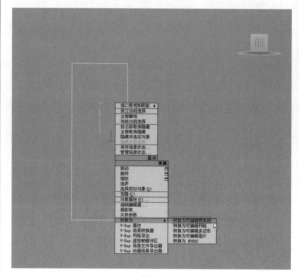

图5-8

08　选择转换为样条线的矩形框，在"修改"面板的"可编辑样条线"下，单击进入"样条线"层级，如图5-9所示。

图5-9

09　打开"可编辑样条线"下的"几何体"卷展栏，在其中设置"轮廓"参数为50，如图5-10所示。

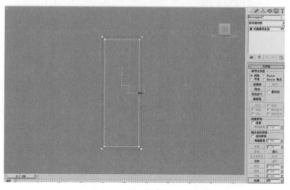

图5-10

10　选择矩形框，单击 挤出 按钮，设置挤出高度为30mm，如图5-11所示。

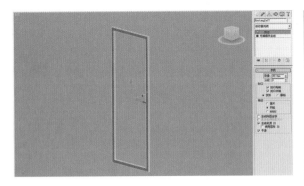

**图5-11**

11 在窗框里面创建长度为2600mm、宽度为700mm、高度为10mm的长方体，作为窗户玻璃，如图5-12所示。

**图5-12**

12 根据CAD平面图，选择窗框和玻璃，以"实例"方式复制3个放置到合适的位置，如图5-13所示。

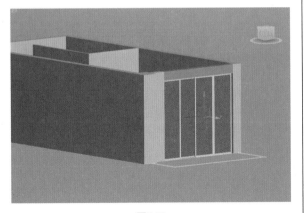

**图5-13**

13 下面建立阳台围墙。同样在"创建"面板中，单击按钮，选择"线"命令，在"顶"视图中沿着CAD平面图制作阳台围墙框架，单击 挤出 按钮，挤出高度为900mm，如图5-14所示。

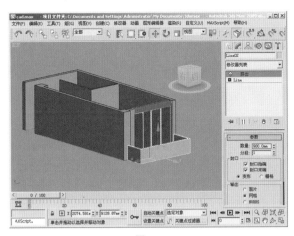

**图5-14**

14 创建天花板模型。从最终渲染图中可以看出，天花板中有筒灯，在建立模型的时候就需要考虑到这个问题。在"创建"面板中单击按钮，选择"矩形"命令，在顶视图中制作一个矩形框，如图5-15所示。

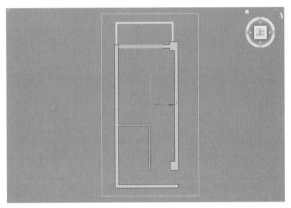

**图5-15**

15 在矩形框基础上建立筒灯凹槽的位置，然后在"创建"面板的"图形"下的"对象类型"卷展栏中去掉对"开始新图形"的选择，这样制作的筒灯凹槽和天花板就是一个物体，如图5-16所示。

**图5-16**

16 给天花板矩形框一个"挤出"命令，设置挤出高度值为100mm，如图5-17所示。

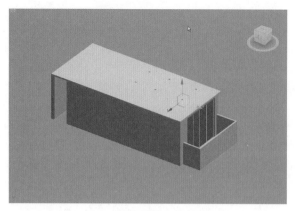

图5-17

17 制作地板模型，此处就简单建立一个"长方体"就行，场景框架的最终效果如图5-18所示。

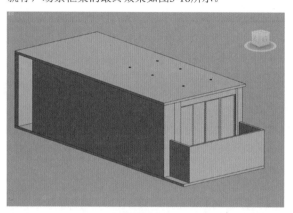

图5-18

## 5.2.2 制作床头软包模型

01 在"左"视图创建一个长度为1200mm、宽度为2000mm的平面，设置"长度分段"为4、"宽度分段"为5，如图5-19所示。

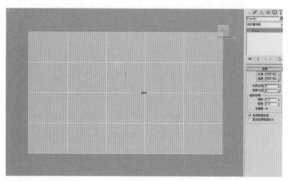

图5-19

02 给平面一个"壳"命令，设置"内部量"值为300mm，如图5-20所示。

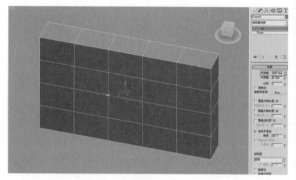

图5-20

03 把模型转换成"可编辑多边形"，然后选择如图5-21所示的线。

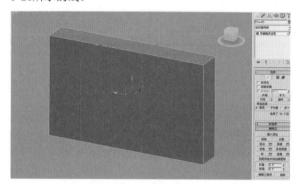

图5-21

04 单击 挤出 按钮，设置"挤出高度"值为-8mm，调整"挤出基面高度"值为8mm，如图5-22所示。

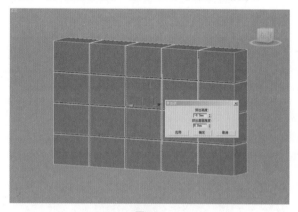

图5-22

05 选择如图5-23所示的线条。

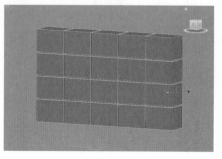

图5-23

06 单击 连接 按钮，设置"分段"值为2、"收缩"值为85，如图5-24所示。

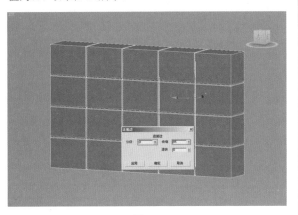

图5-24

07 继续连接线条，如图5-25所示。

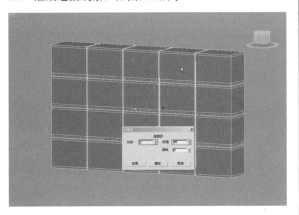

图5-25

08 下面来制作软包。选择如图5-26所示的面，在"顶"视图向x轴移动-30mm。

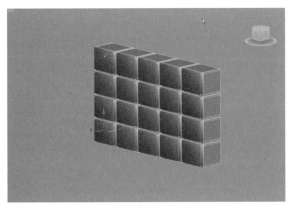

图5-26

09 在"左"视图中选择如图5-27所示的面，然后按F12键，接着在"移动变换输入"参数栏中输入x轴移动值为30mm。

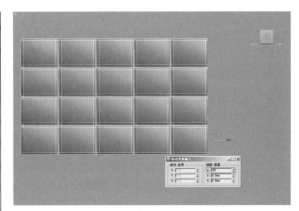

图5-27

10 在"顶"视图选择如图5-28所示的线条，并连接线条。

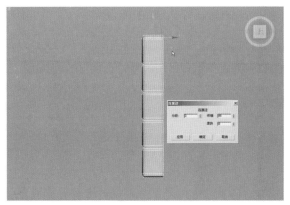

图5-28

11 最后为其添加"涡轮平滑"命令，设置"迭代次数"为2，效果如图5-29所示。

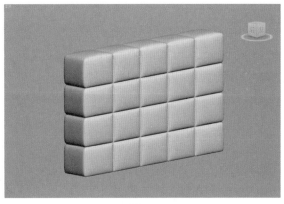

图5-29

> 技巧与提示　这里只是制作了软包的一面，因为其背面是紧贴墙面的，因此不需要制作。

### 5.2.3 制作床头隔板、柜子、床垫模型

01 建立软包两侧的隔板以及床头柜。在"顶"视图建立长度为1555mm、宽度为600mm、高度为50mm

的长方体作为隔板，接着建立长度为350mm、宽度为970mm、高度550mm的长方体作为床头柜，如图5-30所示。

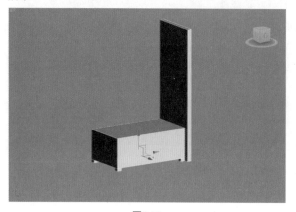

图5-30

02 制作床垫。在"顶"视图建立长度为300mm、宽度为2000mm、高度为2000mm的长方体，如图5-31所示。

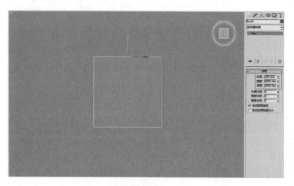

图5-31

03 将长方体转换为"可编辑多边形"，然后选择其顶面，接着单击鼠标右键并在弹出的快捷菜单中选择"插入"命令，在弹出的面板中设置插入类型为"组"，调整插入量为200，如图5-32所示。

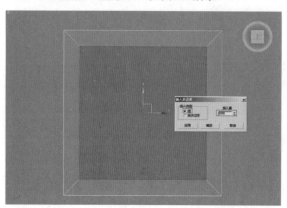

图5-32

04 切换到"左"视图，选择插入的面，单击 挤出 按钮，设置"挤出高度"值为-100mm，如图

5-33所示。

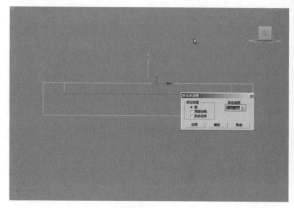

图5-33

05 切换到"顶"视图，选择如图5-34所示的顶点，按F12键打开"移动变换输入"对话框，设置以$x$轴偏移屏幕为-300。

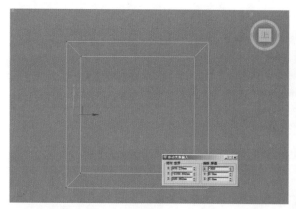

图5-34

06 切换到"前"视图，选择如图5-35所示的线，单击 连接 按钮，添加两条边。

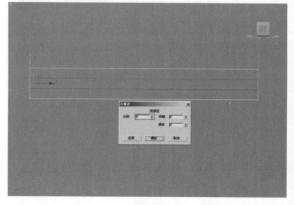

图5-35

07 调整"顶点"，并添加"涡轮平滑"命令，设置"迭代次数"为2，如图5-36所示。

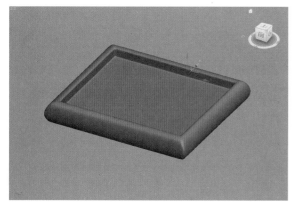

图5-36

08 在此床垫基础上建立一个长方体，调整长方体大小，最后效果如图5-37所示。

图5-37

## 5.2.4 制作简易台灯模型

01 制作台灯灯罩。建立一个"半径"为240mm、"高度"值为350mm的圆柱体，并将其转换为"可编辑多边形"，然后删除底面，如图5-38所示。

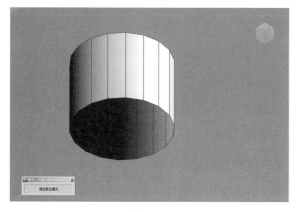

图5-38

02 调整灯罩边缘的顶点，如图5-39所示。

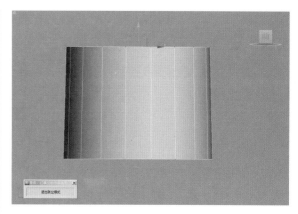

图5-39

03 为灯罩添加"壳"命令，设置"内部量"值为10，接着将其转换成"可编辑多边形"，单击 连接 按钮，连接边，最后添加"涡轮平滑"命令，设置"迭代次数"为2，如图5-40所示。

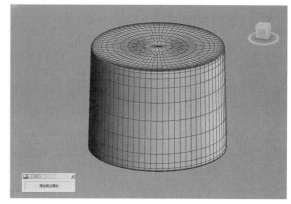

图5-40

04 将灯罩转换成"可编辑多边形"，进入"边"层级，然后选择循环边，接着单击"利用所选内容创建图形"按钮，在弹出的对话框中选择图形类型为"线性"，如图5-41所示。

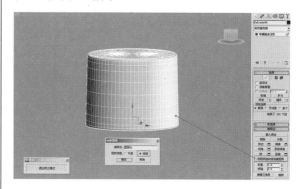

图5-41

05 选择提取出的样条线，在"渲染"面板中勾选"在渲染中启用"和"在视口中启用"选项，设置"径向"厚度值为10mm，如图5-42所示。

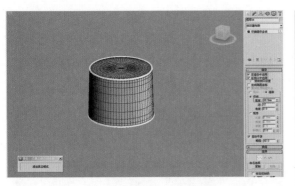

图5-42

06 继续制作台灯底座及灯杆，效果如图5-43所示。

图5-43

## 5.2.5 制作简易沙发模型

01 在"左"视图中创建一个平面，将平面转换为"可编辑多边形"，然后调整顶点，如图5-44所示。

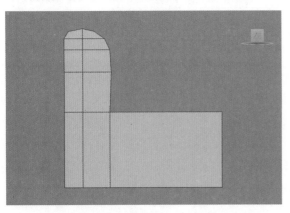

图5-44

02 给平面添加"壳"命令，设置"内部量"为650mm，如图5-45所示。

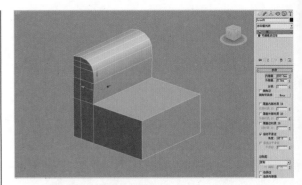

图5-45

03 选择如图5-46所示的边，然后单击"编辑边"卷展栏中的 连接 按钮，添加两条边，如图5-46所示。

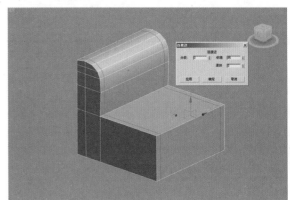

图5-46

04 继续在相应的位置添加边，调整顶点，最后添加"涡轮平滑"命令，设置"迭代次数"为2，如图5-47所示。

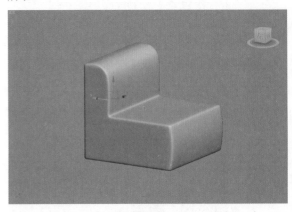

图5-47

## 5.2.6 制作床单模型

现在来制作难度比较大的床单模型，先看看真实的床单是什么样子，如图5-48所示。

图5-48

通过照片可以很明显地看出，床单很柔软，褶皱非常自然，如果这里直接用多边形建模，则很难获得这种自然的褶皱效果，所以笔者采用了动力学功能来创建床单模型。

01 选择床以及地板模型，在"顶"视图建立一个"平面"来制作床单模型，位置如图5-49所示，具体参数设置如图5-50所示。

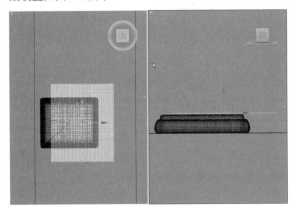

图5-49

图5-50

02 为"平面"添加一个 [UVW 展开] 修改命令，使其坐标不会出现错乱；然后添加 [Cloth] 布料修改命令，在 [Cloth] 卷展栏下的"对象"栏中单击"对象属性"按钮，修改"平面"的属性为Cloth；接着在"对象属性"对话框中单击"添加对象"按钮，

选择床以及地板模型，修改类型为"冲突对象"，其他参数保持默认即可，如图5-51所示。

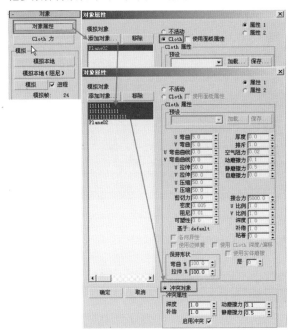

图5-51

03 在"对象"对话框下单击"模拟"命令，进行动力学运算，运算出的效果如图5-52所示。

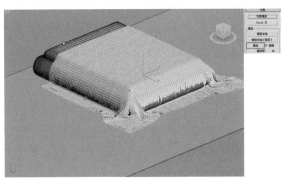

图5-52

04 为床单添加"壳"命令，设置"外部量"为20mm，再添加"涡轮平滑"命令，设置"迭代次数"为2，效果如图5-53所示。

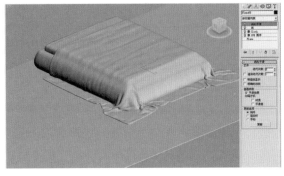

图5-53

**05** 执行"文件>Merge"菜单命令，导入其余的家具模型，完成场景的制作，最后的模型效果如图5-54所示。

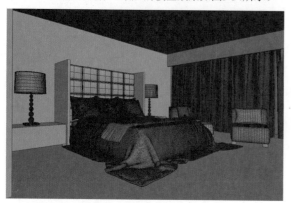

图5-54

## 5.2.7 创建摄影机

**01** 在"顶"视图建立一个3ds Max的标准摄影机，摄影机的位置和角度如图5-55所示。

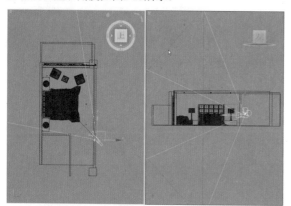

图5-55

**02** 设置摄影机的"镜头"和"视野"参数以及"剪切平面"参数，如图5-56所示。

图5-56

## 5.2.8 检查模型

做好模型之后，第一件事情就是检查模型是否有问题，比如漏光、破面、重面等。这样的好处在于：如果在渲染过程中出现问题时，可以在很大程度上排除"模型错误"，也就是说这样可以提醒我们应该在其他方面寻求问题的症结所在。

在这里，曝光模式将会用到"线性倍增"，在使用"线性倍增"曝光的时候需要打开3ds Max的Gamma选项，否则出来的色彩是错误的。在VRay 1.5中，采用"伽玛校正"或"线性倍增"曝光方式，渲染出来的效果是一样的。

**01** 执行"自定义>首选项"命令，打开"首选项设置"对话框，然后单击"Gamma和LUT"选项卡，具体设置如图5-57所示。

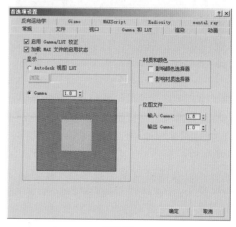

图5-57

> 技巧与提示　根据VRay官方提供的资料，Gamma设置为2.2时，色彩是最正确的。但笔者在本场景中设置为1.8，这是因为这里表现的是夜景效果，因此整个调子不会太明亮，属于灰调。如果设置为2.2，则渲染效果会更灰。

**02** 设置一个通用材质球，用来替代场景中所有物体的材质。把"漫反射"通道里的材质颜色设置为（红：220，绿：220，蓝：220），其他地方的参数保持默认即可，如图5-58所示。

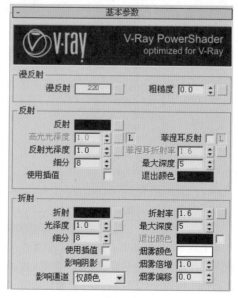

图5-58

在这里把漫反射颜色设置为220的灰度，主要是让物体对光线的反弹更充分一点，以方便观察暗部，因为在物理世界里，越白的物体对光线的反弹越充分。

03 按F10键打开"渲染设置"对话框，在"公用参数"卷展栏中设置图像输出宽度为800、高度为600，如图5-59所示。

图5-59

04 在"全局开关"卷展栏中把默认灯光关闭，取消选择"隐藏灯光"选项，将"二次光线偏移"设置为0.001，然后把刚才设定的基本测试材质球以实例的方式拖曳到"覆盖材质"中，如图5-60所示。

图5-60

05 在"图像采样器（反锯齿）"卷展栏中设置"图像采样器"的类型为"固定"采样，并关闭"抗锯齿过滤器"开关，如图5-61所示。

图5-61

06 在"颜色贴图"卷展栏中设置曝光类型为"线性倍增"，如图5-62所示。

图5-62

07 在"间接照明"卷展栏中设置首次反弹为"发光图"类型，设置二次反弹为"灯光缓存"类型，如图5-63所示。

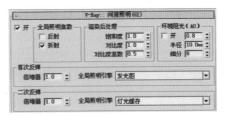

图5-63

08 在"发光图"卷展栏中设置"当前预置"参数为"自定义"，设置"半球细分"为20，如图5-64所示。

图5-64

09 在"灯光缓存"卷展栏中设置细分为200，其他参数保持默认，如图5-65所示。

图5-65

10 在窗口处设置一盏VRay的"平面"光，灯光位置如图5-66所示。

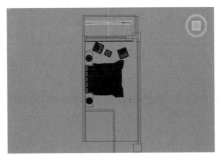

图5-66

11 在修改面板中设置灯光颜色值为（红：212，绿：236，蓝：255），设置灯光"倍增器"为30，其他参数保持默认，如图5-67所示。

图5-67

⑫ 按F9键进行测试渲染，渲染结果如图5-68所示。模型一切正常，下面可以开始进行材质制作。

图5-68

## 5.3 设置卧室主要材质

为了便于讲解，这里给最终效果图上的材质编号，根据图上的标识号来对材质一一设定，如图5-69所示。

图5-69

### 5.3.1 墙面材质

这里的墙面材质是一种绒布，笔者找了一张绒布材质的照片来给大家参考，如图5-70所示。通过观察照片可以知道，绒布的表面有很明显的绒毛，体现出一种柔软的质感，而且绒布还具有一定的高光效果。

图5-70

下面来设置绒布材质的相关参数。

在材质编辑器中新建一个 ●标准 材质，在"明暗器基本参数"卷展栏下设置类型为 (0)Oren-Nayar-Blinn，勾选"自发光"下的"颜色"选项，然后为其添加"遮罩"程序贴图。

在"贴图"通道添加"衰减"程序贴图，把"侧"通道颜色值设置为220的灰度，衰减类型设置为"Fresnel"衰减；在"遮罩"通道添加"衰减"程序贴图，把"光"通道颜色值设置为220的灰度，衰减类型设置为"阴影/灯光"。

在"漫反射"通道添加一张绒布贴图，设置"模糊"值为0.5，如图5-71所示。

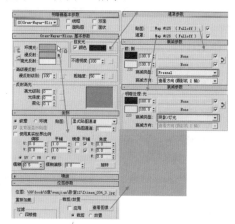

图5-71

> **技巧与提示**　在"衰减"里的两个通道，上面一个通道表示的是靠近摄影机的位置，而下面一个通道表示的是远离摄影机的位置。在物理世界里，因为这样的绒布材质在近处基本看不到反射现象，所以给一个黑色即可，而远处则是有一定的反射，所以指定了一种颜色，其值为（红：220，绿：220，蓝：220）。从色彩上来讲，只是带了点白色，用来表现反射的内容带点白色。

设置"凹凸"强度值为80，为其添加 ⧉混合 命令。在"颜色#1"通道添加一张绒布贴图，设置"模糊"值为0.5；在"颜色 #2"通道添加一张毛毯贴图，设置"模糊"值为0.5，如图5-72所示。

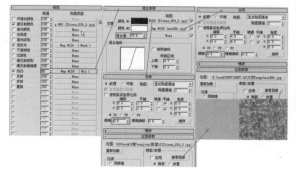

图5-72

墙面绒布材质的渲染效果如图5-73所示。

图5-73

## 5.3.2 天花板材质

这里的天花板材质就是普通的白漆材质，远距离看的话，其表面比较平整，颜色比较白，所以这里的参数设置也非常简单。

在材质编辑器中新建一个 ●VR材质 ，设置"漫反射"通道的颜色为230的灰度，如图5-74所示。

图5-74

天花板材质的渲染效果如图5-75所示。

图5-75

## 5.3.3 地毯材质

首先来看看真实的地毯效果，如图5-76所示的照片。从照片中可以很清楚地看到地毯的物理特征，如较大的凹凸感、没有高光和反射。

图5-76

在材质编辑器中新建一个 ●标准 材质，在"明暗器基本参数"卷展栏下设置类型为 (O)Oren-Nayar-Blinn ，勾选"自发光"下的"颜色"选项，为其添加"遮罩"程序贴图。

在"贴图"通道添加"衰减"程序贴图，把"侧"通道颜色值设置为100的灰度，衰减类型设置为"Fresnel"类型；在"遮罩"通道添加"衰减"程序贴图，把"光"通道颜色值设置为100的灰度，衰减类型设置为"阴影/灯光"。

在"漫反射"通道添加一张地毯贴图，设置"模糊"值为0.5，如图5-77所示。

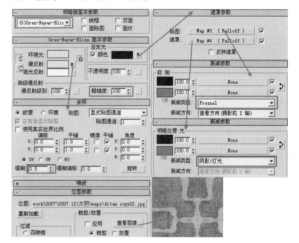

图5-77

设置"凹凸"强度值为-100，在其通道中添加"混合"程序贴图。然后在"颜色 #1"通道添加一张地毯贴图，设置"模糊"值为0.7；在"颜色 #2"通道添加一张毛毯贴图，设置"模糊"值为0.5，如图5-78所示。

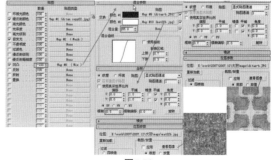

图5-78

地毯材质的渲染效果如图5-79所示。

图5-79

## 5.3.4 灰色绒布床单材质

绒布材质跟地毯材质类似，只是没有那么强烈的凹凸感，表面相对平滑得多，还有一点轻微的高光，如图5-80所示。

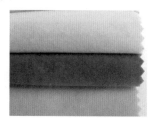

图5-80

在材质编辑器中新建一个 标准 材质，在"明暗器基本参数"卷展栏下设置类型为 (O)Oren-Nayar-Blinn，勾选"自发光"下的"颜色"选项，为其添加"遮罩"程序贴图。

在"贴图"通道添加"衰减"程序贴图，把"侧"通道颜色值设置为220的灰度，衰减类型设置为"Fresnel"衰减；在"遮罩"通道添加"衰减"程序贴图，把"光"通道颜色值设置为220的灰度，衰减类型设置为"阴影/灯光"。

在"漫反射"通道添加一张绒布贴图，设置"模糊"值为0.5，调整"高光级别"值为43、"光泽度"值为13，如图5-81所示。

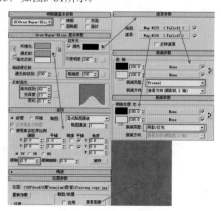

图5-81

设置"凹凸"强度值为35，在其通道添加 混合 命令。然后在"颜色 #1"通道添加一张绒布贴图，设置"模糊"值为0.5；在"颜色 #2"通道添加一张毛毯贴图，设置"模糊"值为0.5，如图5-82所示。

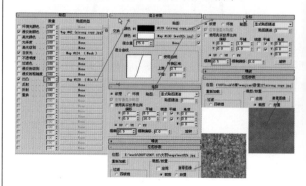

图5-82

灰色绒布床单材质的渲染效果如图5-83所示。

图5-83

## 5.3.5 床头软包材质

在"材质编辑器"中新建一个 标准 材质，在"明暗器基本参数"卷展栏下设置类型为 (O)Oren-Nayar-Blinn，勾选"自发光"下的"颜色"选项，并为其添加"遮罩"程序贴图。

在"贴图"通道添加"衰减"程序贴图，然后把"侧"通道颜色值设置为220的灰度，设置衰减类型为"Fresnel"；在"遮罩"通道添加"衰减"程序贴图，然后把"光"通道颜色值设置为220的灰度，设置衰减类型为"阴影/灯光"。

在"漫反射"通道添加一张黑色绒布贴图，设置"模糊"值为0.5。

在"反射高光"卷展栏下，设置"高光级别"值为43、"光泽度"值为13，如图5-84所示。

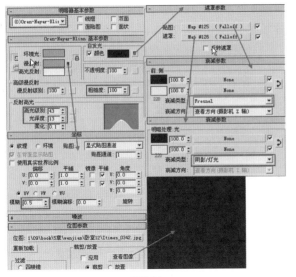

图5-84

在"凹凸"选项中，设置"凹凸"强度值为35，添加"混合"程序贴图；在"颜色 #1"添加一张绒布贴图，"模糊"值为0.5；在"颜色 #2"添加一张毛毯贴图，"模糊"值为0.5，如图5-85所示。

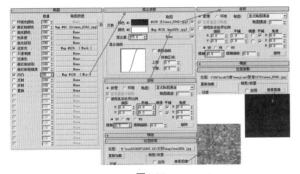

图5-85

床头软包材质的渲染效果如图5-86所示。

图5-86

## 5.3.6 黑色木纹材质

在材质编辑器中新建一个 ⬤VR材质，在"漫反射"通道添加一张贴图。

在"反射"通道添加"衰减"程序贴图，把"侧"通道颜色设置为255的灰度，选择衰减类型为"Fresnel"。

在"高光光泽度"通道添加一张木纹贴图，设置"模糊"值为0.5，然后设置"高光光泽度"值为0.85、"反射光泽度"值为0.92、"细分"值为15，如图5-87所示。

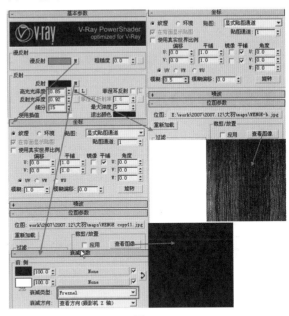

图5-87

设置"凹凸"强度值为5，在其通道中添加一张木纹贴图，设置贴图的"模糊"值大小为0.5，如图5-88所示。

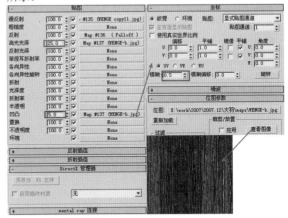

图5-88

黑色木纹材质的渲染效果如图5-89所示。

图5-89

> **技巧与提示** 这里在"贴图"卷展栏中设置"高光光泽度"值为25，表示的意思是木纹的高光25%用贴图控制，75%用设置的0.85这个值来控制。

### 5.3.7 窗帘材质

在材质编辑器中新建一个 VR材质，设置"漫反射"颜色为（红：240，绿：240，蓝：240）。

在"折射"通道添加"衰减"程序贴图，把"前"通道颜色设置为（红：165，绿：165，蓝：165），把"侧"通道颜色设置为0的黑色，选择衰减类型为"垂直/平行"。

设置折射"光泽度"为0.82、"细分"值为10，勾选"影响阴影"选项，调整"折射率"值为1.001，如图5-90所示。

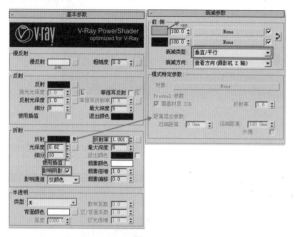

图5-90

窗帘材质的渲染效果如图5-91所示。

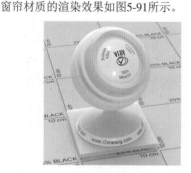

图5-91

### 5.3.8 黑色灯罩材质

黑色灯罩材质的高光比较小，表面平滑，反射较低，模糊较大，下面根据这些特征来设置材质参数。

在材质编辑器中新建一个 VR材质，设置"漫反射"颜色值为（红：5，绿：5，蓝：5）；设置"反射"颜色值为（红：35，绿：35，蓝：35），调整

"高光光泽度"为0.7、"反射光泽度"为0.8、"细分"为15，如图5-92所示。

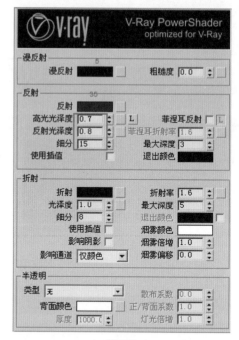

图5-92

黑色灯罩材质的渲染效果如图5-93所示。

图5-93

### 5.3.9 红色沙发材质

在材质编辑器中新建一个 标准 材质，在"明暗器基本参数"卷展栏下设置类型为 (O)Oren-Nayar-Blinn，勾选"自发光"下的"颜色"选项，为其添加"遮罩"程序贴图。

在"贴图"通道添加"衰减"程序贴图，把"侧"通道颜色值设置为220的灰度，衰减类型设置为"Fresnel"衰减；在"遮罩"通道添加"衰减"程序贴图，把"光"通道颜色值设置为220的灰度，衰减类型设置为"阴影/灯光"。

在"漫反射"通道添加一张绒布贴图，设置"模糊"值为0.5。

在"反射高光"卷展栏下，设置"高光级别"为43、"光泽度"为13，如图5-94所示。

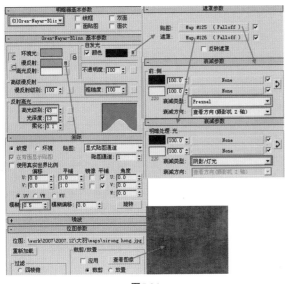

图5-94

设置"凹凸"强度值为35,在其通道添加 混合 命令。在"颜色 #1"通道添加一张绒布贴图,设置 "模糊"值为0.5;在"颜色 #2"通道添加一张毛毯贴 图,设置"模糊"值为0.5,在"平铺"下设置U/V值 为8/16,如图5-95所示。

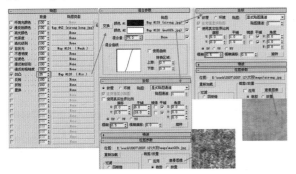

图5-95

红色沙发材质的渲染效果如图5-96所示。

图5-96

## 5.3.10 黑色绒布材质

在材质编辑器中新建一个 标准 材质, 在"明暗器基本参数"卷展栏下设置类型为

(0)Oren-Nayar-Blinn ,勾选"自发光"下的"颜 色"选项,为其添加"遮罩"程序贴图。

在"贴图"通道添加"衰减"程序贴图,把 "侧"通道颜色值设置为125的灰度,衰减类型设置 为"Fresnel";在"遮罩"通道添加"衰减"程序贴 图,把"光"通道颜色值设置为125的灰度,衰减类型 设置为"阴影/灯光"。

在"漫反射"通道添加一张绒布贴图,设置"模 糊"值为0.5。

在"反射高光"卷展栏下,设置"高光级别"值 为10、"光泽度"值为10,如图5-97所示。

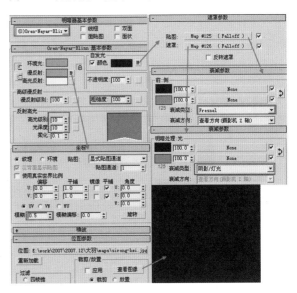

图5-97

设置"凹凸"强度值为35,在其通道中添加 混合 命令。在"颜色 #1"通道添加一张绒布贴图, 设置"模糊"值为0.5;在"颜色 #2"通道添加一张毛 毯贴图,设置"模糊"值为0.5。在"平铺"下设置U/ V值为8/16,如图5-98所示。

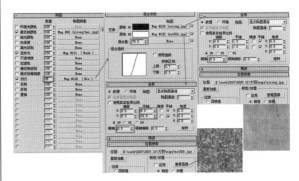

图5-98

黑色绒布材质的渲染效果如图5-99所示。

161

图5-99

## 5.3.11 黑色灯柱球材质

在材质编辑器中新建一个 ● VR材质，设置"漫反射"颜色为（红：0，绿：0，蓝：0）。

设置"反射"颜色值为（红：255，绿：255，蓝：255），调整"高光光泽度"值为0.9、"反射光泽度"值为0.95、"细分"值为10，勾选"菲涅耳反射"选项，设置"菲涅耳折射率"为1.9，如图5-100所示。

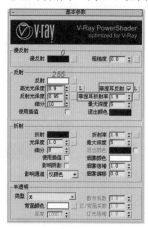

图5-100

黑色灯柱球材质的渲染效果如图5-101所示。

图5-101

# 5.4 布置卧室灯光

本场景为封闭式的卧室，并且场景材质主要以绒布为主，为了更真实地表现绒布材质以及灯光气氛，笔者采用夜景表现手法。

### 5.4.1 设置测试渲染参数

01 按F10键打开"渲染设置"对话框，在"全局开关"卷展栏中关闭"默认灯光"，取消选择"光泽效果"选项，设置"二次光线偏移"值为0.001，如图5-102所示。

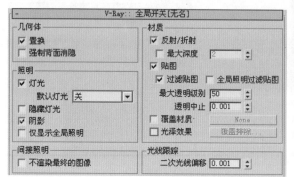

图5-102

02 在"图像采样器（反锯齿）"卷展栏中设置"图像采样器"类型为"固定"，并关闭"抗锯齿过滤器"，如图5-103所示。

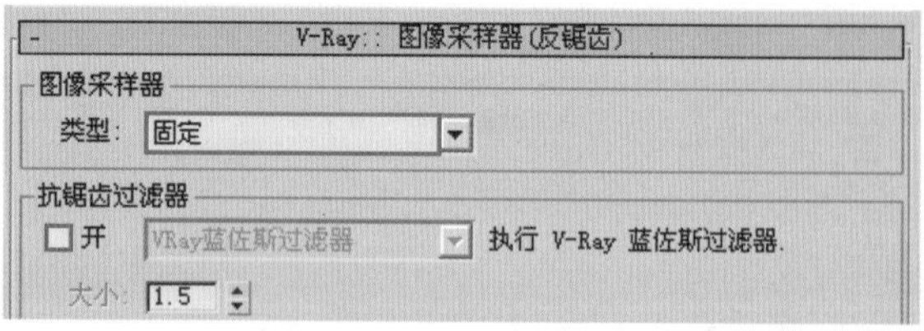

图5-103

03 在"颜色贴图"卷展栏中设置曝光类型为"线性倍增"，勾选"子像素贴图"与"影响背景"选项，设置"伽玛值"为1.8，如图5-104所示。

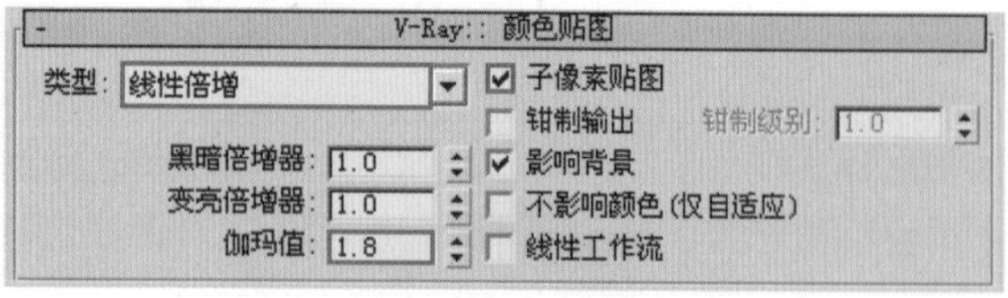

图5-104

04 在"间接照明"卷展栏中勾选全局光开关，设置首次反弹为"发光图"，设置二次反弹为"灯光缓存"，如图5-105所示。

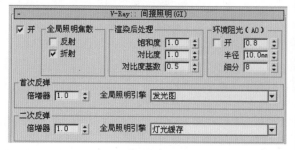

图5-105

**05** 在"发光图"卷展栏中设置当前预置为"自定义",然后设置"基本参数"中的"最小比率"值为-3、"最大比率"值为-3、"半球细分"值为20,如图5-106所示。

图5-106

**06** 在"灯光缓存"卷展栏中设置"细分"值为200,为了观察"灯光缓存"的计算过程,勾选"显示计算相位"选项,然后勾选"预滤器"开关选项并设置"预滤器"数值为100,如图5-107所示。

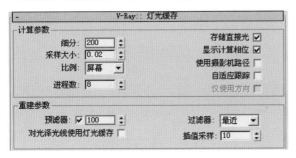

图5-107

**07** 打开"首选项设置"对话框,勾选在"Gamma/LUT"选项卡中"启用Gamma/LUT校正"和"加载MAX文件的启用状态"选项,设置Gamma值为1.8、位图文件下的"输入Gamma"值为1.8,如图5-108所示。

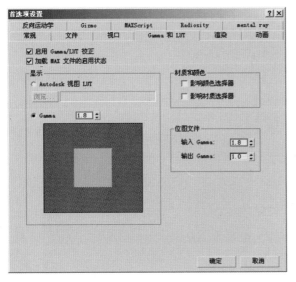

图5-108

## 5.4.2 布置室内灯光

**01** 根据场景的筒灯的位置来设置灯光。在 📷 面板的"光度学"选项下单击 目标灯光 按钮,然后在场景中创建一盏"目标灯光",接着以关联的方式复制6盏,分别将它们放置在对应的筒灯位置,如图5-109所示。

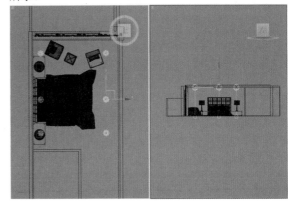

图5-109

**02** 在创建完成的灯光中选择其中一盏并对灯光的参数进行设置。首先在"常规参数"卷展栏中勾选"启用"选项(启用阴影),并设置阴影类型为"VRay阴影",设置"灯光分布"类型为"光度学web";在"分布(光度学Web)"卷展栏中,在光度学文件通道中添加"00.ies"光域网文件;在"强度/颜色/衰减"卷展栏中设置"过滤颜色"值为(红:255,绿:159,蓝:55),设置"灯光强度"值为3500,如图5-110所示。

图5-110

**03** 灯光设置完成后,对场景进行一次测试渲染,测试渲染结果如图5-111所示。此时,房间整体光线较暗,还需要继续补充灯光。

图5-111

04 在 ▼ 面板的VRay卷展栏下创建一盏 [VR灯光] 的"平面"光，并关联复制两盏，位置如图5-112所示。

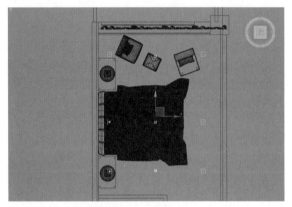

图5-112

05 选择其中一盏"平面"灯光，设置"倍增器"值为500，灯光颜色设置为（红：255，绿：236，蓝：205），调整"1/2长"值为35mm、"1/2宽"值为35mm，勾选"不可见"选项，如图5-113所示。

图5-113

06 设置完成后，对场景进行测试渲染，渲染效果如图5-114所示。

图5-114

现在场景的整体亮度比较合适了，但这里还需要修改刚建立的"平面"光的一个参数，因为我们看见在窗帘上方的黑色木纹板上有一处高光，实际上此处不应该出现高光的。

打开VRay灯光的"参数"面板，在"选项"卷展栏中取消勾选"影响高光反射"选项，如图5-115所示。

图5-115

07 继续进行测试渲染，效果如图5-116所示。观察渲染结果，可以发现错误的高光已经没有了，接下来继续布置其他灯光。

图5-116

08 在窗帘上方的灯槽位置，创建一盏VRay的"平面"光，位置如图5-117所示。

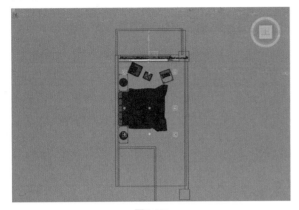

图5-117

09 在"参数"对话框中，设置"倍增器"值为85，调整灯光颜色为（红：255，绿：117，蓝：15），设置"1/2长"值为1770mm、"1/2宽"值为25mm，勾选"不可见"选项，如图5-118所示。

图5-118

10 在台灯的灯罩位置创建两盏VRay的"球体"灯，设置"倍增器"值为400，灯光颜色设置为（红：255，绿：117，蓝：15），调整"半径"值为25，勾选"不可见"选项，取消勾选"忽略灯光法线"选项，如图5-119所示。

图5-119

11 对场景再进行一次测试渲染，测试效果如图5-120所示。观察测试渲染效果，感觉整体的灯光气氛已经不错了，只是现在的室内光都是暖色的，给人以单调

的感觉，因此需要布置一处冷色调的灯光来烘托整个场景，使灯光对比效果丰富一些。

图5-120

12 切换到顶视图，如图5-121所示位置创建一盏VRay的"平面"灯光，然后设置"倍增器"值为5，调整灯光颜色为（红：195，绿：233，蓝：150），设置"1/2长"值为400mm、"1/2宽"值为200mm，勾选"不可见"选项，如图5-122所示。

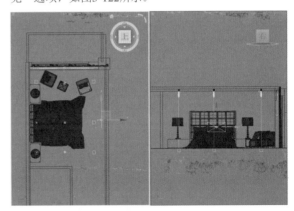

图5-121

图5-122

13 对场景进行测试渲染，渲染效果如图5-123所示。

图5-123

观察测试渲染结果，感觉整体效果已经很满意了，接下来设置一个比较高的参数来渲染成品图。

## 5.4.3 设置最终渲染参数

01 打开渲染面板，设置输出成图的宽度为2500、高度为1875，如图5-124所示。

图5-124

02 在"全局开关"卷展栏中勾选"光泽效果"选项，为了防止出图产生破面，设置"二次光线偏移"值为0.001，如图5-125所示。

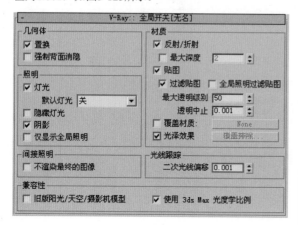

图5-125

03 在"图像采样器（反锯齿）"卷展栏中设置"图像采样器"类型为"自适应确定性蒙特卡洛"，打开"抗锯齿过滤器"选项，并设置抗锯齿过滤器采样器类型为"VRay蓝佐斯过滤器"，如图5-126所示。

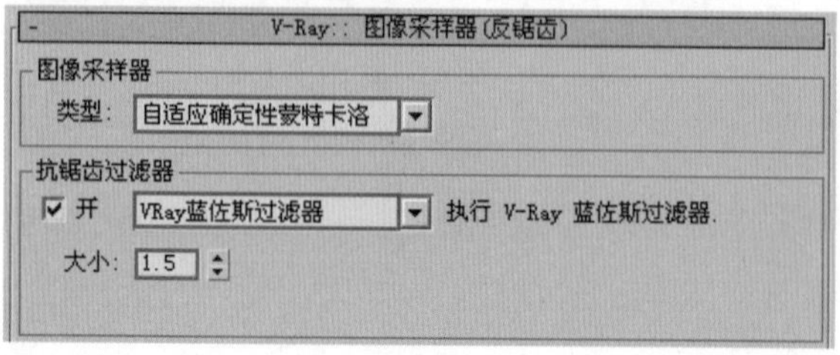

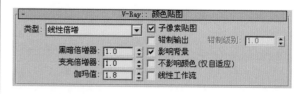

图5-126

04 在"颜色贴图"卷展栏中设置曝光类型"线性倍增"，勾选"子像素贴图"与"影响背景"选项，设置"伽玛值"为1.8，如图5-127所示。

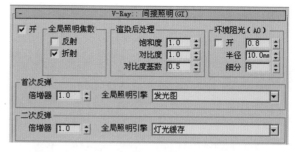

图5-127

05 在"间接照明"卷展栏中设置首次反弹为"发光图"，设置二次反弹为"灯光缓存"，如图5-128所示。

图5-128

06 在"发光图"卷展栏中设置"当前预置"等级为"自定义"，设置"最小比率"为-5、"最大比率"为-2、"半球细分"为60、"插值采样"为30，如图5-129所示。

V-Ray：：发光图[无名]

图5-129

07 在"灯光缓存"卷展栏中设置"细分"值为1500，勾选"存储直接光"和"显示计算相位"选项，如图5-130所示。

图5-130

08 在"DMC采样器"卷展栏中设置"适应数量"为0.8、"最小采样值"为16，调整"噪波阈值"为0.002，如图5-131所示。

图5-131

09 把所有"平面"灯光的"细分"设置为20，"阴影偏移"设置为0.02，这样可以保证灯光的虚边比较柔和，不会有杂点。其他参数保持默认即可，然后开始渲染出图，最后得到的成图效果如图5-132所示。

图5-132

## 5.5 Photoshop后期处理

01 使用Photoshop打开渲染完成的图像，如图5-133所示。

图5-133

02 观察渲染出的图像，发现画面亮度不够，需要调整图像的亮度，把背景图层复制一份得到一个新的图层，调整新图层的混合模式为"滤色"，设置新图层的"不透明度"值为50%，如图5-134所示。

图5-134

03 继续观察图像，感觉画面偏灰，对比度不够，这里再把背景图层复制一份，调整新图层的混合模式为"柔光"（用来控制图像的对比度），设置新图层的"不透明度"值为50%，如图5-135所示。

图5-135

**04** 观察图像，感觉整体的亮度与色彩都不错了，为了让图像更加清新，这里给图像添加一个照片滤镜。执行"图像>调整>照片滤镜"命令，在弹出的"照片滤镜"对话框中设置"滤镜"的色彩类型为"冷却滤镜（82）"，并设置"滤镜"的"浓度"值为3，如图5-136所示。

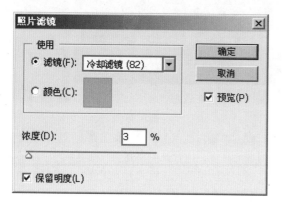

图5-136

使用"照片滤镜"后的效果如图5-137所示。

图5-137

到此，本章案例的制作就结束了。如果读者对细节还有什么感到不满意，那么可以自由发挥一下。

## 5.6 本章小结

本章通过一个比较简单的场景来介绍创建模型、制作材质、布置灯光、渲染输出、后期制作这一整套效果图制作流程，其目的就是让读者对效果图制作流程有一个宏观的认识。就本例而言，我们重点研究了绒布材质的制作方法和动力学建模方法，这是其中的技术重点。当然，本章也涉及了很多的VRay技术和笔者的经验之谈，希望这些内容能够给读者带来一定帮助。在后面的案例中，我们将更加深入、全面地对效果图制作技术进行学习和探讨。

# 第6章 现代风格客厅——阴天气氛表现

**本章学习要点**

» 3ds Max目标摄影机的使用

» VR材质和VR代理材质的运用

» VRay置换模式的运用

» VR太阳（VRay阳光）和VR天空（VRay天光）的结合运用

» 在Photoshop后期处理中添加窗户外景

## 6.1 空间简介

本章案例效果如图6-1所示，这是一个居家客厅，空间面积很大，进深比较长（如从窗户到摄影机位置的距离就很远）。从布光的角度来讲，如果单纯采用室外天光或阳光照明，则可能会出现"窗户位置已经曝光，但餐桌位置还不亮"的情况，因此这里采用自然光与人工光相结合的表现方法。由于本例想要表现室内阴天效果，所以阳光很弱，天光比较亮，以在窗户处形成柔和的自然光效果。从材质的角度来讲，本场景看起来比较环保，像木纹、竹帘、石材和墙面等都体现出一种亲近自然的感觉。当然这些材质的做法也是本章的重点，这都是效果图制作中最常见的一些材质。

图6-1

## 6.2 创建摄影机及检查模型

### 6.2.1 创建摄影机

01 单击 📷 面板下的 **目标** 按钮，在顶视图中创建一个"目标摄影机"，位置如图6-2所示。

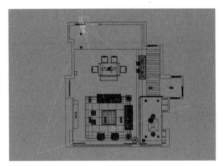

图6-2

02 切换到左视图，调整摄影机的位置，如图6-3所示。

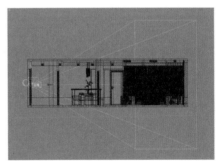

图6-3

03 在修改器面板中设置摄影机的参数，如图6-4所示。

图6-4

04 按C键切换到摄影机视图，观察镜头效果，如果有什么不合适的可以进行微调，本例的镜头效果如图6-5所示。

169

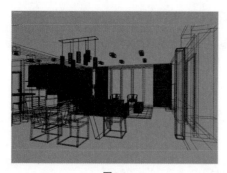

图6-5

## 6.2.2 检查模型

当摄影机设定好以后，设置一个比较低的参数对场景进行草图渲染，并检查模型是否有问题。

01 按F10键打开渲染面板，在"公用参数"卷展栏中设置图像输出宽度为800、高度为469，如图6-6所示。

图6-6

02 在"全局开关"卷展栏中关闭"默认灯光"，将"二次光线偏移"设置为0.001，并给予模型一个白色覆盖材质，如图6-7所示。

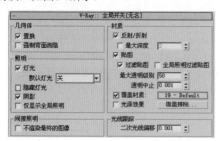

图6-7

03 在"图像采样器（反锯齿）"卷展栏中设置图像采样器的类型为"固定"采样，并关闭"抗锯齿过滤器"开关，如图6-8所示。

图6-8

04 在"彩色贴图"卷展栏中设置曝光类型为"指数"，如图6-9所示。

图6-9

05 在"间接照明"卷展栏中设置"首次反弹"为"发光图"类型，设置"二次反弹"为"灯光缓存"类型，如图6-10所示。

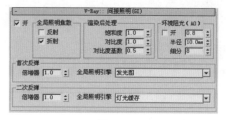

图6-10

06 在"发光图"卷展栏中设置当前预置参数为"自定义"，调整"半球细分"为20，参数设置如图6-11所示。

图6-11

07 在"灯光缓存"卷展栏中设置细分为200，其他参数保持默认设置，如图6-12所示。

图6-12

08 在窗口处设置一盏VR灯光的"平面"光，位置如图6-13所示。

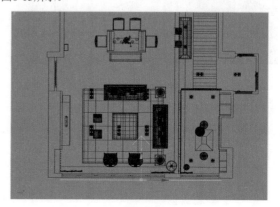

图6-13

**09** 在修改面板中设置灯光RGB颜色值为（红：212，绿：236，蓝：255），设置灯光倍增器为10，其他参数保持默认设置，如图6-14所示。

图6-14

**10** 按F9键渲染场景，效果如图6-15所示，通过观察可以发现场景中没有出现黑斑或漏光之类的问题。

图6-15

# 6.3 设置客厅材质

为了便于讲解，这里给最终效果图上的材质编号，根据图上的标识号来对材质一一设定，如图6-16所示。

图6-16

## 6.3.1 质感墙面材质

本例的墙面材质有些特别，上面的波浪形纹理很明显（通过贴图来实现），质感看起来比较舒服。

在材质编辑器中新建一个 ●VR材质，设置"漫反

射"RGB颜色值为（红：244，绿：244，蓝：244）。

设置"反射"的RGB颜色值为（红：30，绿：30，蓝：30），设置"光泽度"为0.8，并勾选"菲涅耳反射"选项。

在"选项"卷展栏中取消勾选"跟踪反射"选项，这样VRay就不计算反射，但同时也有了高光的存在，既得到了想要的效果，又节省了渲染时间。

在"双向反射分布函数"卷展栏中修改反射的类型为"沃德"，如图6-17所示。

图6-17

> **技巧与提示** 在"选项"卷展栏中取消勾选"跟踪反射"后，此时反射中的细分不再起作用。

在"贴图"卷展栏中设置"凹凸"强度为-300，并在凹凸通道中添加一张质感墙面贴图，设置贴图的"模糊"度为1.5，参数设置如图6-18所示。

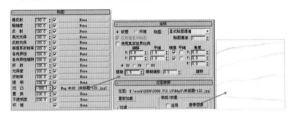

图6-18

质感墙面的渲染效果如图6-19所示。

图6-19

## 6.3.2 深色地面材质

地面材质颜色比较深，高光相对较小，带有一定的凹凸效果，表面有菲涅耳反射现象，下面根据这3个特征来设置其参数。

在材质编辑器中新建一个 ●VR材质，在"漫反射"

通道中添加一个"平铺贴图"，为了让渲染出来的砖缝更清晰，设置贴图的"模糊"度为0.01。

在"高级控制"卷展栏中设置"水平数"值为2、"垂直数"值为2，并在"纹理"通道中添加一张深色地砖的纹理贴图，为了让贴图纹理更密集，设置"平铺"的U向数量为2、V向数量为2；在"砖缝设置"中调节纹理的RGB颜色值为（红：170，绿：170，蓝：170），调整"水平间距"为0.05、"垂直间距"为0.05。

设置"反射"的RGB颜色值为（红：200，绿：200，蓝：200），调整"光泽度"为0.85、"细分"为18，勾选"菲涅耳反射"选项，设置"菲涅耳折射率"为1.7，如图6-20所示。

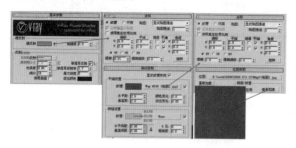

图6-20

在"贴图"卷展栏中设置"凹凸"强度为5，并在其通道中添加"平铺贴图"，为了让凹凸的砖缝更清晰，设置贴图的"模糊"度为0.01。

在"平铺设置"中调节纹理的RGB颜色值为0的纯黑色，设置"水平数"为2、"垂直数"为2；在"砖缝设置"中调节纹理的RGB颜色值为（红：250，绿：250，蓝：250），设置"水平间距"为0.05、"垂直间距"为0.05，如图6-21所示。

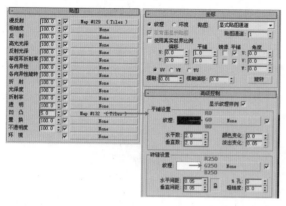

图6-21

深色地面的渲染效果如图6-22所示。

图6-22

### 6.3.3 天花板材质

在材质编辑器中新建一个 VR材质，设置"漫反射"的RGB颜色值为（红：240，绿：240，蓝：240）。

设置"反射"的RGB颜色值为（红：30，绿：30，蓝：30），调节"光泽度"为0.8，并勾选"菲涅耳反射"选项。

在"选项"卷展栏中取消勾选"跟踪反射"选项。

在"双向反射分布函数"卷展栏中修改反射的类型为"沃德"，如图6-23所示。

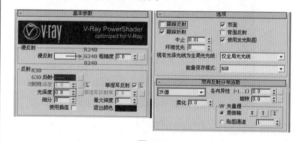

图6-23

天花板材质的渲染效果如图6-24所示。

图6-24

### 6.3.4 深灰石材

在材质编辑器中新建一个 VR材质，在"漫反射"通道中添加一张深灰石材贴图，并设置贴图的"模糊"为0.1。

设置"反射"的RGB颜色值为（红：138，绿：138，蓝：138），设置"高光光泽度"为0.7、"光泽度"为0.8、"细分"为16，并勾选"菲涅耳反射"选项，设置"菲涅耳折射率"值为2，如图6-25所示。

图6-25

深灰石材的渲染效果如图6-26所示。

图6-26

## 6.3.5 实木餐桌材质

本例的实木餐桌质感很好，尤其是木纹看起来很有感觉。从材质制作的角度来讲，这里的木纹材质具有以下几个特征。

- » 有清晰的实木纹理。
- » 有明显的高光。
- » 表面带有凹凸。

下面就根据这3个重要特征来设置相关参数。

在材质编辑器中新建一个 VR材质，在"漫反射"通道中添加一张实木纹理贴图，并设置贴图的"模糊"为0.1。

设置"反射"的RGB颜色值为（红：220，绿：220，蓝：220），设置"高光光泽度"为0.85、"光泽度"值为0.87、"细分"为18，勾选"菲涅耳反射"选项，如图6-27所示。

图6-27

在"贴图"卷展栏中设置"凹凸"的强度为2，在凹凸通道中添加一张实木纹理贴图，并设置贴图的"模糊"为0.1，如图6-28所示。

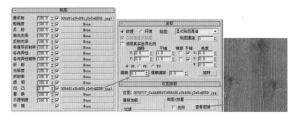

图6-28

实木餐桌材质的渲染效果如图6-29所示。

图6-29

## 6.3.6 天然竹帘材质

竹帘在场景中占据了很大的表面积，为了避免竹帘材质对场景产生色溢，这里采用了VR代理材质，这个材质可以把颜色和全局光分开来计算，用户可以在基本材质中设置一个饱和度较高的材质，在全局光材质中设置一个饱和度较低的材质，这样就可以避免色溢。

在材质编辑器中新建一个 VR代理材质，如图6-30所示。

图6-30

首先设置基本材质，在基本材质通道中建立一个 VR材质，在"漫反射"通道中添加一张竹帘贴图，参数设置如图6-31所示。

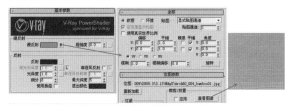

图6-31

全局光材质主要用来控制光线反弹，所以把"漫反射"颜色设置为灰色，这样就可以避免色溢，其他参数保持默认即可，如图6-32所示。

图6-32

虽然颜色的饱和度不同，但是颜色的灰度要保持一致，这样材质对光的反弹能力就是一致的。

天然竹帘材质的渲染效果如图6-33所示。

图6-33

## 6.3.7 浅色实木椅子材质

这个材质和前面讲过的实木餐桌材质类似。

在材质编辑器中新建一个 VR材质，在"漫反射"通道中添加一张浅色实木贴图。

设置"反射"的RGB颜色值为（红：220，绿：220，蓝：220），设置"光泽度"为0.85、"细分"为18，并勾选"菲涅耳反射"选项，如图6-34所示。

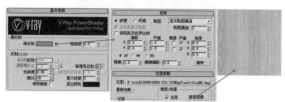

图6-34

浅色实木椅子材质的渲染效果如图6-35所示。

图6-35

## 6.3.8 白色窗帘材质

本例的白色窗帘材质其实就是一种很薄的纱帘，可以投射光线，有一种朦胧的半透明效果。

在材质编辑器中新建一个 VR材质，设置"漫反射"的RGB颜色值为（红：230，绿：230，蓝：230）。

在"折射"通道中添加"衰减"程序贴图，设置"前"通道的RGB颜色值为30的深灰色，设置"侧"通道的RGB颜色为纯黑色。

设置折射的"光泽度"为0.9、"细分"为12，如图6-36所示。

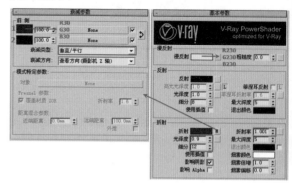

图6-36

白色窗帘材质的渲染效果如图6-37所示。

图6-37

## 6.3.9 白色沙发材质

这是一个布纹沙发，其表面比较粗糙，没有反射现象，布的表面带有绒绒的感觉。

在材质编辑器中新建一个 VR材质，在"漫反射"通道中添加一个"衰减"程序贴图。

在"衰减参数"卷展栏中，在"前"通道中添加一张白色布纹贴图，并设置衰减类型为"Fresnel"，如图6-38所示。

图6-38

在"贴图"卷展栏中设置"凹凸"强度为60，在凹凸通道中添加一张布纹贴图，并设置贴图的"模糊"度为0.6，如图6-39所示。

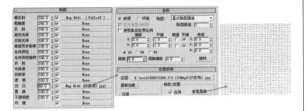

图6-39

白色沙发材质的渲染效果如图6-40所示。

图6-40

## 6.3.10 地毯材质

地毯有较粗的毛发，这里需要通过VRay置换功能来实现。

在材质编辑器中新建一个 VR材质，在"漫反射"通道中添加一张地毯的纹理贴图，如图6-41所示。

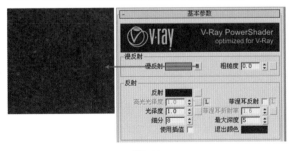

图6-41

选择地毯模型，首先在修改器列表中给模型添加一个UVW贴图命令，在参数卷展栏中勾选"长方体"选项，并设置长方体的长度为1500mm、宽度为1000mm、高度为1000mm，如图6-42所示。

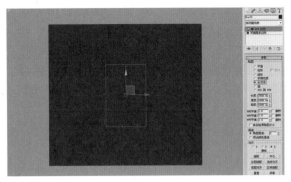

图6-42

给模型在修改器列表中添加一"VRay置换模式"命令，在"参数"卷展栏中选择"2D贴图（景观）"选项，然后在纹理贴图通道中添加一张地毯的灰度贴图；为了更好地控制贴图的参数设置，将纹理贴图通道中的贴图拖曳到材质球列表中，设置贴图的U向平铺为2、V向平铺为2；为了让置换出的地毯纹理更清晰，设置贴图的"模糊"为0.1；在修改器中设置贴图纹理的置换数量为10mm，如图6-43所示。

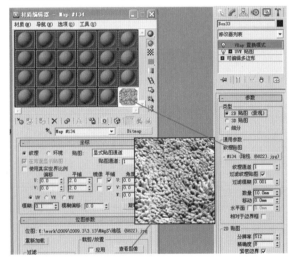

图6-43

地毯材质的渲染效果如图6-44所示。

图6-44

## 6.3.11 白色灯箱材质

白色灯箱材质比较简单，可以看作是一种半透光的塑料材质。

在材质编辑器中新建一个 ●VE材质，设置"漫反射"的RGB颜色值为（红：240，绿：240，蓝：240）。

设置"折射"的RGB颜色值为（红：70，绿：70，蓝：70），设置"光泽度"为0.85，并勾选"影响阴影"选项，然后设置"折射率"为1.4，如图6-45所示。

图6-45

白色灯箱材质的渲染效果如图6-46所示。

图6-46

# 6.4 布置客厅灯光

## 6.4.1 设置测试渲染参数

01 按F10键打开渲染面板，在"全局开关"卷展栏中关闭"默认灯光"，取消对"光泽效果"的选择，设置"二次光线偏移"为0.001，如图6-47所示。

图6-47

02 在"图像采样器（反锯齿）"卷展栏中设置图像采样器类型为"固定"，并关闭"抗锯齿过滤器"开关，如图6-48所示。

图6-48

03 在"颜色贴图"卷展栏中设置曝光类型为"指数"，勾选"子像素贴图"与"钳制输出"选项，如图6-49所示。

图6-49

04 在"间接照明"卷展栏中勾选"全局光开关"，设置"首次反弹"全局光引擎为"发光图"，设置二次反弹全局光引擎为"灯光缓存"，如图6-50所示。

图6-50

05 在"发光图"卷展栏中设置当前预置为"自定义"，然后设置基本参数中的"最小比率"为-3，设置"最大比率"为-3，设置"半球细分"为20，参数设置如图6-51所示。

图6-51

06 在"灯光缓存"卷展栏中设置"细分"为200，为了观察灯光缓存的计算过程，勾选"显示计算相位"选项，然后勾选"预滤器"开关选项并设置预滤器数值为100，如图6-52所示。

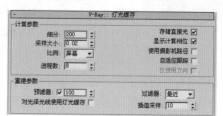

图6-52

## 6.4.2 设置室外阳光及天光照明

01 在 创建面板的VRay选项下单击 VR太阳 按钮，在顶视图中创建一盏VRay阳光，然后在视图中调节阳光的位置，如图6-53所示。

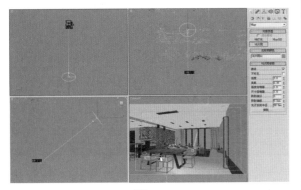

图6-53

02 在修改面板中设置"VR太阳"的参数，因为要表现阴天效果，所以阳光要弱一些。首先设置"强度倍增器"为0.1、"尺寸倍增器"为2.5、"阴影细分"为16，如图6-54所示。

图6-54

03 阳光设置完毕后，按F9键进行测试渲染，效果如图6-55所示。窗户位置的亮度还可以，但是室内太暗了，所以要继续增加天光照明来打亮室内。

图6-55

04 在阴天情况下，天空漫射出来的天光比较柔和，所以这里使用"VR天空"来模拟天光效果。按8键打开

"环境和效果"面板，在"环境贴图"通道中添加一个"VR天空"，如图6-56所示。

图6-56

05 打开材质编辑器，将环境贴图通道中的"VR天光"拖曳到任意空白材质球中，如图6-57所示。

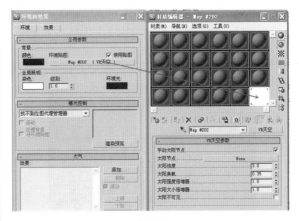

图6-57

06 在"VR天空"卷展栏中单击"太阳节点"通道，按H键打开"拾取对象"对话框，在对话框内选择VR阳光并单击"拾取"按钮，设置"太阳浊度"为2、"太阳强度倍增器"为0.1，如图6-58所示。

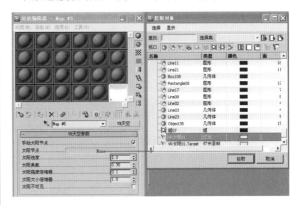

图6-58

07 设置完VR天光后进行测试渲染，渲染结果如图6-59所示。观察画面可以发现暗部有些太暗，下面通过调整渲染面板参数来补充暗部的亮度。

图6-59

08　在"颜色贴图"卷展栏中设置"黑暗倍增器"为
1.4，如图6-60所示；然后进行测试渲染，测试结果如
图6-61所示。

图6-60

图6-61

经过对暗部的调整，场景的自然光照明效果已经
不错了，下面来创建室内人工光照明，进一步照亮场
景并增强空间气氛。

## 6.4.3　设置室内灯光照明

01　在面板的光度学选项下单击 目标灯光 按钮，在
场景中创建一盏目标灯光，然后以关联的方式复制11
盏，分别将它们放置在对应的孔灯位置，如图6-62和图
6-63所示。

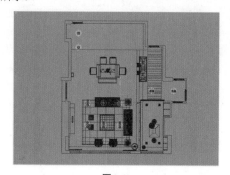

图6-62

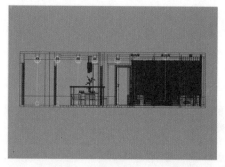

图6-63

02　在创建完的灯光中选择其中一盏并对灯光的参数
进行设置。首先在常规参数卷展栏中勾选"阴影"选
项，并设置阴影类型为"VRay阴影"，灯光分布类型
设置为"光度学Web"；在"分布（光度学Web）"卷
展栏中，在光度学文件通道中添加5.ies光域网文件；
在"强度/颜色/衰减"卷展栏中设置"过滤颜色"为
（红：254，绿：194，蓝：148），设置灯光强度为
7000，如图6-64所示。

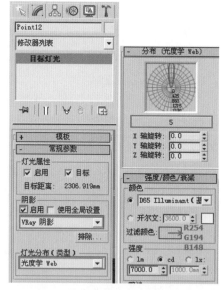

图6-64

03　灯光设置完成后，对场景进行测试渲染，结果如
图6-65所示。

图6-65

观察渲染后的图像，可以看出室内的主光亮度比较合适，但暗部亮度还是不够，接下来我们将设定辅助灯光来弥补暗部的不足。

04 在 ![] 面板的VRay选项下单击 ![VR灯光] 按钮，在场景中创建一盏1/2长40mm、1/2宽3700mm的"平面"灯，灯光摆放位置如图6-66和图6-67所示。

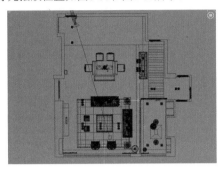

图6-66

图6-67

05 在灯光参数卷展栏中设置灯光的RGB颜色值为（红：255，绿：220，蓝：163），并设置灯光"倍增器"为4.5，设置灯光的1/2长为40mm、1/2宽为3700mm，在选项中勾选"不可见"选项，取消选择"影响镜面"及"影响反射"选项，如图6-68所示。

图6-68

06 对场景进行测试渲染，效果如图6-69所示。

图6-69

07 现在来设置灯箱里面的灯光。在左视图中创建一盏1/2长100mm、1/2宽1070mm的"平面"光，设置灯光RGB颜色值为（红：215，绿：239，蓝：255），在选项中勾选"不可见"选项，其他参数保持默认，如图6-70所示。

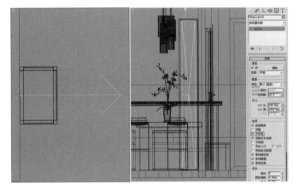

图6-70

08 灯箱灯光设置完成后，对场景进行一次测试渲染，渲染结果如图6-71所示。

图6-71

09 设置餐厅吊灯的灯光。在 ![] 面板的VRay选项下单击 ![VR灯光] 按钮，然后选择VRay灯光中的"球体"灯，接着在视图中创建一盏半径为20mm的"球体"灯，并关联复制到吊灯里面，如图6-72所示。

图6-72

10　在修改器面板中设置灯光的RGB颜色值为（红：255，绿：161，蓝：97），"倍增强"强度设置为300，勾选"不可见"选项，取消选择"影响镜面"与"影响反射"选项，如图6-73所示。

图6-73

11　按F9键对场景进行测试渲染，效果如图6-74所示。

图6-74

12　设置落地灯灯光，如图6-75所示。在顶视图中创建一盏半径为30mm的"球体"灯光，然后将灯光摆放在落地灯的灯罩中并设置相关参数。

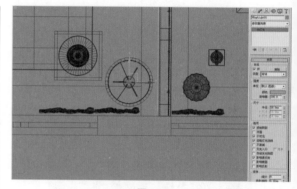

图6-75

13　创建台灯灯光，如图6-76所示，在视图中创建一盏半径为30mm的"球体"灯光，然后以关联的方式复制到另一个台灯的灯罩内，接着在参数卷展栏中设置灯光的RGB颜色值为（红：255。绿：177，蓝：107），在选项中勾选"不可见"选项，并取消选择"影响镜面"与"影响反射"选项。

图6-76

14　设置电视墙灯光，如图6-77所示。在 面板的光度学选项下单击 目标灯光 按钮，然后在场景中创建一盏目标灯光，接着以关联的方式复制出另外一盏灯光，最后将它们分别放到恰当的位置。

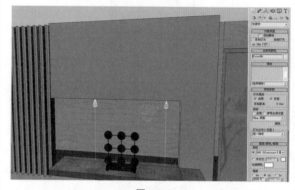

图6-77

15　在修改器面板中设置目标灯光的参数，在常规参数卷展栏中勾选启用"阴影"选项，并设置阴影类型为"VRay阴影"，设置灯光分布（类型）为"光度学Web"；在"分布（光度学Web）"卷展栏的选择光度学文件通道中添加一个光域网文件；在"强度/颜色/衰减"卷展栏中设置灯光的RGB颜色值为（红：254，绿：157，蓝：99），并设置灯光的强度为1000，如图6-78所示。

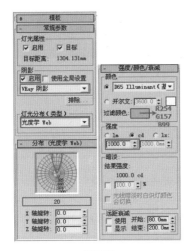

图6-78

16 灯光设置完毕后，按F9键进行测试渲染，效果如图6-79所示。

图6-79

通过观察测试渲染结果，感觉整体效果已经很满意了，接下来设置一个比较高的参数来渲染成品图。

## 6.4.4 渲染出图

01 设置输出图像的大小为2500×1719，如图6-80所示。

图6-80

02 在"全局开关"卷展栏中勾选"光泽效果"选项，设置"二次光线偏移"为0.001，如图6-81所示。

图6-81

03 在"图像采样器（反锯齿）"卷展栏中设置图像采样器类型为"自适应确定性蒙特卡洛"，打开"抗锯齿过滤器"选项，并设置抗锯齿过滤器的采样器类型为"VRay蓝佐斯过滤器"，如图6-82所示。

图6-82

04 在"颜色贴图"卷展栏中设置曝光类型为"指数"，勾选"子像素贴图"与"钳制输出"选项，如图6-83所示。

图6-83

05 在"间接照明"卷展栏中设置首次反弹全局光引擎为"发光图"，设置二次反弹全局光引擎为"灯光缓存"，如图6-84所示。

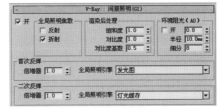

图6-84

06 在"发光图"卷展栏中设置当前预置等级为"自定义"，设置"最小比率"为-5、"最大比率"为-2、"半球细分"为60、"插值采样"为30，如图6-85所示。

图6-85

07 在"灯光缓存"卷展栏中设置"细分"为1500，打开过滤器开关并设置"预滤器"数值为100，如图6-86所示。

图6-86

08 在"DMC采样器"卷展栏中设置"适应数量"为0.8、"最小采样值"为16、"噪波阈值"为0.002，如图6-87所示。

图6-87

09 在Render Elements面板下单击"添加"按钮，在弹出的"渲染元素"对话框中选择"VRay对象ID"，接着单击"确定"按钮，这样在成图渲染完后就会同时输出一张同像素的通道图，比使用脚本更安全且方便，如图6-88所示。

图6-88

10 其他参数保持默认设置，然后开始渲染成图，最后得到的成图效果如图6-89所示，同时得到了一张彩色通道图，如图6-90所示。

图6-89

图6-90

# 6.5 Photoshop后期处理

01 使用Photoshop打开渲染完成的图像，同时将通道图像也打开并拖曳到图像中，将其放置到需要设置的图层下方，以方便选择，如图6-91所示。

图6-91

02 仔细观察图像，感觉图像的亮度不够，按快捷键Ctrl+M打开"曲线"对话框，调整其参数，如图6-92所示。

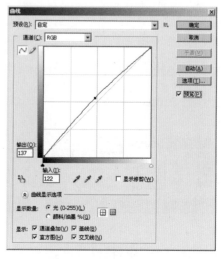

图6-92

使用曲线调整亮度后的效果如图6-93所示。

图6-93

[03] 此时的画面有些灰,可以用增加对比度的方法来解决。执行"图像>调整>亮度/对比度"命令,在弹出的"亮度/对比度"对话框内设置对比度数值为5,如图6-94所示,调整对比度后的效果如图6-95所示。

图6-94

图6-95

[04] 继续观察图像,发现画面的饱和度太高,而且过于偏向红色。执行"图像>调整>可选颜色"命令,在弹出的"可选颜色"对话框中设置颜色为红色,将黄色数值设置为24,如图6-96所示。

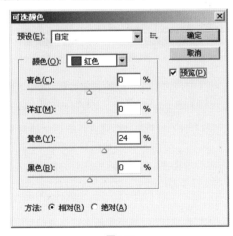

图6-96

[05] 按快捷键Ctrl+U打开"色相/饱和度"对话框,设置饱和度数值为-5,如图6-97所示,调整后的效果如图6-98所示。

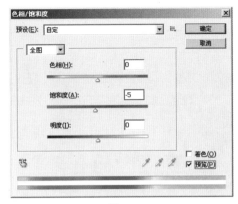

图6-97

图6-98

[06] 现在,图像整体的亮度与色彩都不错,为了让图像更加清新,执行"图像>调整>照片滤镜"命令,在弹出的"照片滤镜"对话框中设置滤镜的色彩类型为"冷却滤镜(82)",并设置滤镜的浓度为3,如图6-99所示,调整之后的效果如图6-100所示。

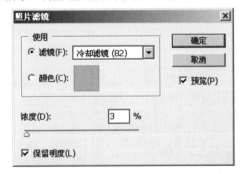

图6-99

图6-100

经过一番调整，感觉图像的色彩效果已经不错了，接下来在窗外添加一个环境。

**07** 在工具栏中单击"魔棒"工具，然后通过彩色通道图层将窗户的玻璃选择出来，如图6-101所示。

图6-101

**08** 将选择出来的区域删除，为了方便观察可以将彩色通道图层隐藏，如图6-102所示。

图6-102

**09** 将环境贴图拖曳到图层中，然后将其到放置到调整好的图层下面，并调整环境的位置，如图6-103所示。

图6-103

技巧与提示　在调整环境贴图位置的时候，注意地平线的位置要在整体图像的最中间，避免出现室外环境与室内空间角度不匹配的现象。

**10** 通过观察，发现环境与室内的亮度及色彩都不匹配，所以要对环境图层进行"色彩与亮度"的调整。首先选择环境图层，按快捷键Ctrl+U打开"色相/饱和度"对话框，设置饱和度数值为-60，调整后的效果如图6-104所示。

图6-104

**11** 按快捷键Ctrl+M打开"曲线"对话框，参数设置如图6-105所示，调整后的效果如图6-106所示。

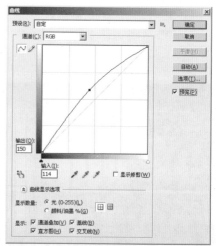

图6-105

图6-106

## 6.6 本章小结

从本章开始，本书每一个案例在表现上都有其侧重点，例如，本例主要告诉读者如何处理阴天气氛的效果图。制作阴天效果图，室外自然光照明主要是靠天光，阳光必须要很弱或者可以不要阳光，然后辅以室内光，本例就是采用的这个布光思路。此外，还讲了VRay的代理材质、VRay的置换功能等，这些都是比较重要的知识点，还有如何在后期中添加窗户外景等，希望读者重点掌握。

# 第7章 现代风格卧室——夜间气氛表现

**本章学习要点**

》 VRay物理摄影机的运用

》 使用3ds Max标准材质制作绒布和黑色镜钢材质的方法

》 3ds Max的混合材质和多维材质的运用

》 室内夜景的布光思路及气氛营造

## 7.1 空间简介

　　本章案例是一个现代风格的卧室，其材质和灯光的运用略显华丽、大气，如果采用白天效果来表现，可能很难表达出设计师想要的气氛效果。所以笔者采用夜景效果来展示这个场景，把灯光的气氛、材质的华丽感觉淋漓尽致地表现出来，如图7-1所示。

图7-1

## 7.2 创建摄影机及检查模型

### 7.2.1 创建摄影机

01 打开本书配套资源中的案例场景白模，如图7-2所示。

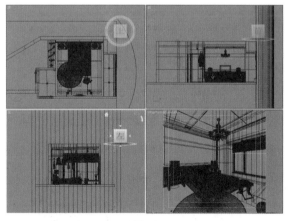

图7-2

02 切换到"顶视图"，在创建面板的 🎥 面板下单击VRay选项中的 VR物理摄影机 按钮，然后在"顶视图"中拖曳鼠标指针创建一个"VR物理摄影机"，接下来调整摄影机的焦距和位置，使摄影机有一个较好的观察范围，如图7-3所示。

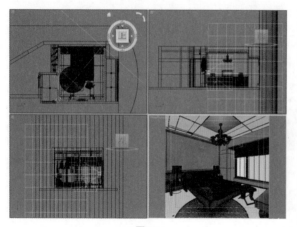

图7-3

03  在修改器面板中设置"VR物理摄影机"的参数，
参数设置如图7-4所示。

图7-4

04  按C键切换到摄影机视图，观察镜头效果，如图
7-5所示。

图7-5

## 7.2.2 检查模型

当"摄影机"设定好以后，设置一个比较低的参
数对场景进行草图渲染，并且检查模型是否有问题。

01  按F10键打开渲染面板，在"公用参数"卷展栏中
设置图像输出"宽度"为600、"高度"为570，如图
7-6所示。

图7-6

02  在"全局开关"卷展栏中将"默认灯光"关闭，
将"二次光线偏移"设置为0.001，勾选"覆盖材质"选
项，并给予模型一个白色的覆盖材质，如图7-7所示。

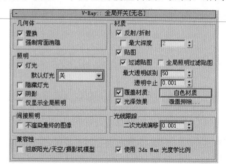

图7-7

03  在"图像采样器（反锯齿）"卷展栏中设置"图
像采样器"类型为"固定"采样，关闭"抗锯齿过滤
器"开关，如图7-8所示。

图7-8

04  在"颜色贴图"卷展栏中设置曝光类型为"指
数"，如图7-9所示。

图7-9

05 在"间接照明"卷展栏中设置首次反弹为"发光图"类型，设置二次反弹为"灯光缓存"类型，如图7-10所示。

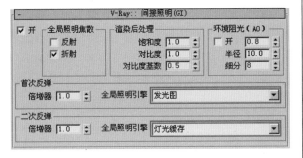

图7-10

06 在"发光图"卷展栏中设置当前预置参数为"非常低"，设置"半球细分"为20，如图7-11所示。

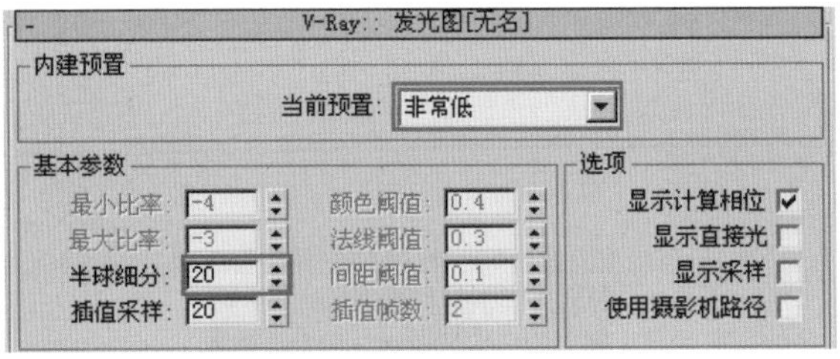

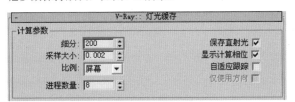

图7-11

07 在"灯光缓存"卷展栏中设置"细分"为200，其他参数保持默认，如图7-12所示。

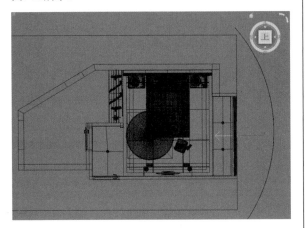

图7-12

08 在窗口处设置一盏VRay的"平面"灯光，位置如图7-13所示。

09 在修改面板中设置灯光颜色为（红：220，绿：232，蓝：255），设置灯光"倍增器"为70，勾选"不可见"选项，取消勾选"影响反射"选项，设置采样"细分"为10，如图7-14所示。

图7-14

10 按F9键进行渲染，效果如图7-15所示。从测试渲染的效果来看，模型没有出现问题，接下来开始对场景的材质制作进行讲解。

图7-13

图7-15

187

# 7.3 制作场景材质

在一个场景中，材质的纹理、色彩等物理属性有其固有特征，但同时也要服从整个场景的安排，这就涉及了材质色彩的搭配问题。在制作效果图的时候，首先要确定场景应该如何去表现，比如，要用冷色调还是暖色调，然后根据场景的整体色调来处理材质。如本例，大部分的材质色彩都属于暖色系，这样才能烘托出那种华丽的气氛。

为了便于讲解，这里给最终效果图上的材质编号，根据图上的标识号来对材质进行设定，如图7-16所示。

图7-16

## 7.3.1 白色天花材质

天花材质是一种常见的白色乳胶漆材质，其特性就是表面比较光滑，有少许的凹凸和刷痕。由于白色乳胶漆对灯光具有一定的漫反射属性，所以当灯带的黄色光照射到天花上面时，天花材质就会呈现出淡淡的黄。

在材质编辑器中新建一个 ●VR材质，设置"漫反射"颜色值为（红：240，绿：240，蓝：240），如图7-17所示。

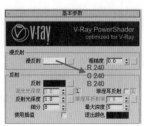

图7-17

白色天花材质的渲染效果如图7-18所示。

图7-18

## 7.3.2 不锈钢材质

在材质编辑器中新建一个 ●VR材质，将"漫反射"的颜色值设为（红：87，绿：87，蓝：87）。

设置"反射"的颜色值为（红：138，绿：138，蓝：138），调节"高光光泽度"为0.9、"反射光泽度"为0.99、"细分"为10、"最大深度"为8，如图7-19所示。

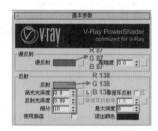

图7-19

不锈钢材质的渲染效果如图7-20所示。

图7-20

## 7.3.3 粉色烟雾玻璃材质

本例的粉色烟雾玻璃材质具有两个比较重要的物理属性，一是透光能力相对较弱，二是有较强的反射效果，下面来设置其材质参数。

在材质编辑器中新建一个 ●VR材质，将"漫反射"的颜色值设置为（红：0，绿：0，蓝：0）。

设置反射的颜色为（红：35，绿：35，蓝：35），调整"高光光泽度"为0.85、"反射光泽度"为1.0、"细分"为10、"最大深度"设置为6。

设置折射的颜色为（红：255，绿：255，蓝：255），调整"细分"为10，设置"折射率"为1.4、"最大深度"为6，设置"烟雾颜色"为（红：240，绿：146，蓝：168）、"烟雾倍增"值为0.31，如图7-21所示。

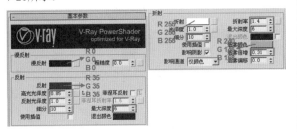

图7-21

粉色烟雾玻璃材质的渲染效果如图7-22所示。

图7-22

## 7.3.4 黄色地毯材质

在材质编辑器中新建一个 VR材质，在"漫反射"通道中添加"衰减"程序贴图，然后在"前"通道中添加一张布纹贴图。

在"混合曲线"上添加一个点，将点的类型改为"Beizer-平滑"，其目的是让地毯在灯光的照射下，暗部与亮部的过渡更加自然，如图7-23所示。

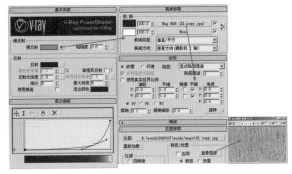

图7-23

打开"贴图"卷展栏，在"凹凸"通道中添加一张地毯的灰度贴图，将"凹凸"强度设置为15，参数设置如图7-24所示。

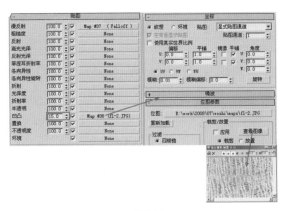

图7-24

黄色地毯材质的渲染效果如图7-25所示。

图7-25

## 7.3.5 丝绸材质

丝绸材质的表面很光滑，高光比较大，能够将吸收的光散射出去，下面来设置其参数。

在材质编辑器中新建一个 混合 材质。

在"材质1"中添加一个 VR材质，将"漫反射"颜色设置为（红：164，绿：109，蓝：144），"反射"颜色设置为（红：75，绿：75，蓝：75），"反射光泽度"设置为0.6，"细分"改为12，"最大深度"设置为1（目的是为提高渲染的速度）；打开"贴图"卷展栏，在"凹凸"通道中添加"Normal Bump（法线贴图）"，在法线通道中添加一张深色凹凸贴图，把贴图的"平铺"值设置为（U：125，V：67.5），将"凹凸"强度设置为10。

在"材质2"中同样添加 VR材质，将"漫反射"颜色设置为（红：100，绿：6，蓝：28），"反射"颜色设置为（红：45，绿：45，蓝：45），"反射光泽度"设置为0.55，"细分"设置为12，调整"最大深度"为1；在"贴图"卷展栏中做与"材质1"相同的设置，如图7-26所示。

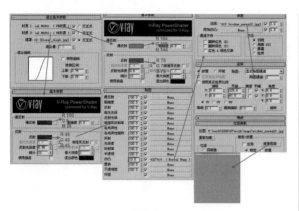

图7-26

在"遮罩"通道中添加一张灰度贴图，将贴图的"平铺"值设置为（U：1.0，V：1.0），如图7-27所示。

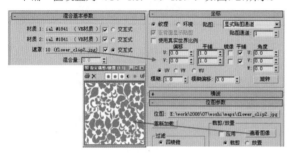

图7-27

丝绸材质的渲染效果如图7-28所示。

图7-28

## 7.3.6 灰色床垫材质

在材质编辑器中新建一个 ●标准 材质，在"明暗器基本参数"卷展栏中将类型改为"（0）Oren-Nayar-Blinn（绒布材质）"。

打开"Oren-Nayar-Blinn基本参数"卷展栏，在"漫反射"通道中添加一张灰色绒布贴图，把贴图的"平铺"值设置为（U：1.0，V：1.0），然后勾选"颜色"选项并在其通道中添加"Mask（遮罩）"。

在"遮罩参数"卷展栏下的"贴图"通道中添加"衰减"程序贴图，然后把"侧"通道的颜色设置为（红：160，绿：160，蓝：160），将衰减类型改

为"Fresnel"；在"遮罩"通道中同样添加"Falloff（衰减）"，把"光"通道的颜色值也设置为（红：160，绿：160，蓝：160），将其衰减类型改为"阴影/灯光"。

设置"光泽度"为13，如图7-29所示。

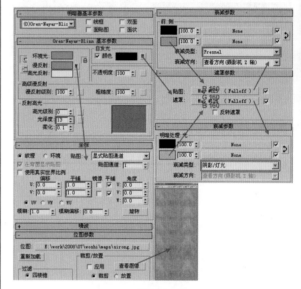

图7-29

灰色床垫材质的渲染效果如图7-30所示。

图7-30

## 7.3.7 黑色镜钢材质

在材质编辑器中新建一个 ●混合 材质。

在"材质1"中添加 ●VR材质，将"漫反射"颜色设置为（红：240，绿：240，蓝：240）、"反射"颜色设置为（红：15，绿：15，蓝：15），把"反射光泽度"设置为0.85、"细分"为10、"最大深度"为1。

在"材质2"中也添加 ●VR材质，将"反射"颜色设置为（红：20，绿：20，蓝：20），"高光光泽度"设置为0.9、"细分"为12、"最大深度"为1，如图7-31所示。

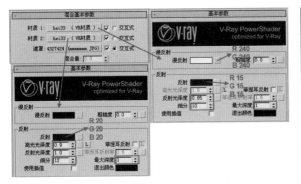

图7-31

在"遮罩"通道中添加一张黑白印花贴图，将贴图的"平铺"值设为（U：0.35，V：0.35），如图7-32所示。

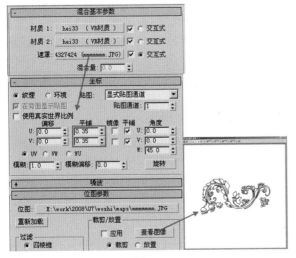

图7-32

黑色镜钢材质的渲染效果如图7-33所示。

图7-33

## 7.3.8 透明塑料材质

在材质编辑器中新建一个 VR材质，将"漫反射"颜色设置为（红：243，绿：243，蓝：243）。

设置"反射"颜色值为（红：45，绿：45，蓝：45），调整"高光光泽度"为0.85、"最大深度"为8。

设置"折射"颜色值为（红：240，绿：240，蓝：240），勾选"影响阴影"选项，设置"折射率"为2.4、"最大深度"为8，勾选"退出颜色"选项并将其颜色值设为（红：255，绿：255，蓝：255），调整"烟雾倍增"为100。

打开"双向反射分布函数"卷展栏，把"各向异性"设置为-0.5，"旋转"设置为90，如图7-34所示。

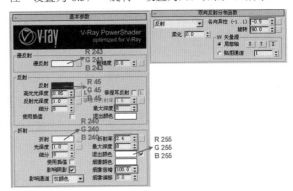

图7-34

透明塑料材质的渲染效果如图7-35所示。

图7-35

## 7.3.9 深色绒布床身材质

在材质编辑器中新建一个 标准 材质，在"明暗器基本参数"卷展栏中将类型改为"（0）Oren-Nayar-Blinn"。

打开"Oren-Nayar-Blinn基本参数"卷展栏，在"漫反射"通道中添加一张深灰色绒布贴图，把贴图的"平铺"值设置为（U：1.0，V：1.0），然后勾选"颜色"选项并在其通道中添加"Mask（遮罩）"。

在"遮罩参数"下的"贴图"通道中添加"衰减"程序贴图，然后把"侧"通道的颜色设置为（红：160，绿：160，蓝：160），将衰减类型改为"Fresnel"；在"遮罩"通道中同样添加"Falloff"，把"光"通道的颜色也设置为（红：160，绿：160，蓝：160），将其衰减类型改为"阴影/灯光"。

设置"光泽度"为13，如图7-36所示。

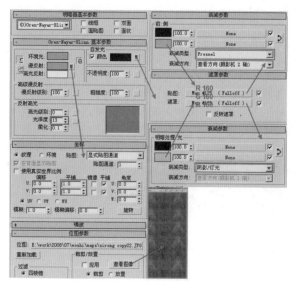

图7-36

打开"贴图"卷展栏，在"凹凸"通道中添加"混合"程序贴图。然后在"颜色#1"通道添加一张绒布贴图，将贴图的"平铺"值设置为（U：1.0，V：1.0），设置"模糊"值为0.5；在"颜色#2"通道中添加一张灰度贴图，将贴图的"平铺"值设置为（U：4.0，V：8.0），设置"模糊"值为0.5。把"混合量"改为75，把"凹凸"强度设置为80，如图7-37所示。

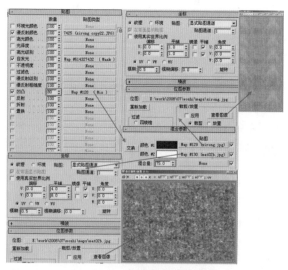

图7-37

深色绒布床身材质的渲染效果如图7-38所示。

图7-38

## 7.3.10 白色窗布材质

在材质编辑器中新建一个 VR材质，在"漫反射"通道中添加一张布纹贴图，把贴图的"平铺"值设置为（U：1.0，V：1.0）。

把"反射"颜色设置为（红：25，绿：25，蓝：25），调整"反射光泽度"为0.5，如图7-39所示。

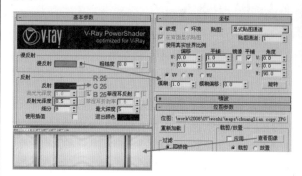

图7-39

打开"贴图"卷展栏，在"凹凸"通道中添加"混合"程序贴图。然后在"颜色#1"通道添加一张布纹贴图，将贴图的"平铺"值设为（U：1.0，V：1.0），调整"模糊"值为0.5；在"颜色#2"通道中添加一张灰度贴图，将贴图的"平铺"值设为（U：1.0，V：3.0），调整"模糊"值为2.0。把"混合量"改为70，把"凹凸"强度设置为30，如图7-40所示。

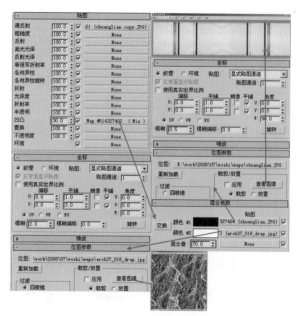

图7-40

白色窗布材质的渲染效果如图7-41所示。

图7-41

## 7.3.11 黑色桌面材质

在材质编辑器中新建一个 VR材质，把"漫反射"颜色设置为（红：0，绿：0，蓝：0）。

在"反射"通道中添加"衰减"程序贴图，将"高光光泽度"设置为0.85，"反射光泽度"设置为0.98，"细分"改为10，调整"最大深度"为3（目的是让渲染速度更快），如图7-42所示。

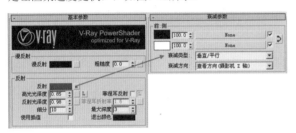

图7-42

打开"贴图"卷展栏，在"凹凸"通道中添加"噪波"程序贴图，在"噪波参数"卷展栏中把"大小"改为15，最后将凹凸强度设置为0.1，如图7-43所示。

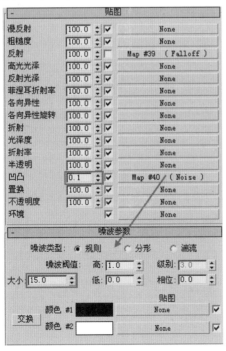

图7-43

黑色桌面材质的渲染效果如图7-44所示。

图7-44

## 7.3.12 水晶马赛克材质

在材质编辑器中新建一个 多维/子对象 材质。

由于本例设置的是两个子材质，所以在"多维/子对象基本参数"卷展栏下"设置数量"为2。在ID1通道中添加 VR材质，把"漫反射"颜色设置为（红：245，绿：245，蓝：245），"反射"颜色设置为（红：25，绿：25，蓝：25），调整"高光光泽度"为0.9，"最大深度"为1（目的是让渲染速度更快）。

把"折射"颜色设置为（红：120，绿：120，蓝：120），"细分"改为8，勾选"影响阴影"选项，设置"折射率"为2.4、"最大深度"为1。

打开"贴图"卷展栏，在"凹凸"通道中添加"噪波"程序贴图，将"噪波参数"卷展栏下的"大小"设置为5.0，然后把"凹凸"强度设为1.0，如图7-45所示。

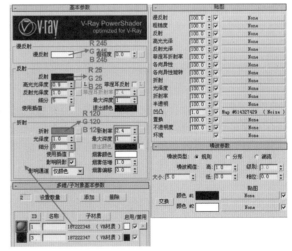

图7-45

在ID3通道中同样添加 VR材质，把漫反射颜色设置为（红：0，绿：0，蓝：0）。

把反射颜色设置为（红：25，绿：25，蓝：25），设置"高光光泽度"为0.9，"最大深度"为1。

设置折射的颜色值为（红：80，绿：80，蓝：80），"细分"改为8，勾选"影响阴影"选项，把"折射率"设为2.4，调整"最大深度"为1，然后打开

"贴图"卷展栏做与ID1中VR材质的同样操作，如图
7-46所示。

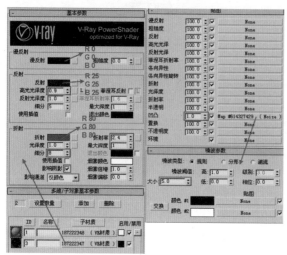

图7-46

水晶马赛克材质的渲染效果如图7-47所示。

图7-47

# 7.4 创建灯光

本场景是一个在夜景下的卧室空间，天光极为微
弱（几乎可以认为没有天光）。为了让室内到达一定
的亮度并得到想要的气氛，这里主要用人工光对卧室
场景进行照明。从这个场景的灯光设计角度来分析，
射灯、灯带与吊灯应该属于这个场景的主体光，在进
行灯光布置时可以考虑先对射灯、灯带与吊灯进行布
置，观察整体效果，然后对其他辅助光源进行布置，
大致的布光思路就是这样。

## 7.4.1 设置测试渲染参数

01 按F10键打开"渲染设置"对话框，在"全局开
关"卷展栏中将"默认灯光"设置为关，取消勾选
"光泽效果"选项，设置"二次光线偏移"为0.001，
如图7-48所示。

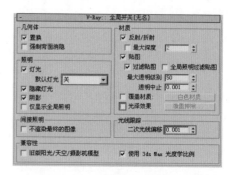

图7-48

02 在"图像采样器（反锯齿）"卷展栏中设置图像
采样器类型为"固定"，并关闭"抗锯齿过滤器"开
关，如图7-49所示。

图7-49

03 在"颜色贴图"卷展栏中设置曝光类型为"指
数"，勾选"子像素贴图"与"钳制输出"选项，如
图7-50所示。

图7-50

04 在"间接照明"卷展栏中勾选"全局光"开关，
设置首次反弹引擎为"发光图"，设置二次反弹引擎
为"灯光缓存"，如图7-51所示。

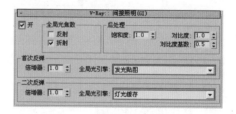

图7-51

05 在"发光图"卷展栏中设置当前预置为"自定
义"，然后设置基本参数中的"最小比率"为-3、"最
大比率"为-3、"半球细分"为20，如图7-52所示。

图7-52

06 在"灯光缓存"卷展栏中设置"细分"为100，为了观察灯光缓存的计算过程，勾选"显示计算相位"选项，然后勾选"预滤器"选项并设置预滤器数值为100，如图7-53所示。

图7-53

## 7.4.2 设置窗户外景

01 在顶视图建立一个弧形面片作为外景模型，效果如图7-54所示。

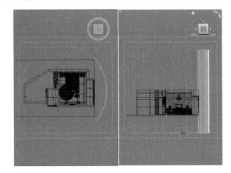

图7-54

02 将外景模型设置为"VR灯光材质"，并为其赋予一张外景贴图，设置"模糊"值为3，其目的是让外景图片看起来不那么清晰，有夜景下的朦胧感觉，参数设置如图7-55所示。

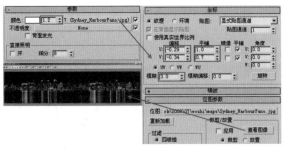

图7-55

## 7.4.3 创建室内灯光照明

01 在 ▼ 面板的"光度学"选项下单击 目标灯光 按钮，在场景中创建一盏"目标灯光"，然后以"关联"的方式复制7盏，分别将它们放置在对应的位置，如图7-56所示。

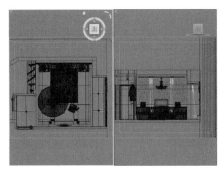

图7-56

02 在创建完的"目标灯光"中选择其中一盏并对灯光的参数进行设置。首先在"常规参数"卷展栏中勾选"启用"阴影选项，并设置"阴影"类型为"VRay阴影"，选择"灯光分布（类型）"为"光度学Web"；在"分布（光度学Web）"卷展栏的通道中添加"中间亮.ies"光域网文件；在"强度/颜色/衰减"卷展栏中设置"过滤颜色"为（红：255，绿：238，蓝：168），设置灯光"强度"为25000，如图7-57所示。

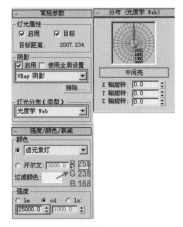

图7-57

03 灯光设置完成后按F9键对场景进行一次测试渲染，渲染结果如图7-58所示。

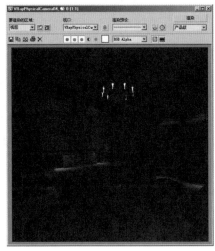

图7-58

195

观察渲染图像，发现灯光的亮度不够，而且颜色太淡，没有达到理想的那种气氛效果，所以需要对灯光进行调整。

04 将灯光的"过滤颜色"设置为（红：255，绿：208，蓝：135），"强度"设置为34000，如图7-59所示。

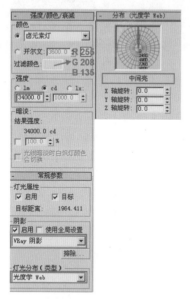

图7-59

05 按F9键对场景灯光再一次进行测试渲染，测试效果如图7-60所示。

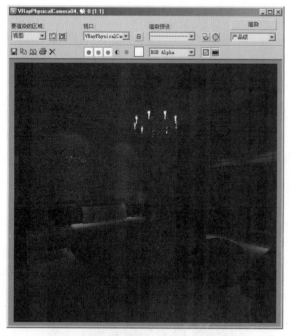

图7-60

观察测试后的效果，感觉灯光的亮度和气氛都比较满意了，下面将对场景内的灯带进行调试，加强室内的灯光效果。

06 在场景中创建一盏和灯带大小基本一致的VRay"平面"灯，然后关联复制出8盏并摆放到相应的带灯位置，灯光摆放位置如图7-61所示。

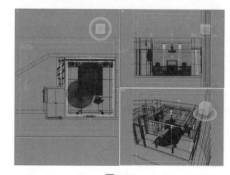

图7-61

07 选择其中一盏"平面"灯，对其进行参数设置。在灯光"参数"卷展栏中设置灯光的"颜色"值为（红：255，绿：185，蓝：75），并设置灯光"倍增器"为75，勾选"不可见"选项，其他参数保持默认即可，参数设置如图7-62所示。

图7-62

08 按F9键对场景进行测试渲染，效果如图7-63所示。

图7-63

通过测试效果来看，亮度和气氛都比较理想，接下来对衣柜内的灯光进行设置。

09 在衣柜内创建4盏VRay的"平面"灯光，然后在灯光"参数"卷展栏下将灯光的"倍增器"强度改为200，设置"颜色"值为（红：255，绿：207，蓝：105），勾选"不可见"选项，取消勾选"影响反射"选项，如图7-64所示。

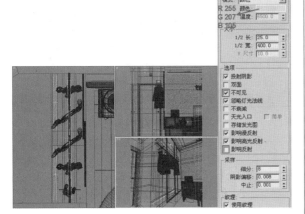

图7-64

10 按F9键进行测试渲染，测试效果如图7-65所示。

图7-65

从现在的测试效果来看，灯光的整体感觉已经不错了，接下来布置吊灯里面的灯光，以完成灯光的处理。

11 在吊灯的其中一个灯位创建一盏VRay的"球体"灯，然后关联复制8盏并分别放置到其他灯位，如图7-66所示。

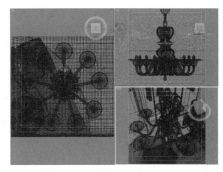

图7-66

12 选择其中的一盏"球体"灯，将灯光的"倍增器"大小改为600，"颜色"设置为（红：255，绿：241，蓝：220），勾选"不可见"选项，取消勾选"影响反射"选项，采样"细分"设为15，如图7-67所示。

图7-67

13 按F9键对场景进行测试渲染，效果如图7-68所示。

图7-68

14 下面来设置台灯的灯光，在 面板的"VRay"选项下单击 VR灯光 ，然后在顶视图中创建一个"球体"灯作为台灯内的灯光，接着以关联复制来创建另一个台灯中的灯光，如图7-69所示。

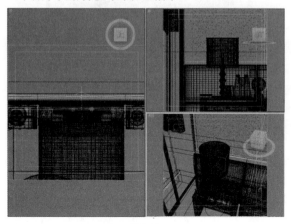

图7-69

15 选择其中一个"球体"灯设置参数，将灯光的"倍增器"大小改为500，设置"颜色"值为（红：255，绿：185，蓝：75），勾选"不可见"选项，采样"细分"设为15，如图7-70所示。

图7-70

16 设置好参数后按F9键对场景进行测试渲染，测试效果如图7-71所示。

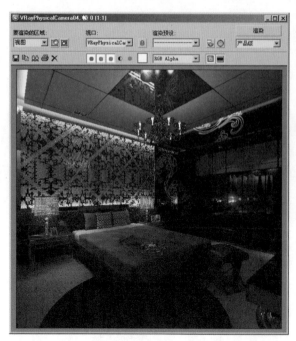

图7-71

从现在的测试效果来看，室内的整体气氛已经出来了，但是天花上的孔灯还没亮起来，这里可以通过打补光的形式来调整。

17 在 面板的"标准"选项下单击 泛光灯 按钮，然后在顶视图中创建一个泛光灯，接着以关联复制的形式复制出另外7盏灯，最后把灯布置到相应孔灯的位置，如图7-72所示。

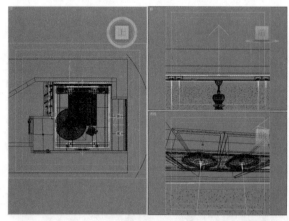

图7-72

18 选择其中的一盏泛光灯进行设置，在"强度/颜色/衰减"卷展栏中设置"倍增"强度为10，设置"颜色"为（红：255，绿：190，蓝：105），如图7-73所示。

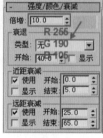

图7-73

19 在窗口位置创建一盏VRay的"平面"灯光，用来模拟夜间的天光效果，让场景的灯光变得更丰富更真实，灯光位置如图7-74所示。

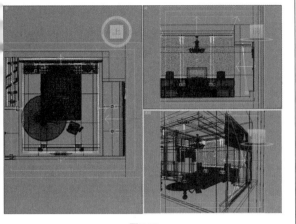

图7-74

20 将灯光的"倍增器"设置为6.0，调整灯光"颜色"为（红：64，绿：79，蓝：106），勾选"不可见"选项，取消勾选"影响反射"选项，把采样"细分"改为10，如图7-75所示。

图7-75

21 对场景进行测试渲染，测试效果如图7-76所示。

图7-76

从这一次的测试渲染效果来看，卧室内的整体气氛已经很好了，灯光效果也很理想，接下来设置一个比较高的参数来渲染成品图。

## 7.4.4 设置最终出图的渲染参数

01 设置图像的输出大小的宽度为2500，高度为2375，如图7-77所示。

图7-77

02 在"全局开关"卷展栏中将"默认灯光"设置为关，勾选"光泽效果"选项，为了防止出图产生破面，设置"二次光线偏移"为0.001，如图7-78所示。

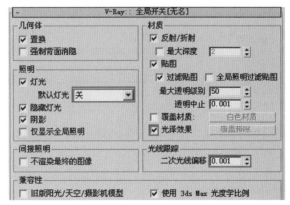

图7-78

03 在"图像采样器（反锯齿）"卷展栏中设置"图像采样器"类型为"自适应确定性蒙特卡洛"，打开"抗锯齿过滤器"开关并设置采样器类型为"VRay蓝佐斯过滤器"，调整"大小"为1.5，如图7-79所示。

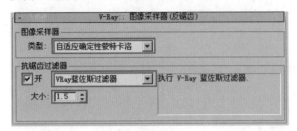

图7-79

04 在"自适应DMC图像采样器"卷展栏中将"最小细分"设置为1、"最大细分"设置为4，如图7-80所示。

图7-80

05 在"颜色贴图"卷展栏中设置曝光类型为"指数"，勾选"子像素贴图"选项，如图7-81所示。

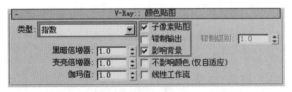

图7-81

06 在"间接照明"卷展栏中设置首次反弹的全局光引擎为"发光图"，设置二次反弹的全局光引擎为"灯光缓存"，如图7-82所示。

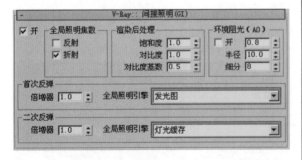

图7-82

07 在"发光图"卷展栏中设置当前预置等级为"自定义"，调整"最小比率"为-5、"最大比率"为-2，设置"半球细分"为50，勾选"显示计算相位"选项，如图7-83所示。

图7-83

08 在"灯光缓存"卷展栏中设置"细分"为1000，打开"预滤器"开关并设置"预滤器"数值为100，勾选"保存直射光"和"显示计算相位"选项，如图7-84所示。

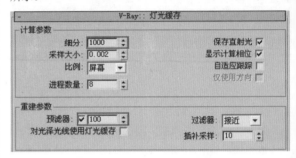

图7-84

09 在"DMC采样器"卷展栏中设置"适应数量"为0.8、"最小采样值"为16、"噪波阈值"为0.005，如图7-85所示。

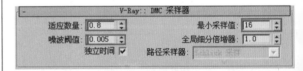

图7-85

10 其他参数保持默认即可，然后开始渲染出图，最后得到的成图效果如图7-86所示。

图7-86

# 7.5 Photoshop后期处理

01 使用Photoshop打开渲染完成的图像，如图7-87所示。

图7-87

02 通过对画面整体效果的观察，感觉灯光气氛都比较合适，但由于暗部稍微过暗使得画面不通透，现在来对暗部进行调节。执行"图像>调整>曲线"菜单命令，打开"曲线"对话框，然后在"曲线"上创建一个点，将点的"输出"值设为78，"输入"值设为34，调节后的效果如图7-88所示。

图7-88

03 从调节后的效果来看，暗部的亮度基本合适了，但是亮部又太亮了，可以在"曲线"上再增加一个点来进行调节，将这个点的"输出"值设为195，"输入"值设为127，如图7-89所示。

图7-89

04 现在的图像画面有些过暖，显得不够丰富，可以用添加照片滤镜的方法来解决。执行"图像>调整>照片滤镜"菜单命令，在弹出的"照片滤镜"对话框内把"滤镜"改为"冷却滤镜（82）"，设置"浓度"值为5%，如图7-90所示。

图7-90

调节后的效果如图7-91所示。

图7-91

05 把背景图层复制一份，得到一个新的副本图层，然后设置新图层的"混合模式"为"柔光"，设置"柔光"的"不透明度"为30%，如图7-92所示。

图7-92

到这里，本例的讲解就结束了，最终案例效果如图7-93所示。

图7-93

# 7.6 本章小结

通过本例，读者学习了一些常用材质的调节方法，夜间场景的布光思路（包括具体的灯光布置和灯光参数的调试）。整个过程就是从摄影机的建立到材质的调节，再到灯光的布置与调试，最后通过后期处理达到理想效果。其目的是让读者在本例的讲解中学习到一些重要材质的调节方法，以及面对一个场景如何布光，锻炼读者独立把握场景灯光气氛的能力。

# 第8章 现代风格卫生间——柔和日光效果

**本章学习要点**

>> 学习进光口较多的场景如何布光以及如何把握这种场景的灯光气氛

>> 黑色烟雾玻璃和浅色木地板材质的调节方法

>> 如何使用后期软件对最终效果进行调试使画面达到最佳效果

## 8.1 空间简介

本章案例是一个现代风格卫生间，设计简单大气，理想中的效果应该是明亮、干净、清爽的，考虑到场景的进光口比较多，所以使用自然光和室内人工光相结合的布光方式，因为要体现一种温馨的浴室气氛，所以室外照明比较柔和，如图8-1所示。

图8-1

## 8.2 创建摄影机及检查模型

### 8.2.1 创建摄影机

01 打开配套资源中的案例场景白模，如图8-2所示。

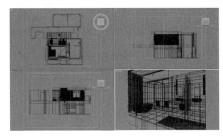

图8-2

02 切换到顶视图，在创建的面板中选择 面板下的 目标 按钮，然后在顶视图中拖曳鼠标创建一个"目标摄影机"，然后调整摄影机的焦距和位置，使摄影机有一个较好的观察范围，位置如图8-3所示。

图8-3

03 在修改器面板中设置摄影机的参数，如图8-4所示。

图8-4

04 按C键切换到摄影机视图，观察镜头效果，如图8-5所示。

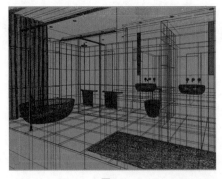

图8-5

技巧与提示　　拿到一个场景时，先不要过于草率地确定摄影机角度，可以通过对各个视图的观察以及结合场景结构进行分析，找一个灯光、材质和设计较为突出的角度来创建摄影机，摄影机创建完成后再对画面的构图比例进行调试，直到获得最佳镜头效果。摄影机的创建以及构图比例的调节也是做出一张好图的重要因素之一。

## 8.2.2 检查模型

当摄影机设定好以后，设置一个比较低的参数对场景进行草图渲染，并且检查模型是否存在问题。

01　按F10键打开渲染面板，在"公用参数"卷展栏中设置图像输出"宽度"为600、"高度"为450，如图8-6所示。

图8-6

02　在"全局开关"卷展栏中将"默认灯光"设置为关，将"二次光线偏移"设置为0.001，勾选"覆盖材质"以及"光泽效果"选项，并给予模型一个白色的覆盖材质，如图8-7所示。

图8-7

03　在"图像采样器（反锯齿）"卷展栏中设置"图像采样器"类型为"固定"采样，并关闭"抗锯齿过滤器"开关，如图8-8所示。

图8-8

04　在"颜色贴图"卷展栏中设置曝光类型为"指数"，如图8-9所示。

图8-9

05　在"间接照明"卷展栏中设置首次反弹为"发光图"类型，设置二次反弹为"灯光缓存"类型，如图8-10所示。

图8-10

06　在"发光图"卷展栏中设置当前预置参数为"非常低"，设置"半球细分"为20，如图8-11所示。

图8-11

07　在"灯光缓存"卷展栏中设置"细分"为200，如图8-12所示。

图8-12

08　在窗口位置创建一盏"VR灯光"中的"平面"光，如图8-13所示。

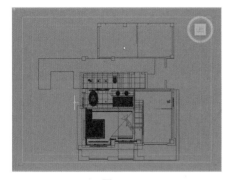

图8-13

**[09]** 在修改面板中设置灯光颜色值为（红：212，绿：236，蓝：255），设置灯光"倍增器"为10，如图8-14所示。

图8-14

**[10]** 其他参数保持默认即可，这里主要是为了更快地渲染出效果，以便检查模型是否有问题，渲染结果如图8-15所示。

图8-15

# 8.3 制作材质效果

在制作材质之前，先给材质编号，这样便于后面的讲解，如图8-16所示。

图8-16

## 8.3.1 白色天花板材质

在材质编辑器中新建一个 ⊙VR材质，设置"漫反射"颜色为（红：240，绿：240，蓝：240），如图8-17所示。

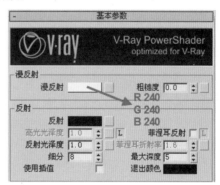

图8-17

白色天花板材质的渲染效果如图8-18所示。

图8-18

技巧与提示　在制作白色乳胶漆材质时，漫反射的亮度值一般控制在240~252，这样渲染出来的效果会比较理想。

### 8.3.2 浅色木地板材质

本例将要表现的木地板是一种浅色的木地板，高光相对比较小，带有一定的凹凸，木纹效果也比较淡，下面来设置相关参数。

在材质编辑器中新建一个 ⚫VR材质，在"漫反射"通道中添加一张木纹贴图。

在"反射"通道中添加一张木纹高光贴图（用来控制反射的范围），然后在"反射光泽度"的通道中也添加一张同样的木纹高光贴图（用来控制反射模糊的范围），设置"高光光泽度"为0.6、"反射光泽度"为0.8、"细分"为12，并勾选"菲涅耳反射"选项，设置"最大深度"为2（目的是让渲染的速度更快），如图8-19所示。

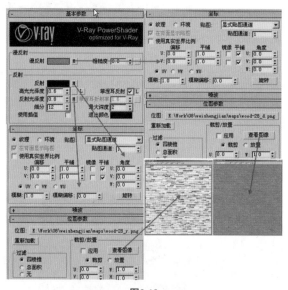

图8-19

在"贴图"卷展栏中设置"反射光泽"为25（这里的意思是25%使用贴图来控制、75%使用反射光泽度值来控制贴图的模糊），设置"凹凸"强度为10，并在通道中添加木地板的灰度贴图，如图8-20所示。

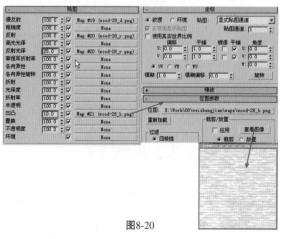

图8-20

浅色木地板材质的渲染效果如图8-21所示。

图8-21

### 8.3.3 灰色地砖材质

在实际装修中，卫生间的地砖一般都使用防滑砖、仿古砖等类型的石材，这类石材的表面较为粗糙，在与人体接触时摩擦较大，可以起到防滑的作用。在制作材质的时候，大家要注意它们的基本特征：反射比较低、高光范围较大、表面粗糙且模糊效果较强。

在材质编辑器中新建一个 ⚫VR材质，在"漫反射"通道中添加灰色石材贴图。

在"反射"通道中添加"衰减"程序贴图，将"侧"通道的颜色值设置为（红：181，绿:181，蓝：181），将衰减类型调整为"Fresnel"，设置"高光光泽度"为0.6、"反射光泽度"为0.8、"细分"为12，调节"最大深度"为2，如图8-22所示。

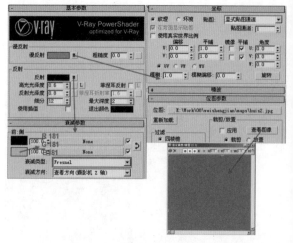

图8-22

灰色地板材质的渲染效果如图8-23所示。

图8-23

### 8.3.4 白色大理石墙面材质

白色大理石墙面材质的表现很光滑，对光线的反射能力很强，下面根据其属性来设置材质参数。

在材质编辑器中新建一个 ⊙VR材质 ，在"漫反射"通道中添加一张白色带纹路的石材贴图。

在"反射"通道中添加"衰减"程序贴图，"侧"通道的颜色值设置为（红：180，绿：180，蓝：180），衰减类型设为"Fresnel"，设置"高光光泽度"为0.85、"反射光泽度"为0.92、"细分"为12，调节"最大深度"为3，如图8-24所示。

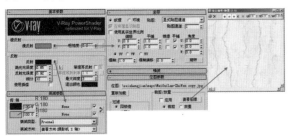

图8-24

白色大理石墙面材质的渲染效果如图8-25所示。

图8-25

### 8.3.5 黑色烟雾玻璃材质

黑色烟雾玻璃跟普通玻璃的材质属性基本一致，就是颜色偏深一点，透光能力相对弱一些。

在材质编辑器中新建一个 ⊙VR材质 ，将"漫反射"颜色设置为（红：0，绿：0，蓝：0）。

设置"反射"的颜色值为（红：10，绿：10，蓝：10），调节"细分"为12、"最大深度"为6。

设置"折射"的颜色值为（红：255，绿：255，蓝：255），勾选"影响阴影"选项，设置"折射率"为1.517、"最大深度"为6。

设置"烟雾颜色"的颜色值为（红：215，绿：216，蓝：216），"烟雾倍增"设置为0.08，如图8-26所示。

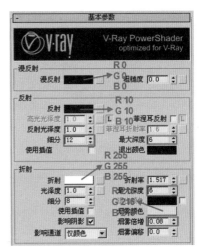

图8-26

黑色烟雾玻璃材质的渲染效果如图8-27所示。

图8-27

> 技巧与提示　这里把反射和折射的"最大深度"设置为6，是为了防止透过玻璃看不锈钢或镜子里面的不锈钢时会出现死黑现象。"最大深度"值越高，反射与折射的效果越好、越清晰，后面的不锈钢设置为8也是这个原因。

### 8.3.6 灰色地毯材质

本例的灰色地毯材质的模拟效果，由于本例的地毯是使用的代理模型，所以地毯的真实效果要在场景渲染的时候才能看到，其基本属性是色度和质感看上去都很真实。

在材质编辑器中新建一个 ⊙VR材质 ，将"漫反射"颜色设置为（红：101，绿：101，蓝：101），如图8-28所示。

图8-28

灰色地毯材质的渲染效果如图8-29所示。

图8-29

### 8.3.7 深色木纹材质

本例的深色木纹材质的表面比较粗糙，对光的反射能力较弱。

在材质编辑器中新建一个 VR材质 ，在"漫反射"中添加一张深色木纹贴图。

在"反射"通道中添加一个"衰减"程序贴图，将"侧"通道的颜色设为（红：180，绿：180，蓝：180），将"衰减类型"改为Fresnel，设置"高光光泽度"为0.75、"反射光泽度"为0.85、"细分"为8、"最大深度"为3，如图8-30所示。

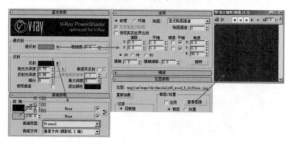

图8-30

在"贴图"卷展栏中将漫反射通道中的贴图拖曳到"凹凸"通道中，将凹凸强度值设为8.0，如图8-31所示。

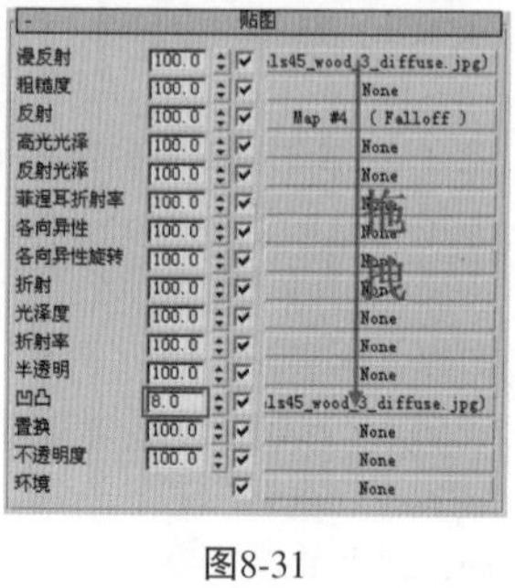

图8-31

深色木纹材质的渲染效果如图8-32所示。

图8-32

### 8.3.8 米黄色浴缸

在材质编辑器中新建一个 VR材质 ，在"漫反射"通道中添加一张米黄色石材贴图。

在"反射"通道中添加"衰减"程序贴图，设置"侧"通道的颜色为（红：180，绿：180，蓝：180），将衰减类型设为"Fresnel"，设置"高光光泽度"为0.65、"反射光泽度"为0.85、"细分"为16，如图8-33所示。

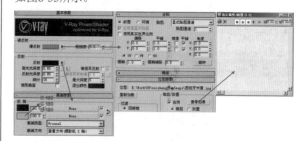

图8-33

在"贴图"卷展栏中将"漫反射"通道中的贴图拖曳到"凹凸"通道中，将"凹凸"强度值设置为10，如图8-34所示。

图8-34

米黄浴缸材质的渲染效果如图8-35所示。

图8-35

## 8.3.9 不锈钢材质

在材质编辑器中新建一个 VR材质，将"漫反射"颜色设置为（红：102，绿：102，蓝：102）。

将"反射"颜色设置为（红：185，绿：185，蓝：185），设置"高光光泽度"为0.9、"反射光泽度"为0.96、"细分"为20，勾选"菲涅耳反射"选项，打开 L 按钮激活"菲涅耳折射率"，然后将"折射率"值设为16，调节"最大深度"为8，如图8-36所示。

图8-36

不锈钢材质的渲染效果如图8-37所示。

图8-37

## 8.3.10 白色洗手盆

本例的白色洗手盆是陶瓷材质，其表面光滑，反射和高光都很强，下面来设置具体参数。

在材质编辑器中新建一个 VR材质，将"漫反射"颜色设置为（红：240，绿：240，蓝：240）。

在"反射"通道中添加一个"衰减"程序贴图，将衰减类型改为"Fresnel"，设置"高光光泽度"为0.65、"反射光泽度"0.92、"细分"为12、"最大深度"为8，如图8-38所示。

图8-38

白色洗手盆材质的渲染效果如图8-39所示。

图8-39

# 8.4 设置灯光效果

本例的卫生间与卧室是一体的，只是因为镜头的缘故看不到卧室。从摄影机范围内的卫生间来看，进光范围是比较小的，但洗手台上的镜子能反射卧室的灯光情况，可以看到卧室还有两个大窗户，由此可见天光将成为本案例的主体光，再结合室内的人工照明效果，使场景达到理想效果。

## 8.4.1 设置测试渲染参数

01 按F10键打开"渲染设置"对话框，在"全局开关"卷展栏中将"默认灯光"设置为关，取消勾选"光泽效果"，设置"二次光线偏移"为0.001，如图8-40所示。

图8-40

02 在"图像采样器（反锯齿）"卷展栏中设置图像采样器类型为"固定"，关闭"抗锯齿过滤器"开关，如图8-41所示。

图8-41

03 在"颜色贴图"卷展栏中设置曝光类型为"指数"，勾选"子像素贴图"与"钳制输出"选项，如图8-42所示。

209

图8-42

04 在"间接照明"卷展栏中勾选全局光开关，设置首次反弹全局光引擎为"发光图"，设置二次反弹全局光引擎为"灯光缓存"，如图8-43所示。

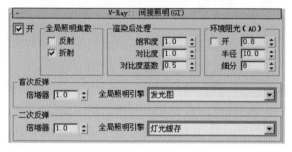

图8-43

05 在"发光图"卷展栏中设置当前预置为"自定义"，然后设置基本参数中的"最小比率"为-3、"最大比率"为-3、"半球细分"为20，如图8-44所示。

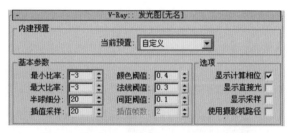

图8-44

06 在"灯光缓存"卷展栏中设置"细分"为100，勾选"显示计算相位"选项，然后勾选"预滤器"开关并设置预滤器数值为100，如图8-45所示。

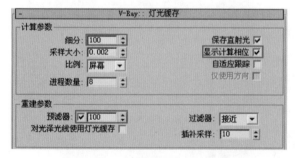

图8-45

## 8.4.2 VRay天光与阳光的设定

01 给场景设置一个外景，在顶视图建立一个圆柱体，然后将其转化为"可编辑多边形"，接着删除圆柱体的顶面和底面，效果如图8-46所示。

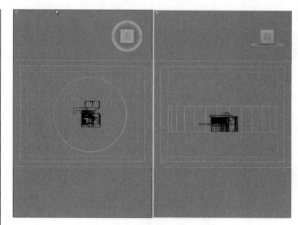

图8-46

02 将外景模型设置为"VR灯光材质"并赋予一张外景贴图，具体参数设置如图8-47所示。

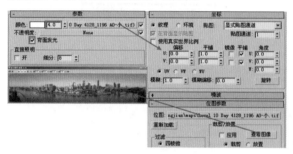

图8-47

技巧与提示　在对场景进行外景匹配时，要根据室内灯光的亮度对外景的颜色、亮度值进行调节，避免外景亮度与室内亮度匹配不上，从而使画面显得不真实。

03 在 创建面板的"VRay"选项下单击 VR灯光 按钮，在顶视图中创建一盏VRay的"平面"灯，然后将其关联复制两盏，分别将它们放到3个窗口位置，如图8-48所示。

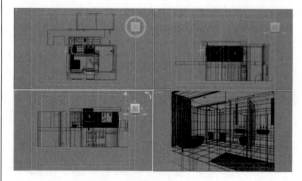

图8-48

04 设置"平面"灯的"倍增器"大小为30，调整灯光的"颜色"值为（红：221，绿：236，蓝：255），勾选"不可见"选项，取消勾选"影响反射"选项，设置采样"细分"为8，如图8-49所示。

图8-49

05 灯光参数设置好后，按F9键对天光效果进行测试，如图8-50所示。

图8-50

06 从测试效果来看，室内的光线效果还是比较理想，但是窗户位置稍微有点亮，而且灯光颜色过于苍白，没有天光的特征，画面出现的噪点也比较多，整个画面显得过于苍白，所以需要对灯光参数重新设置。

将"倍增器"大小设置为20，灯光的"颜色"值设置为（红：146，绿：184，蓝：255），设置采样"细分"为15，如图8-51所示。

图8-51

07 重新设置参数后，再次按F9键对场景天光进行测试渲染，测试效果如图8-52所示。

图8-52

技巧与提示 在真实的物理世界中，天光是略带蓝色的一种自然光，所以在对场景进行天光设定时也要选择淡蓝色的光，它能结合阳光或者室内灯光使画面呈现一种冷暖对比的效果，从而丰富整个画面效果，也使画面变得更为生动、真实。

08 从这一次的测试效果来看，天光的整体感觉还是比较理想的，下面来创建太阳光。在 Ｙ 面板的VRay选项下单击 VR太阳 按钮，在顶视图中创建一盏"VR太阳"，然后在左视图和前视图中调节阳光的高度与位置，如图8-53所示。

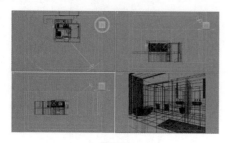

图8-53

09 在修改面板中设置"VR太阳"的参数，因为本例要表现一种柔和日光效果，所以这里的阳光要设置得比较弱。先将"VR太阳"的参数保持为默认设置，如图8-54所示，我们先看看默认参数下的渲染效果，然后根据实际情况进行调整。

图8-54

10 按F9键对场景的阳光效果进行测试，结果如图8-55所示。

图8-55

11 从镜子里的反射来看，窗口完全曝光了，阳光的效果过于强烈，这说明"VR太阳"的"强度倍增"过大。所以现在对"VR太阳"的参数重新设置，将"强度倍增"设置为0.35、"大小倍增"设置为1、"阴影细分"设置为3，如图8-56所示。

图8-56

12 参数设置好后，按F9键对场景的阳光效果再一次进行测试，结果如图8-57所示。

图8-57

通过最终测试的效果来看，场景的天光与阳光亮度差不多了，下面将给室内增加气氛光源。

### 8.4.3 设置卫生间的室内灯光

01 在 Ｙ 面板"光度学"选项下单击 目标灯光 按钮，在场景中创建一盏"目标灯光"，然后以"关联"的方式复制11盏，分别将它们放置在对应的孔灯位置，如图8-58所示。

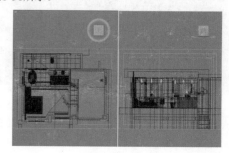

图8-58

02 选择其中一盏"目标灯光"并对灯光的参数进行设置，首先在"常规参数"卷展栏中勾选"启用"选项，并设置"阴影"类型为"VRay阴影"，调整"灯光分布（类型）"为"光度学Web"，然后给光度学文件通道中添加"00.ies"光域网文件；在"强度/颜色/衰减"卷展栏中设置"过滤颜色"为（红：255，绿：226，蓝：180），设置灯光"强度"为5000；为了让阴影效果更细腻、自然，在"VRay阴影参数"卷展栏中勾选"区域"选项，类型设置为"球体"，调整U/V/W值分别为100mm/100mm /100mm，设置"细分"为15，如图8-59所示。

图8-59

03 灯光设置完成后，对场景进行一次测试渲染，渲染结果如图8-60所示。

图8-60

观察渲染图像，可以看出室内的主光亮度比较合适了，接下来再对整个场景的灯带位置进行灯光设置，让整个场景的灯光效果达到最佳。

04 在场景中创建一盏和灯带大小基本一致的VRay"平面"灯光，然后关联复制出8盏并摆放到相应的带灯位置，具体如图8-61和图8-62所示。

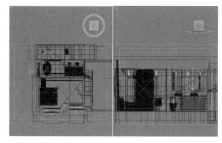

图8-61

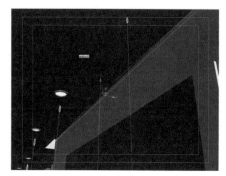

图8-62

05 在灯光的"参数"卷展栏中设置"平面"灯光的"颜色"为（红：255，绿：210，蓝：124），调整灯光"倍增器"为15，勾选"不可见"选项，采样"细分"设置为15，如图8-63所示。

图8-63

06 现在场景内的灯带以及每个灯的参数都设置完成了，按F9键对场景进行一次测试渲染，测试渲染结果如图8-64所示。

图8-64

07 接下来对镜子两边的发光灯带进行设置。在面板的VRay选项下单击 VR灯光 ，然后在前视图中创建一盏"平面"灯光，接着通过关联复制摆放好另一盏灯，如图8-65所示。

213

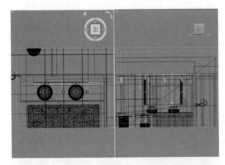

图8-65

08  选择其中的一盏灯进行参数设置，设置灯光"颜色"为（红：255，绿：210，蓝：124），设置"倍增器"大小为15，勾选"不可见"选项，采样"细分"设置为15，如图8-66所示。

图8-66

09  灯光参数设置完成后，对场景进行一次整体灯光的测试渲染，渲染结果如图8-67所示。

图8-67

通过观察测试渲染结果，感觉整体效果已经可以了，接下来设置一个比较高的参数来渲染成品图。

## 8.4.4  设置最终出图的渲染参数

01  设置成品图的输出大小的宽度为2500，高度为1875，如图8-68所示。

图8-68

02  在"全局开关"卷展栏中将"默认灯光"设置为关，勾选"光泽效果"选项，设置"二次光线偏移"为0.001，如图8-69所示。

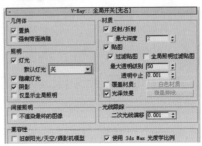

图8-69

03  在"图像采样器（反锯齿）"卷展栏中设置"图像采样器"类型为"自适应确定性蒙特卡洛"，打开"抗锯齿过滤器"开关，设置采样器类型为"VRay蓝佐斯过滤器"，调整"大小"为1.5，如图8-70所示。

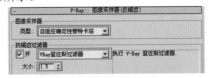

图8-70

04  在"自适应DMC图像采样器"卷展栏中将"最小细分"设置为1、"最大细分"设置为4，如图8-71所示。

图8-71

05  在"颜色贴图"卷展栏中设置曝光类型为"指数"，勾选"子像素贴图"选项，如图8-72所示。

图8-72

06  在"间接照明"卷展栏中设置首次反弹全局光引擎为"发光图"，设置二次反弹全局光引擎为"灯光缓存"，如图8-73所示。

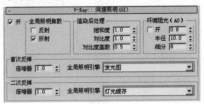

图8-73

07 在"发光图"卷展栏中设置当前预置等级为"自定义",设置"最小比率"为-5、"最大比率"为-2、"半球细分"为50,勾选"显示计算相位"选项,如图8-74所示。

图8-74

08 在"灯光缓存"卷展栏中设置"细分"为1000,打开"预滤器"开关并设置"预滤器"数值为100,勾选"保存直射光"和"显示计算相位"选项,如图8-75所示。

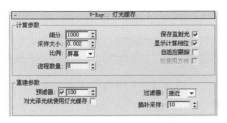

图8-75

09 在"DMC采样器"卷展栏中设置"适应数量"为0.8、"最小采样值"为16、"噪波阈值"为0.005,如图8-76所示。

图8-76

10 其他参数保持默认即可,然后开始渲染出图,最后得到的成图效果如图8-77所示。

图8-77

11 渲染一张同样大小的色彩通道图,如图8-78所示。

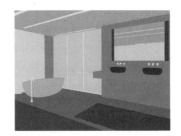

图8-78

# 8.5 Photoshop后期处理

01 使用Photoshop打开渲染完成的图像,同时将通道图打开并将其放置到需要设置的"图层"下方,以方便选择,如图8-79所示。

图8-79

02 观察渲染图像,感觉空间有点暗,色彩不通透,现在就来进行调节。将"图层0"复制一份得到一个新图层,然后调整新图层的图层混合模式为"滤色",设置"不透明度"为70%,如图8-80所示。

图8-80

03 通过调节,图像的亮度已经合适了,但暗部却没有暗下去,需要进行调整。继续将"图层0"复制一份,得到一个新图层,然后调整新图层的图层混合模式为"柔光",设置"不透明度"为20%,如图8-81所示。

图8-81

**04** 执行"图像>调整>照片滤镜"命令，系统弹出"照片滤镜"对话框，在其中把"滤镜"改为"冷却滤镜（82）"，调整"浓度"值为5%，如图8-82所示。

图8-82

**05** 下面来调整一下窗帘，由于窗帘暗部不够白，所以破坏了窗帘的整体效果。关闭其他图层，使用"魔棒"工具在通道图中选择窗帘区域，如图8-83所示。

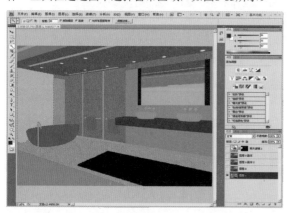

图8-83

**06** 选中窗帘区域后，打开其他图层，这时候就可以只对窗帘进行调节了，如图8-84所示。

图8-84

**07** 执行"图像>调整>曲线"命令，打开"曲线"参数面板，然后在曲线上添加一个点，将点的"输出"值设为153，"输入"值设为141；接着再添加一个点，将点的"输出"值设为74，"输入"值设为50，如图8-85所示。

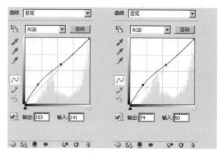

图8-85

**08** 通过曲线调节后，可以看到窗帘的暗部亮起来了，整个画面变得更通透了，如图8-86所示。

图8-86

到此，本案例的制作工作就完成了，最终案例效果如图8-87所示。

图8-87

## 8.6 本章小结

本章案例的灯光和材质处理都比较简单，从商业图的角度来看，这样的空间设计一般都比较容易出效果，尤其是场景中的玻璃材质，只要把玻璃材质处理好，图就成功了一大半。

# 第9章 现代风格厨房——强烈日光效果

**本章学习要点**

>> 掌握VRay物理摄影机的使用方法

>> 使用VRay材质来制作拉丝不锈钢材质

>> 多维材质的灵活运用

>> 使用HDR贴图作为室外自然光照明

>> 使用"VR太阳"模拟日光照射的光线效果

## 9.1 空间简介

这是一个设计风格比较现代的厨房,空间面积很大,而且有大面积的落地窗,这种类型的空间采用阳光照明是很出效果的,做出那种光线透过玻璃洒向室内的感觉,如图9-1所示。在实际商业制作中,类似这样的空间,除非客户有特殊要求,一般都采用这种灯光处理手法。

图9-1

## 9.2 创建摄影机及检查模型

### 9.2.1 创建摄影机

01 打开本书配套资源中的案例场景白模,如图9-2所示。

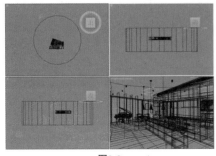

图9-2

02 切换到顶视图,单击创建面板中的 ⚙ 按钮,在其下拉列表中选择VRay,然后单击 VR物理摄影机 按钮,接着在顶视图中拖曳鼠指针标创建一个"VRay物理摄影机"。接下来调整摄影机的焦距和位置,使摄影机有一个较好的观察范围,如图9-3所示。

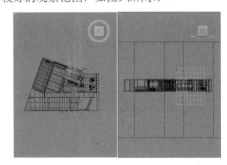

图9-3

03 在修改器面板中设置"物理摄影机"的参数,设置如图9-4所示。

图9-4

04 按C键切换到摄影机视图，观察视图效果，如图9-5所示。

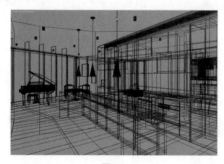

图9-5

## 9.2.2 检查模型

01 按F10键打开"渲染设置"对话框，在"公用参数"卷展栏中设置图像输出宽度为800、高度为469，如图9-6所示。

图9-6

02 在"全局开关"卷展栏中关闭默认灯光，将"二次光线偏移"设置为0.001，并给予模型一个白色的覆盖材质，如图9-7所示。

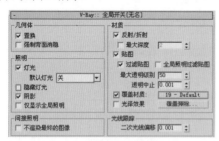

图9-7

03 在"图像采样器（反锯齿）"卷展栏中设置"图像采样器"的类型为"固定"采样，并关闭"抗锯齿过滤器"开关，如图9-8所示。

图9-8

04 在"颜色贴图"卷展栏中设置"曝光类型"为"莱因哈德"，如图9-9所示。

图9-9

05 在"间接照明"卷展栏中设置首次反弹为"发光图"类型，二次反弹为"灯光缓存"类型，如图9-10所示。

图9-10

06 在"发光图"卷展栏中设置当前预置参数为"自定义"，设置"半球细分"为20，如图9-11所示。

图9-11

07 在"灯光缓存"卷展栏中设置"细分"为200，如图9-12所示。

图9-12

08 在窗口处创建一盏VRay的"平面"灯光，位置如图9-13所示。

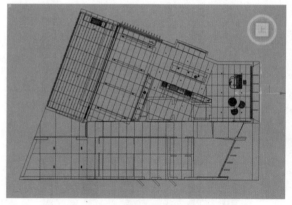

图9-13

09 在修改面板中设置灯光颜色为（红：212，绿：236，蓝：255），设置灯光"倍增器"为30，其他参数保持默认设置，如图9-14所示。

图9-14

10 按F9键进行渲染，效果如图9-15所示。模型一切正常，下面就可以开始制作材质了。

图9-15

## 9.3 制作厨房材质

为了便于讲解，这里给最终效果图上的材质编号，根据图上的标识号来对材质一一设定，如图9-16所示。

图9-16

### 9.3.1 墙面材质

在材质编辑器中新建一个 ●VR材质，设置"漫反射"颜色为（红：244，绿：244，蓝：244），如图9-17所示。

图9-17

墙面材质的渲染效果如图9-18所示。

图9-18

### 9.3.2 深色地面材质

地面材质是一种深色地砖，高光相对较小，表面带有菲涅耳反射现象。

在材质编辑器中新建一个 ●多维/子对象 材质，并将材质ID数设置为2，然后在ID1通道中使用 ●VR材质，接着在"VR材质"的"漫反射"通道中添加深色石材贴图。

在"反射"通道添加"衰减"程序贴图，把"侧"通道颜色值设置为80的灰度，让其反射效果不会太强烈，选择衰减类型为"Fresnel"类型，设置"高光光泽度"为0.8、"反射光泽度"为0.9、"细分"为12、"最大深度"为2，如图9-19所示。

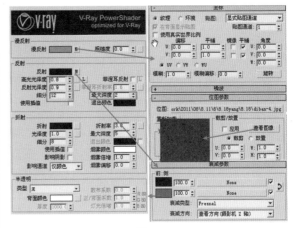

图9-19

深色地面材质的渲染效果如图9-20所示。

图9-20

ID2材质其实就是地板的V缝，这里采用 VR材质 来制作，设置其漫反射为10的灰度，如图9-21所示。

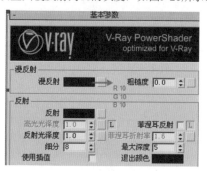

图9-21

地板V缝的材质效果如图9-22所示。

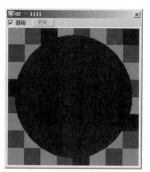

图9-22

### 9.3.3 橱柜木纹材质

橱柜木纹材质是本场景比较重要的材质，在整个画面中占据了较大的面积，必须将其效果做到位。从物理特征来看，本例木纹比较暗，高光小，表面平滑，带有菲涅耳反射现象。

在材质编辑器中新建一个 VR材质 ，在"漫反射"通道中添加一张木纹贴图，将"模糊"设置为0.5。

在"反射"通道中添加"衰减"程序贴图，然后把"侧"通道颜色设置为120的灰度，选择衰减类型为"Fresnel"，将"高光光泽度"设置为0.8，"反射光泽度"设置为0.92，"细分"设置为12，调整"最大深度"为2，如图9-23所示。

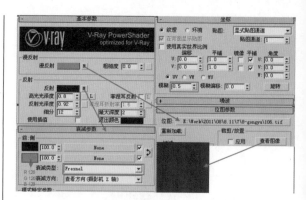

图9-23

在"贴图"卷展栏中的"凹凸"通道添加一张木纹贴图，设置"凹凸"强度值为5，如图9-24所示。

图9-24

橱柜木纹材质的渲染效果如图9-25所示。

图9-25

### 9.3.4 绿色金属外墙材质

在材质编辑器中新建一个 VR材质 ，在"漫反射"通道中添加一张绿色金属贴图。

设置反射的"高光光泽度"为0.7、"反射光泽度"为0.9、"细分"为15，其他参数保持默认即可，如图9-26所示。

图9-26

绿色金属外墙材质的渲染效果如图9-27所示。

图9-27

## 9.3.5 白色大理石材质

在材质编辑器中新建一个 VR材质 ，在"漫反射"通道中添加一张白色大理石纹理贴图，然后设置"平铺"的U/V参数值为0.7/0.7。

在"反射"通道添加"衰减"程序贴图，把"侧"通道颜色设置为220的灰度，选择衰减类型为"Fresnel"，设置"高光光泽度"为0.8、"反射光泽度"为0.95、"细分"为10、"最大深度"值为2，如图9-28所示。

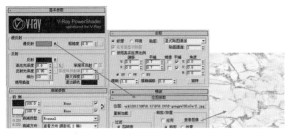

图9-28

白色大理石材质的渲染效果如图9-29所示。

图9-29

## 9.3.6 黑色玻璃材质

在材质编辑器中新建一个 VR材质 ，将"漫反射"颜色设置为（红：0，绿：0，蓝：0）。

在"反射"通道添加"衰减"程序贴图，把"侧"通道颜色设置为120的灰度，选择衰减类型为"Fresnel"，设置"折射率"为1.517，并勾选"影响阴影"选项，如图9-30所示。

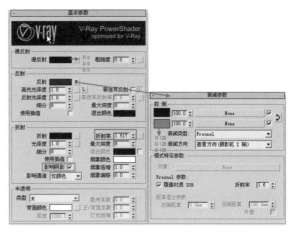

图9-30

黑色玻璃材质的渲染效果如图9-31所示。

图9-31

## 9.3.7 黑色大理石材质

这个材质的做法和前面讲过的白色大理石材质类似。

在材质编辑器中新建一个 VR材质 ，在"漫反射"通道中添加一张黑色大理石贴图。

在"反射"通道添加"衰减"程序贴图，把"侧"通道颜色设置为60的灰度，选择衰减类型为"Fresnel"，设置"高光光泽度"为0.8、"反射光泽度"为0.95、"细分"为12、"最大深度"值为3，如图9-32所示。

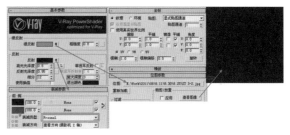

图9-32

黑色大理石材质的渲染效果如图9-33所示。

图9-33

## 9.3.8 黑色钢琴材质

在材质编辑器中新建一个 VR材质 ，设置"漫反射"颜色值为（红：0，绿：0，蓝：0）。

在"反射"通道添加"衰减"程序贴图，把"侧"通道颜色设置为30的灰度，选择衰减类型为"Fresnel"，设置"高光光泽度"为0.82、"反射光泽度"为0.97、"细分"为15，如图9-34所示。

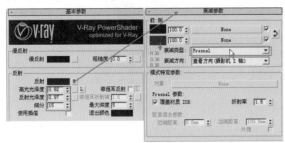

图9-34

黑色钢琴材质的渲染效果如图9-35所示。

图9-35

## 9.3.9 拉丝不锈钢材质

拉丝不锈钢材质是最常见的建筑材质之一，在VRay中的做法也是比较固定的，下面就来介绍其做法。

在材质编辑器中新建一个 VR材质 ，设置"漫反射"颜色为（红：150，绿：150，蓝：150）。

在"反射"通道添加一张拉丝不锈钢贴图，设置贴图的"平铺"U/V值为4.0/4.0，勾选"菲涅耳反射"选项，设置"反射光泽度"为0.97，调整"细分"为7、"最大深度"为2，如图9-36所示。

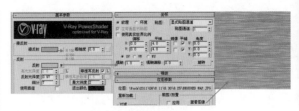

图9-36

在"折射"参数栏中设置"折射率"为22，其他参数保持默认即可。

在"双向反射分布函数"卷展栏中选择类型为"沃德"，设置"各向异性"为0.4、"旋转"为15，"局部轴"选择为z轴，参数设置如图9-37所示。

图9-37

在"贴图"卷展栏的"凹凸"通道中添加一张拉丝不锈钢贴图，设置"平铺"的U/V值为3.0/3.0，调整"凹凸"强度值为2，如图9-38所示。

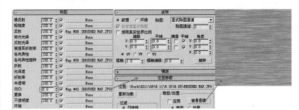

图9-38

拉丝不锈钢材质的渲染效果如图9-39所示。

图9-39

## 9.3.10 灯罩材质

灯罩材质由两部分构成，上面部分为透明玻璃材质，下面部分为磨砂玻璃材质，这里需要用多维材质来制作。

在材质编辑器中新建一个 多维/子对象 ，设置材质ID数量为两个，其中ID1为透明玻璃材质，ID2为磨砂玻璃材质。

在ID1中新建一个 VR材质 ，设置"漫反射"颜色为（红：0，绿：0，蓝：0）。

设置"反射"颜色为（红：35、绿：35、蓝：35），调整"高光光泽度"为0.85、"反射光泽度"为1、"细分"为7。

设置"折射"颜色为（红：255、绿：255、蓝：255），调整"折射率"为1.517，勾选"影响阴影"选项，如图9-40所示。

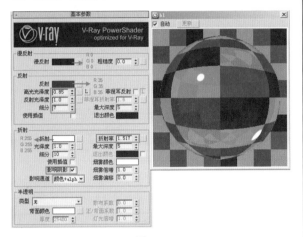

图9-40

在ID2中新建一个 VR材质 ，设置"漫反射"颜色为（红：255、绿：255、蓝：255）。

设置"反射"颜色为（红：0、绿：0、蓝：0），调整"高光光泽度"为0.57、"反射光泽度"为0.7、"细分"为8。

设置"折射"颜色为（红：141、绿：141、蓝：141），调整"光泽度"为0.85、"折射率"为1.4，勾选"影响阴影"选项，如图9-41所示。

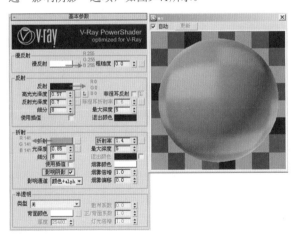

图9-41

灯罩材质的渲染效果如图9-42所示，左边为透明玻璃材质，右边为磨砂玻璃材质。

图9-42

# 9.4 布置厨房灯光

厨房的落地窗面积比较大，进光很充足，所以制作强烈且明亮的白天效果会比较不错。为了得到更真实的照明以及反射效果，本案例将使用HDRI（动态贴图）来表现天光和阳光效果。

## 9.4.1 设置测试渲染参数

01 按F10键打开"渲染设置"对话框，在"全局开关"卷展栏中关闭"默认灯光"及"光泽效果"，设置"二次光线偏移"为0.001，如图9-43所示。

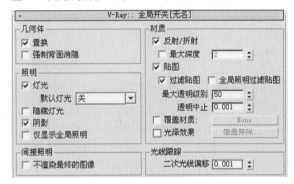

图9-43

02 在"图像采样器（反锯齿）"卷展栏中设置图像采样器类型为"固定"，并关闭"抗锯齿过滤器"，如图9-44所示。

图9-44

03 在"颜色贴图"卷展栏中设置曝光类型为"莱因哈德"，勾选"子像素贴图"与"影响背景"选项，如图9-45所示。

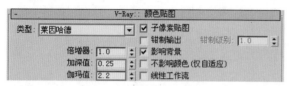

图9-45

04 在"间接照明"卷展栏中勾选全局光的开关，设置首次反弹"全局照明引擎"为"发光图"，设置二次反弹"全局照明引擎"为"灯光缓存"，如图9-46所示。

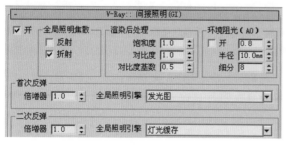

图9-46

05 在"发光图"卷展栏中设置当前预置为"自定义"，然后设置"基本参数"中的"最小比率"为-3，设置"最大比率"为-3，调整"半球细分"为20，如图9-47所示。

图9-47

06 在"灯光缓存"卷展栏中设置"细分"值为200，为了观察"灯光缓存"的计算过程，勾选"显示计算相位"选项，然后勾选"预滤器"开关并设置"预滤器"数值为100，如图9-48所示。

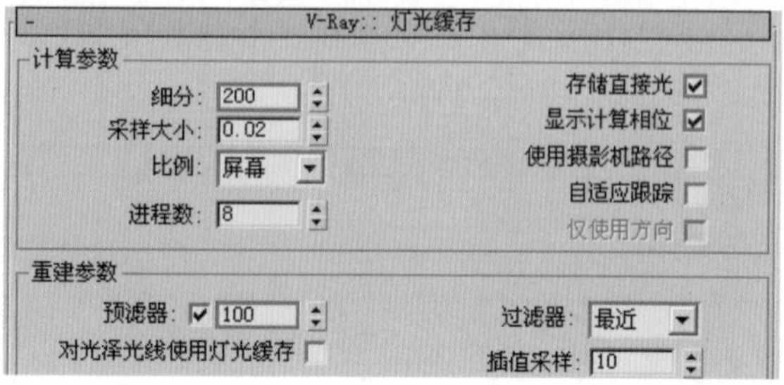

图9-48

07 打开"首选项设置"对话框，在"Gamma和LUT"选项卡勾选"启用Gamma/LUT校正"和"加载MAX文件的启用状态"选项，设置Gamma值为2.2，设置位图文件的"输入Gamma"值为2.2，如图9-49所示。

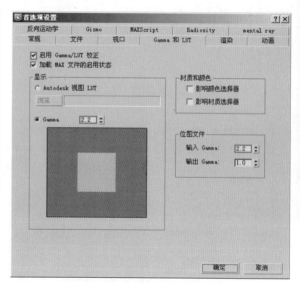

图9-49

技巧与提示　这里使用线性工作流模式是为了得到更真实的材质与灯光效果，在这种模式下需要将伽玛值设置为2.2，以及要对每个材质进行Gamma校正，由于逐一校正比较麻烦，所以通过首选项参数设置，让每个图片在调入场景时就自动进行Gamma校正，从而节省工作时间。

## 9.4.2 创建窗户外景

01 在顶视图建立一个圆柱体，将其转换为"可编辑多边形"，然后删除其顶面和底面，如图9-50所示。

图9-50

02 设置一个外景材质赋予模型，材质参数设置如图9-51所示。

图9-51

03 切换到摄影机视图，调整外景的高度，让外景和室内场景看起来更协调，效果如图9-52所示。

图9-52

## 9.4.3 设置室外自然光照明

01 切换到顶视图，在厨房窗口位置创建两盏VRay的"平面"灯光，如图9-53所示。

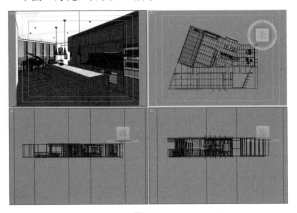

图9-53

02 在修改面板中设置"平面"灯光的参数，勾选"天光入口"选项，设置"细分"为24，如图9-54所示。

图9-54

技巧与提示 这里勾选"天光入口"选项是为了用天光来控制"平面"灯光的色彩、亮度，这样做也是为了得到更真实的光照和阴影效果。勾选"天光入口"后，VRay的"平面"灯光的颜色和强度等值都不能修改了。

03 按F10键打开"渲染设置"对话框，在"环境"卷展栏下的"全局照明环境（天光）覆盖"参数栏中勾选"倍增器"开关，然后在其通道中添加一张HDR贴图，在"OpenEXR配置"对话框中选择"RealPixel浮点数（RGB）"，如图9-55所示。

图9-55

04 将动态贴图关联到一个新的材质球，然后编辑材质球，在"坐标"卷展栏中选择"环境"类型，把"贴图"类型设置为"球形环境"，如图9-56所示。

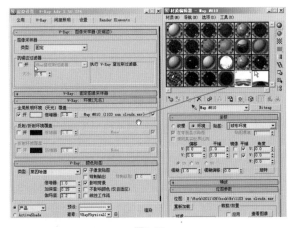

图9-56

技巧与提示 这里用到的贴图格式为.EXR类型，并不是之前说的HDR类型。需要说明的是，这两种格式都是动态贴图，只是这里用了一张更合适的图片。

05 灯光设置完后，按F9键进行测试渲染，测试结果如图9-57所示。

图9-57

06 观察发现图中的光照效果不理想，没有阳光照射的感觉。因为这里使用的动态贴图自带阳光照明效果，所以可以调节贴图的U/V值来得到更好的光照效果，参数设置如图9-58所示。

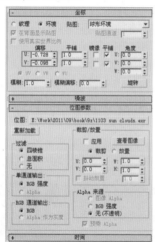

图9-58

07 按F9键进行测试渲染，测试结果如图9-59所示，此时就有了阳光的感觉。

图9-59

08 因为本例想要表现强烈的日光效果，要体现出光线透过玻璃照射室内的感觉，所以需要添加一个"VR太阳"来匹配动态贴图的阳光照明，阳光位置如图9-60所示，参数设置如图9-61所示。

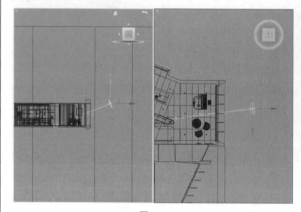

图9-60

VRay 太阳参数

| | |
|---|---|
| 激活 | ☑ |
| 不可见 | |
| 浊度 | 3.0 |
| 臭氧 | 0.35 |
| 强度倍增 | 2.5 |
| 大小倍增 | 1.5 |
| 阴影细分 | 8 |
| 阴影偏移 | 0.2mm |
| 光子发射半径 | 50.0mm |
| 天空模型 | Preetham et |
| 间接水平照明 | 25000. |
| 排除... | |

+ mental ray 间接照明
+ mental ray 灯光明暗器

图9-61

09 进行一次测试渲染，渲染结果如图9-62所示。

图9-62

经过调整，场景的天光和日光效果已经不错了，下面将给厨房添加营造气氛的光源。

## 9.4.4 设置客厅室内灯光

[01] 在 面板的"光度学"选项下单击 目标灯光 按钮，在场景中创建一盏"目标灯光"，然后以关联的方式复制12盏，分别将它们放置在对应的孔灯位置，如图9-63和图9-64所示。

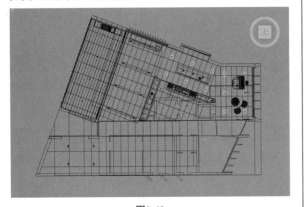

图9-63

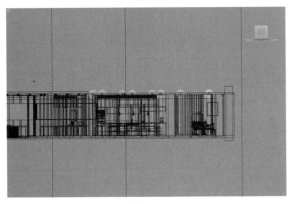

图9-64

[02] 在创建完的灯光中选择其中一盏并对灯光的参数进行设置。首先在"常规参数"卷展栏中勾选阴影"启用"选项，并设置阴影类型为"VRay阴影"，选择"灯光分布"类型为"光度学Web"；在"分布（光度学Web）"卷展栏中添加"00.ies"光域网文件；在"强度/颜色/衰减"卷展栏中设置"过滤"颜色为（红：255，绿：236，蓝：205），设置灯光强度为150000，如图9-65所示。

图9-65

[03] 灯光设置完成后，对场景进行一次测试渲染，渲染结果如图9-66所示。

图9-66

观察渲染后的图像，可以看出室内的主光亮度比较合适了，但细节亮度还是不够，接下来我们将设定辅助灯光来弥补部分细节的不足。在天花板的每个筒灯下设置一盏泛光灯，在3个灯罩下各设置一盏VRay的"球体"灯。

[04] 在场景中创建一盏半径值为15mm的VRay"球体"灯，灯光摆放位置如图9-67所示，灯光参数设置如图9-68所示。

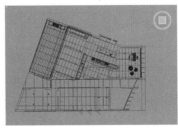

图9-67

图9-68

[05] 在天花板的每个筒灯下创建一盏泛光灯，灯光位置如图9-69所示，参数设置如图9-70所示。

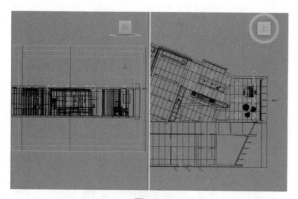

图9-69

图9-70

**06** 再次对场景进行测试渲染，渲染结果如图9-71所示。

图9-71

**07** 继续在场景中创建一盏"目标灯光"，然后以关联的方式复制3盏并设置相关参数，分别将它们放置在对应的孔灯位置（抽油烟机下面），灯光位置如图9-72所示，参数设置如图9-73所示。

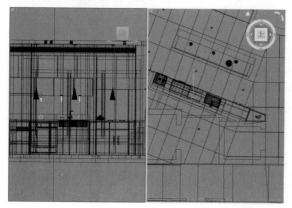

图9-72

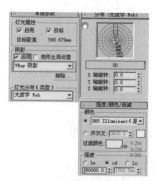

图9-73

**08** 在抽油烟机的下面添加两盏VRay的"平面"灯光作为补光，灯光位置如图9-74所示，参数设置如图9-75所示。

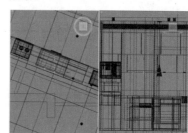

图9-74

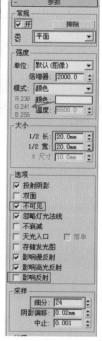

图9-75

**09** 这样就完成了灯光布置工作，现在对场景进行一次测试渲染，渲染结果如图9-76所示。

图9-76

通过观察测试渲染结果，感觉整体效果已经很满意了，接下来设置一个比较高的参数来渲染成品图。

## 9.4.5 设置最终出图渲染参数

**01** 设置成图的"输出大小"宽度为2500，高度为1875，如图9-77所示。

图9-77

**02** 在"全局开关"卷展栏中勾选"光泽效果"选项，为了防止出图产生破面，设置"二次光线偏移"值为0.001，如图9-78所示。

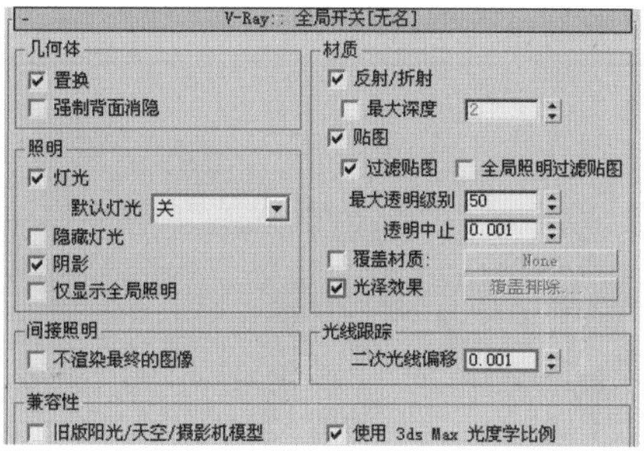

图9-78

**03** 在"图像采样器（反锯齿）"卷展栏中设置"图像采样器"类型为"自适应确定性蒙特卡洛"，打开"抗锯齿过滤器"开关，设置抗锯齿过滤器采样器类型为"VRay蓝佐斯过滤器"，如图9-79所示。

图9-79

**04** 在"颜色贴图"卷展栏中设置曝光类型"莱因哈德"，勾选"子像素贴图"与"影响背景"选项，如图9-80所示。

图9-80

**05** 在"间接照明"卷展栏中设置首次反弹"全局照明引擎"为"发光图"，设置二次反弹"全局照明引擎"为"灯光缓存"，如图9-81所示。

图9-81

**06** 在"发光图"卷展栏中设置"当前预置"等级为"自定义"，设置"最小比率"为-5、"最大比率"为-2、"半球细分"为60、"插值采样"为30，如图9-82所示。

图9-82

**07** 在"灯光缓存"卷展栏中设置"细分"值为1500，勾选"存储直接光"和"显示计算相位"选项，如图9-83所示。

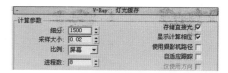

图9-83

**08** 在"DMC采样器"卷展栏中设置"适应数量"为0.8、"最小采样值"为16、"噪波阈值"为0.002，如图9-84所示。

图9-84

**09** 其他参数保持默认即可，最后开始渲染出图，得到的成图效果如图9-85所示。

图9-85

## 9.5 Photoshop后期处理

01 使用Photoshop打开渲染完成的图像，如图9-86所示。

图9-86

02 观察渲染出的图像，发现画面亮度不够，需要调整图像的亮度，把背景图层复制一份得到一个新的图层，调整新图层的混合模式为"滤色"，设置新图层的"不透明度"值为30%，如图9-87所示。

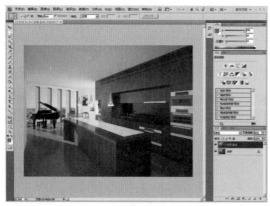

图9-87

03 继续观察图像，画面偏灰，对比度不够，这里再将背景图层复制一份，调整新图层的混合模式为"柔光"来控制图像的对比度，设置新图层的"不透明度值"为50%，如图9-88所示。

图9-88

04 为了让图像更加清新，执行"图像>调整>照片滤镜"命令，在弹出的"照片滤镜"对话框中设置"滤镜"的色彩类型为"冷却滤镜（82）"，并设置"滤镜"的"浓度"值为7，如图9-89所示。

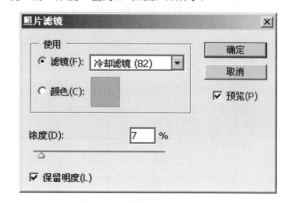

图9-89

使用"照片滤镜"后的效果如图9-90所示。

图9-90

到此，本章的讲解就结束了，读者如遇到不明白的问题可以参考本书附赠配套资源中的案例视频教学。

## 9.6 本章小结

本例讲解了一个开放式厨房的材质、灯光和后期制作流程，主要告诉读者"如何把握进深较大场景的灯光设置"。另外，本场景还用到了HDR贴图照明，这是制作效果图常用的技术之一，希望读者能够掌握这种方法。

# 第10章 现代风格休闲厅——早晨、午后、黄昏效果表现

## 本章学习要点

» 对真实太阳光进行分析并运用到VRay渲染中

» 掌握一天中不同时段的灯光及空间气氛处理方法

» 掌握使用"穹顶"灯或"VR天空"进行天光照明的方式

» 熟悉"莱因哈德"曝光方式的运用方法

## 10.1 空间简介

本案例表现一个现代风格休闲厅的早晨、午后、黄昏3种效果，因室内空间比较大，受光比较充足，所以采用了纯天光表现手法。重点分析了如何来模拟不同时段的真实灯光效果，案例效果如图10-1（早晨）、图10-2（午间）、图10-3（黄昏）所示。

图10-1

图10-2

图10-3

## 10.2 创建摄影机及检查模型

### 10.2.1 创建摄影机

01 打开配套资源中的案例场景白模，如图10-4所示。

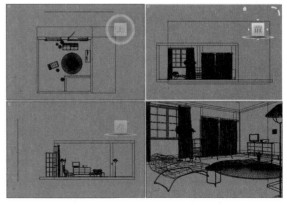

图10-4

02 切换到顶视图，单击创建面板中的 ![按钮]按钮，在其下拉列表中选择"标准"，接着单击 目标 按钮，

在顶视图中拖曳鼠标指针创建一个"目标摄影机"，如图10-5所示。

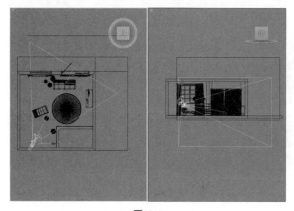

图10-5

03 在修改器面板中调整"目标摄影机"的参数，并添加"摄影机校正"命令，如图10-6所示。

图10-6

04 按C键切换到摄影机视图，如图10-7所示。

图10-7

## 10.2.2 检查模型

01 按F10键打开"渲染设置"对话框，在"公用参数"卷展栏中设置图像输出大小的宽度为800，高度为500，如图10-8所示。

图10-8

02 在"全局开关"卷展栏中关闭默认灯光，将"二次光线偏移"设置为0.001，并给予模型一个白色的覆盖材质，如图10-9所示。

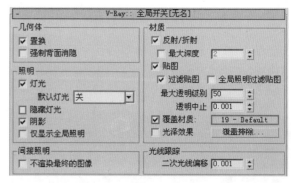

图10-9

03 在"图像采样器（反锯齿）"卷展栏中设置"图像采样器"的类型为"固定"，并关闭"抗锯齿过滤器"开关，如图10-10所示。

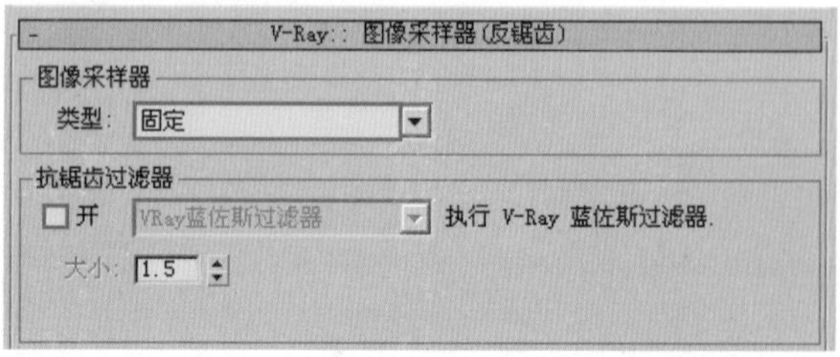

图10-10

04 在"颜色贴图"卷展栏中设置"类型"为"莱因哈德"，参数设置如图10-11所示。

图10-11

05  在"间接照明"卷展栏中设置"首次反弹"为"发光图",设置"二次反弹"为"灯光缓存",如图10-12所示。

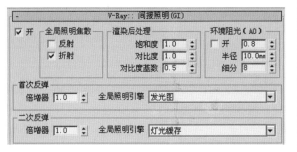

图10-12

06  在"发光图"卷展栏中设置"当前预置"参数为"自定义",设置"半球细分"为20,如图10-13所示。

图10-13

07  在"灯光缓存"卷展栏中设置"细分"为200,如图10-14所示。

图10-14

08  在窗口位置创建一盏VRay的"平面"灯光,具体位置如图10-15所示。

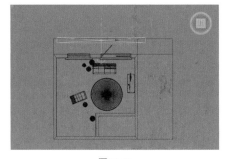

图10-15

09  在修改面板中设置灯光颜色值为(红:212,绿:236,蓝:255),设置灯光"倍增器"为30,其他参数保持默认设置,如图10-16所示。

图10-16

10  其他参数保持默认即可,这里主要是为了更快地渲染出效果,以便检查模型是否有问题,渲染结果如图10-17所示。

图10-17

## 10.3 设置休闲厅材质

为了便于讲解,这里给最终效果图上的材质编号,根据图上的标识号来对材质一一设定,如图10-18所示。

图10-18

## 10.3.1 天花板材质

这里有一张天花板材质的参考照片，如图10-19所示，从图中可以看出材质表面有点粗糙，有划痕，有凹凸。下面根据这些特征来制作场景中的天花板材质。

图10-19

在材质编辑器中新建一个⊙VR材质，设置"漫反射"颜色为（红：240，绿：240，蓝：240）。

设置"反射"通道的颜色值为28的灰度，调整"高光光泽度"为0.21，以表现出物体高光比较大的特性。

在"选项"卷展栏中把"跟踪反射"关闭，这样VRay就不会计算反射，但同时也有高光存在，既得到了所需要的效果，又提高了渲染速度，如图10-20所示。

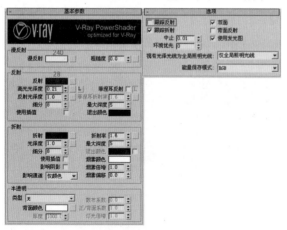

图10-20

天花板材质的渲染效果如图10-21所示。

图10-21

## 10.3.2 墙面材质

在材质编辑器中新建一个⊙VR材质，设置"漫反射"通道的颜色为（红：240，绿：217，蓝：184）。

设置"反射"通道的颜色值为28的灰度，同时将"高光光泽度"设置为0.21，在"选项"卷展栏中把"跟踪反射"关闭，如图10-22所示。

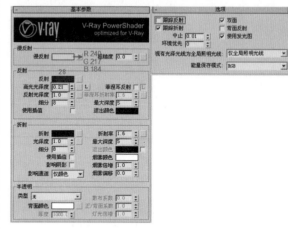

图10-22

在"贴图"卷展栏中设置"凹凸"强度值为30，在其通道中添加一张墙面灰度贴图，设置"模糊"值为0.1，如图10-23所示。

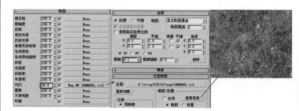

图10-23

墙面材质的渲染效果如图10-24所示。

图10-24

## 10.3.3 地板材质

在材质编辑器中新建一个⊙VR材质，在"漫反射"通道添加一张木纹贴图。

在"反射"通道添加一个"衰减"程序贴图，

然后把"侧"通道颜色设置为（红：105，绿：158，蓝：255），使其略带点蓝色，选择衰减类型为"Fresnel"；把"高光光泽度"设置为0.78，"反射光泽度"设置为0.88，调整"细分"值为20。为了提高渲染速度，设置"最大深度"为2。

在"贴图"卷展栏中设置"凹凸"强度值为6，如图10-25所示。

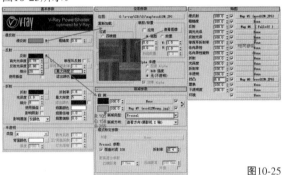

图10-25

地板材质的渲染效果如图10-26所示。

图10-26

### 10.3.4 地毯材质

在材质编辑器中新建一个 VR材质，设置"漫反射"颜色值为（红：250，绿：250，蓝：250）。

设置"反射"通道的颜色值为50的灰度，调整"高光光泽度"为0.35，勾选"菲涅耳反射"选项。

在"选项"卷展栏中把"跟踪反射"关闭，这样VRay就不会计算反射，但同时也有高光存在，既得到了所需要的效果，又提高了渲染速度。

在"贴图"卷展栏中设置"凹凸"强度值为50，在其通道中添加一张凹凸贴图，设置"模糊"值为0.1，如图10-27所示。

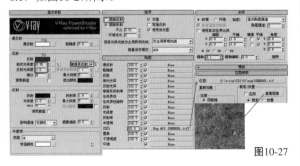

图10-27

地毯材质的渲染效果如图10-28所示。

图10-28

### 10.3.5 红色椅子材质

在材质编辑器中新建一个 VR材质，设置"漫反射"颜色为（红：135，绿：34，蓝：34）。

设置"反射"通道的颜色值为50的灰度，调整"高光光泽度"值为0.35，勾选"菲涅耳反射"选项。

在"选项"卷展栏中把"跟踪反射"关闭。

在"贴图"卷展栏中设置"凹凸"强度为60，然后在其通道中添加一张凹凸贴图，设置"模糊"值为0.1，如图10-29所示。

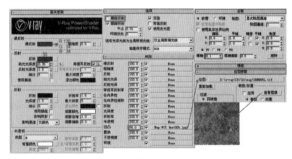

图10-29

红色椅子材质的渲染效果如图10-30所示。

图10-30

### 10.3.6 白色椅子材质

在材质编辑器中新建一个 VR材质，设置"漫反射"颜色值为（红：250，绿：250，蓝：250）。

设置"反射"通道的颜色值为50的灰度，调整

"高光光泽度"为0.35，勾选"菲涅耳反射"选项。

在"选项"卷展栏中把"跟踪反射"关闭。

在"贴图"卷展栏中设置"凹凸"强度值为50，然后在其通道中添加一张凹凸贴图，设置"模糊"值为0.1，如图10-31所示。

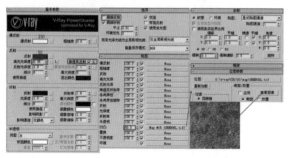

图10-31

白色椅子材质的渲染效果如图10-32所示。

图10-32

## 10.3.7 白色柜子材质

在"材质编辑器"中新建一个 VR材质，设置"漫反射"颜色值为（红：250，绿：250，蓝：250）。

在"反射"通道添加一个"衰减"程序贴图，把"侧"通道颜色设置为（红：200，绿：200，蓝：200），选择衰减类型为"Fresnel"；设置"高光光泽度"为0.97、"反射光泽度"为0.9、"细分"为18、"最大深度"为3，如图10-33所示。

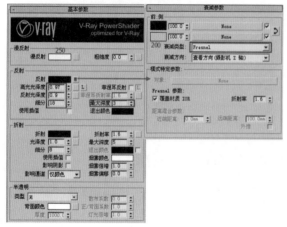

图10-33

白色柜子材质的渲染效果如图10-34所示。

图10-34

## 10.3.8 窗帘材质

这里要表现的窗帘透光不透明，如图10-35所示的照片效果。

图10-35

在材质编辑器中新建一个 VR材质，设置"漫反射"颜色值为（红：250，绿：250，蓝：250）。

设置"反射"颜色值为（红：255，绿：255，蓝：255），调整"高光光泽度"为0.73，勾选"菲涅耳反射"选项，设置"最大深度"值为4。

在"折射"通道添加一个"衰减"程序贴图，把"前"通道颜色设置为（红：170，绿：170，蓝：170），把"侧"通道颜色设置为（红：1，绿：1，蓝：1），选择衰减类型为"垂直/平行"；调整"细分"值为4，勾选"影响阴影"选项。

在"双向反射分布函数"卷展栏下选择类型为"沃德"。

在"选项"卷展栏下取消选择"跟踪反射"选项，参数设置如图10-36所示。

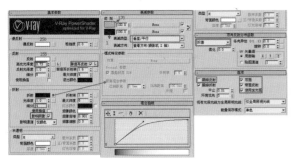

图10-36

窗帘材质的渲染效果如图10-37所示。

图10-37

### 10.3.9 不锈钢材质

在材质编辑器中新建一个●VR材质，设置"漫反射"颜色值为（红：69，绿：69，蓝：69）。

设置"反射"颜色值为（红：131，绿：151，蓝：190），调整"高光光泽度"为0.8、"反射光泽度"为0.93、"细分"为20、"最大深度"为3。

在"双向反射分布函数"卷展栏中选择类型为"沃德"，如图10-38所示。

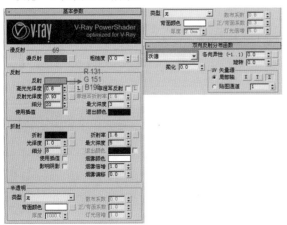

图10-38

不锈钢材质的渲染效果如图10-39所示。

图10-39

### 10.3.10 踢脚线材质

在材质编辑器中新建一个●VR材质，在"漫反射"通道添加一张木纹贴图。

在"反射"通道添加一个"衰减"程序贴图，把"侧"通道颜色设置为（红：117，绿：148，蓝：205），使其略带点蓝色，选择衰减类型为"Fresnel"；设置"高光光泽度"为0.88、"反射光泽度"为0.9、"细分"值为15，如图10-40所示。

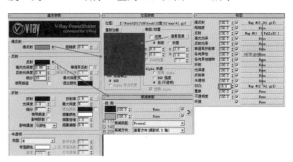

图10-40

踢脚线材质的渲染效果如图10-41所示。

图10-41

关于其他材质，这里就不再一一讲解，请大家参考案例源文件或者视频教学。

## 10.4 早晨阳光效果的打光方式

本案例的进光口比较大，采光很充足，所以采用纯自然光来进行场景照明。下面依次来介绍晨景、午后阳光、黄昏这3种气氛的打光方法。

## 10.4.1 VRay阳光的设定

这里要表现的是早晨8:00时段的效果，我们要根据物理真实来设定太阳的高度。

有一个简单的计算方法，可以把太阳大致认定为早上6:00从地平线升起，而下午6:00从地平线落下（当然这是一个假设，因为地球的公转和自转会让日出日落的时间有变化）。那么太阳从升起到落下，转了180°，而所花的时间为12个小时。那么每小时太阳光照射的角度变化为180/12=15°。那么早上8:00，太阳和地平线的夹角大约是30°的样子。为了让大家更清楚这个问题，笔者给出了如图10-42所示的示意图。

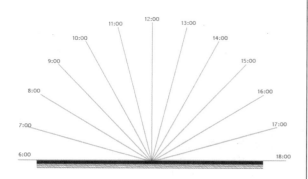

图10-42

01 根据上述分析得出的结论是：早上8:00左右，太阳的照射角度与地平面大约成30°，现在在场景中来设定太阳的高度。在场景中放置一个VRay的"球体"灯，保证它与地平面的夹角为30°，位置如图10-43所示。

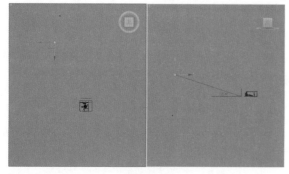

图10-43

02 灯光参数设置如图10-44所示，此处采用"球体"灯能更好地模拟太阳光，将太阳光设置为暖色（红：255，绿：240，蓝：205）。"球体"灯的半径为200mm，当然这个半径不是随便设置的，考虑到太阳到地球的距离，以及这个距离对阴影虚边产生的影响，这里设定为200mm是为了让影子更虚一些，更好看一些。

图10-44

## 10.4.2 设置测试渲染参数

01 在测试渲染之前，先把渲染参数调整一下，如图10-45所示。注意，为了加快测试渲染速度，这里依然对整个场景使用一个白色的覆盖材质。

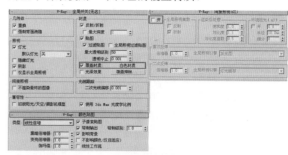

图10-45

02 按F9键进行测试渲染，效果如图10-46所示，观察阳光的照射范围，感觉光线效果还是不错的。

图10-46

## 10.4.3　VRay天光的设定

01　通过对渲染测试效果的观察，我们对阳光的位置基本满意，接下来对天光亮度进行设定，其渲染参数修改如图10-47所示。

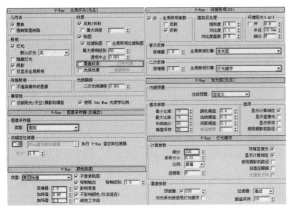

图10-47

技巧与提示　这里为什么要使用"莱因哈德"曝光方式呢？"莱因哈德"曝光方式是把线性曝光和指数曝光混合在一起，其混合度由"混合值"决定。如果将"混合值"设置为0，那么渲染效果和指数曝光一样；如果将"混合值"设定为1，那么渲染效果和线性曝光一样。而这里设定为0.45，其最后的曝光效果就是：指数曝光×（1-0.45）+线性曝光×0.45。在打光的时候，有时候我们发现进光口位置都快曝光了，但是室内还是不够亮，而使用"莱因哈德"曝光方式可以缓解这个情况。

根据VRay官方提供的资料，Gamma设置为2.2时，色彩是最正确的，但是并不是所有的场景Gamma值都设置为2.2，这个需根据具体情况而定。

02　切换到顶视图，在室内空间的任意位置创建一盏VRay的"穹顶"灯，作为此场景的天光照明，其参数设置如图10-48所示。

图10-48

技巧与提示　在这里为什么要使用"穹顶"灯呢？"穹顶"灯其实就是一个半球灯光，灯光从四面八方射向穹顶的中心点，这个和天光的照射方向很相似，所以这里选择了"穹顶"灯。放置在室内的"穹顶"灯的半径是无限大的，而不是用户在视图里看到的那么大，所以"穹顶"灯的光是从四面八方照射到室内的。

"穹顶"灯和"平面"灯的区别在于"穹顶"灯的阴影更柔和更真实（这是因为它的光是从四面八方照射来的），而"平面"灯的阴影比较实，不是很真实（这是因为它的光照方向是一个方向）。

设置天光之后的测试渲染效果如图10-49所示，感觉效果图还是比较合适，下面可以进行渲染输出了。

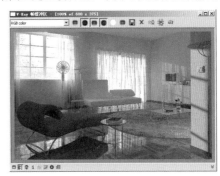

图10-49

## 10.4.4　设置最终渲染参数

01　设置成图的"输出大小"的宽度为2500，高度为1875，如图10-50所示。

图10-50

02　在"全局开关"卷展栏中勾选"光泽效果"选项，设置"二次光线偏移"值为0.001，参数设置如图10-51所示。

图10-51

03 在"图像采样器（反锯齿）"卷展栏中设置"图像采样器"类型为"自适应确定性蒙特卡洛"，打开"抗锯齿过滤器"开关并设置采样器类型为"VRay蓝佐斯过滤器"，如图10-52所示。

图10-52

04 在"颜色贴图"卷展栏中设置曝光类型为"莱因哈德"，如图10-53所示。

图10-53

05 在"间接照明"卷展栏中设置"首次反弹"为"发光图"，设置"二次反弹"为"灯光缓存"，如图10-54所示。

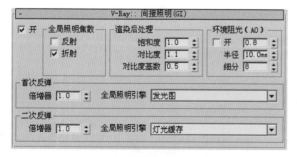

图10-54

06 在"发光图"卷展栏中设置"当前预置"为"自定义"，设置"最小比率"值为-5、"最大比率"值为-2、"半球细分"值为60、"插值采样"值为30，如图10-55所示。

图10-55

07 在"灯光缓存"卷展栏中设置"细分"值为1500，勾选"存储直接光"和"显示计算相位"选项，如图10-56所示。

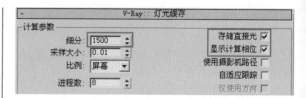

图10-56

08 在"DMC采样器"卷展栏中设置"适应数量"值为0.8、"最小采样值"为16、"噪波阈值"为0.002，如图10-57所示。

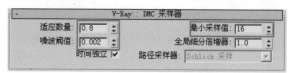

图10-57

09 其他参数保持默认即可，然后开始渲染出图，最后得到的成图效果如图10-58所示。

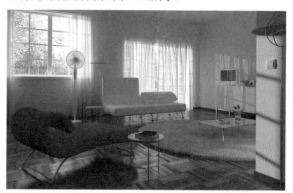

图10-58

# 10.5 午后阳光效果的打光方式

## 10.5.1 VRay阳光的设定

01 午后2:00左右，太阳的照射角度与地平面大约呈65°的夹角，根据这个来设定场景中太阳的高度。在场景中放置一个VRay的"球体"灯，保证它与地平面大约呈65°角，如图10-59所示。

图10-59

02 灯光参数设置如图10-60所示，设置"球体"灯的半径为100mm，这个半径不是随便设置的，因为现在表现的是午后阳光效果，因此阳光产生的阴影效果的模糊相对较低，对比较强。

图10-60

技巧与提示　早晨与黄昏的阳光所产生的阴影模糊较大，光线比较柔和，那么正午和午后阳光产生的阴影模糊较低，对比较强，光线比较强硬、刺眼。

## 10.5.2 设置测试渲染参数

01 在测试渲染之前，先把渲染参数调整一下，如图10-61所示。注意，为了加快测试渲染速度，这里依然对整个场景使用一个白色的覆盖材质。

图10-61

02 按F9键进行测试渲染，效果如图10-62所示，观察阳光的照射范围和角度。

图10-62

## 10.5.3 VRay天光的设定

01 通过渲染测试图，我们对阳光的位置基本满意，接下来对天光亮度进行设定，其渲染参数修改如图10-63所示。

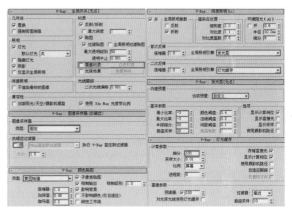

图10-63

技巧与提示　这里在"莱因哈德"曝光方式下的"加深值"为0.45，而在早晨效果中设置的值是0.85。需要说明的是，当"加深值"为1时，效果就等于使用"线性倍增"曝光方式；当"加深值"为0.5时，效果就等于使用"指数"曝光方式。通过分析可以发现，"加深值"越低，画面效果就会越灰。这里设置"加深值"为0.45的目的是使进光处不会曝光，对比不会太强，方便在后期处理。

02 切换到顶视图，在室内空间的任意位置创建一盏VRay的"穹顶"灯，作为此场景的天光照明，参数设置如图10-64所示。

图10-64

03 按F9键进行测试渲染，效果如图10-65所示。

图10-65

从渲染结果可以看到，午后阳光的效果已经比较合适了，需要注意的是，这里的阳光和天光的数值是经过多次测试而得到的。

下面就可以设置出图参数进行最终渲染输出了，此处的参数设置与早晨阳光效果的出图参数一样，这就就不重复讲解了，最终渲染完毕的成图效果如图10-66所示。

图10-66

# 10.6　黄昏阳光效果的打光方式

## 10.6.1　VRay阳光的设定

01　为了更加真实地表现日落黄昏效果，需要将场景中的"目标摄影机"替换成"VRay物理摄影机"，摄影机位置与之前的"目标摄影机"保持一致，参数设置如图10-67所示。

图10-67

02　根据前面的分析，下午5:00左右，太阳的照射角度与地平面大约呈15°的夹角。在场景中创建一个VRay太阳，用来模拟日落时的太阳光，保证它与地平面的夹角大约为15°，位置如图10-68所示。

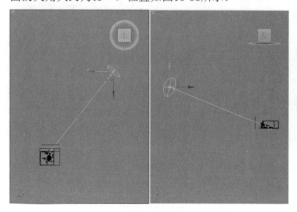

图10-68

03　灯光参数设置如图10-69所示。

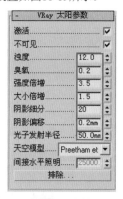

图10-69

## 10.6.2　设置测试渲染参数

01　在测试渲染之前，先把渲染参数调整一下，如图10-70所示。注意，为了加快测试渲染速度，这里依然对整个场景使用一个白色的覆盖材质。

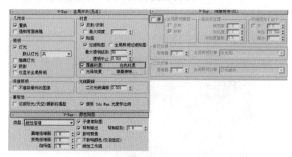

图10-70

02　按F9键进行测试渲染，效果如图10-71所示。

图10-71

## 10.6.3 VRay天光的设定

01 这里不采用VRay的"穹顶"灯来模拟天光，而是使用"VR天空"来作为天光照明。按快捷键8，打开"环境和效果"对话框，在通道中加"VR天空"，同时打开"材质编辑器"，将添加的"VR天空"以拖曳的方式关联到一个新的材质球上，这样就可以通过调整材质球而直接调整天光了，如图10-72所示。

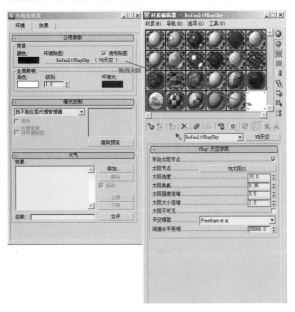

图10-72

技巧与提示　这里需要表现的是日落黄昏效果，因此画面整体应该是暖色调。"太阳浊度"表示的含义是天空中大气的浑浊度，其数值越大，说明天空越浑浊，常用其来控制表现黄昏日落效果；相反，其数值越低，天空就越清晰，冷色调居多，常表现明日光亮效果。

02 设置天光测试参数，如图10-73所示。

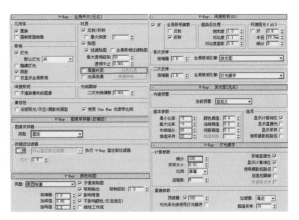

图10-73

03 下面进行天光效果测试，渲染结果如图10-74所示，从图中可以看出黄昏的感觉还不错。

图10-74

04 下面就可以设置出图参数进行最终渲染输出了，此处的参数设置与早晨阳光效果的出图参数一样，这里就不重复讲解了，最终渲染完毕的成图效果如图10-75所示。

图10-75

到此，本案例的早晨、午后、黄昏的3种灯光效果已经讲述完毕，接下来进行后期处理。

# 10.7 Photoshop后期处理

## 10.7.1 早晨阳光效果后期处理

01 使用Photoshop打开渲染完成的早晨阳光效果，如图10-76所示。

图10-76

02 观察渲染图像，发现画面亮度不够，需要调整图像的亮度。把背景图层复制一份得到一个新的图层，调整新图层的混合模式为"滤色"，设置新图层的"不透明度"值为65%，如图10-77所示。

图10-77

03 继续观察图像，感觉画面偏灰，对比度不够。继续把背景图层复制一份，调整新图层的混合模式为"柔光"，以控制图像的对比度，设置新图层的"不透明度"为50%，如图10-78所示。

图10-78

04 现在图像效果好多了，不过整体对比还不是很好，下面使用"色阶"命令来调节，参数设置如图10-79所示，调整之后的效果如图10-80所示。

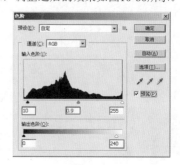

图10-79

图10-80

05 为图像添加"照片滤镜"，让图像更冷一些，参数设置如图10-81所示，最终效果如图10-82所示。

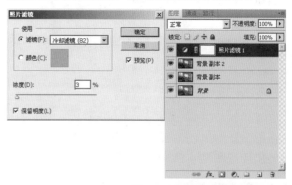

图10-81

图10-82

## 10.7.2 午后阳光效果后期处理

01 使用Photoshop打开渲染完成的午后阳光效果，如图10-83所示。

图10-83

02 把背景图层复制一份得到一个新的图层，调整新图层的混合模式为"滤色"，设置新图层的"不透明度"值为50%，如图10-84所示。

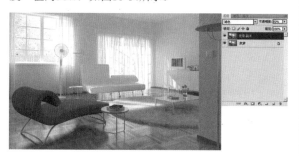

图10-84

03 观察上图，感觉画面还有点偏灰，对比度不够，还需要继续调整。把背景图层复制一份，调整新图层的混合模式为"柔光"，以控制图像的对比度，设置新图层的"不透明度"为60%，如图10-85所示。

图10-85

04 继续分析图像，感觉还欠缺一点点明暗对比，所以执行"图像>调整>亮度/对比度"命令，其参数设置如图10-86所示。

图10-86

05 给图像添加"照片滤镜"，让图像更冷一些，参数设置如图10-87所示，最终效果如图10-88所示。

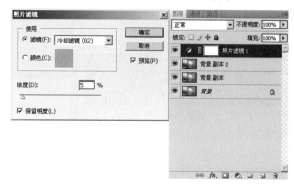

图10-87

图10-88

## 10.7.3 黄昏阳光效果后期处理

01 使用Photoshop打开渲染完成的黄昏阳光效果，如图10-89所示。

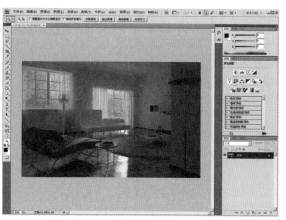

图10-89

245

02 观察图像，发现图还是比较灰和暗。按快捷键Ctrl+M打开"曲线"对话框，其参数设置如图10-90所示。

图10-90

03 下面来调整图像的对比度，让图看起来不那么灰。按快捷键Ctrl+L打开"色阶"对话框，调整图像的色阶，其参数设置如图10-91所示。

图10-91

04 继续观察图像，发现图像的饱和度偏高。执行"图像>调整>色相/饱和度"命令，调整图像的饱和度，如图10-92所示。

图10-92

05 将"背景"图层再复制一份，调整新图层的混合模式为"滤色"，以控制图像的对比度，设置新图层的"不透明度"为20%，完成后期处理，最终效果如图10-93所示。

图10-93

## 10.8 本章小结

本案例讲解了一个现代风格休闲厅的材质、灯光和后期制作。在灯光布置方面，我们观察和分析了真实物理世界中的日光特性，并根据这些特性来设置本案例的灯光效果。本例主要用VRay阳光和VRay天光来表现早晨、午后和黄昏的不同时间段的气氛效果，详细讲解了"莱因哈德"曝光方式的特性及用法。

# 第11章 现代风格卧室——早晨、午后、黄昏效果表现

## 本章学习要点

» VRay基本材质的运用

» 使用"目标平行光"模拟阳光照明效果

» 使用VRay的"平面"灯光模拟天光照明效果

» 在场景中如何把握灯光的冷暖对比

» 使用Photoshop灵活调整图像的气氛

## 11.1 空间简介

本章案例讲解的是一个卧室场景在早晨、午后、黄昏这3个不同时间段的效果表现，主要模拟真实物理世界中的阳光照明效果，通过对灯光参数的灵活处理，获得不同的室内气氛，最终效果如图11-1、图11-2和图11-3所示。

图11-1

图11-2

图11-3

## 11.2 创建摄影机及检查模型

### 11.2.1 创建摄影机

01 打开本书配套资源中的案例场景白模，如图11-4所示。

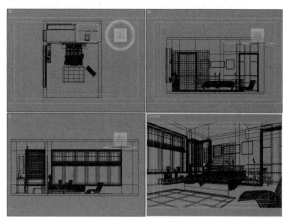

图11-4

247

**02** 切换到顶视图，在 面板下的VRay选项中单击 按钮，然后在顶视图中拖曳鼠标指针创建一个"VR物理摄影机"，接下来调整摄影机的焦距和位置，使摄影机有一个较好的观察范围，如图11-5所示。

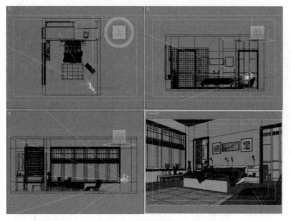

图11-5

**03** 在修改器面板中设置"VR物理摄影机"的参数，如图11-6所示。

图11-6

**04** 按C键切换到摄影机视图，效果如图11-7所示。

图11-7

## 11.2.2 检查模型

**01** 按F10键打开渲染面板，在"公用参数"卷展栏中设置图像输出"宽度"为600、"高度"为363，如图11-8所示。

图11-8

**02** 在"全局开关"卷展栏中设置"默认灯光"为关，将"二次光线偏移"设置为0.001，勾选"覆盖材质"以及"光泽效果"选项，并给予模型一个白色的覆盖材质，如图11-9所示。

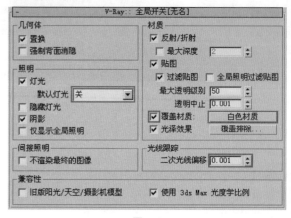

图11-9

**03** 在"图像采样器（反锯齿）"卷展栏中设置"图像采样器"的类型为"固定"，并关闭"抗锯齿过滤器"开关，如图11-10所示。

图11-10

**04** 在"颜色贴图"卷展栏中设置曝光类型为"指数"，参数设置如图11-11所示。

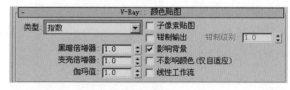

图11-11

**05** 在"间接照明"卷展栏中设置首次反弹为"发光图"类型，设置二次反弹为"灯光缓存"类型，参数设置如图11-12所示。

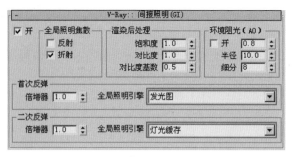

图11-12

06 在"发光图"卷展栏中设置当前预置参数为"非常低",设置"半球细分"为20，如图11-13所示。

图11-13

07 在"灯光缓存"卷展栏中设置"细分"为200，如图11-14所示。

图11-14

08 在窗口处创建一盏VRay的"平面"灯光，位置如图11-15所示。

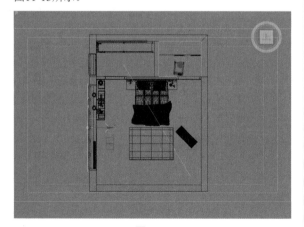

图11-15

09 在修改面板中设置灯光颜色值为（红：172，绿：188，蓝：255），设置灯光"倍增器"为35，勾选"不可见"选项，取消勾选"影响反射"选项，设置采样"细分"为12，其他参数保持默认，如图11-16所示。

图11-16

10 按F9键进行测试渲染，渲染结果如图11-17所示。

图11-17

从测试渲染的效果来看，场景模型没有出现问题，接下来开始对场景的材质进行讲解。

## 11.3 设置卧室材质

为了便于讲解，这里给最终效果图上的材质编号，根据图上的标识号来对材质一一设定，如图11-18所示。

图11-18

249

## 11.3.1 米黄色墙纸材质

本案例的米黄墙面材质是一种墙纸，具有耐擦洗、防静电、不吸尘等特点，而且在墙纸中还带有一定的花纹，所以墙纸的表面是很粗糙的，对光的敏感度也较弱。

在材质编辑器中新建一个 VR材质，在"漫反射"通道中添加一张米黄色的墙纸贴图，将"坐标"卷展栏下的"模糊"值设置为0.01。

把"反射"颜色设置为（红：15，绿：15，蓝：15），调整"反射光泽度"为0.7、"细分"为12，如图11-19所示。

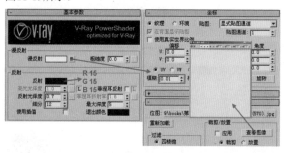

图11-19

打开"贴图"卷展栏，将米黄色墙纸贴图拖曳到"凹凸"通道中，将"凹凸"强度设置为30，如图11-20所示。

图11-20

米黄色墙纸材质的渲染效果如图11-21所示。

图11-21

## 11.3.2 白色窗纱材质

本例的白色窗纱具有较强的透光性，质感很细腻，在光照下看起来非常柔。

在材质编辑器中新建一个 VR材质，将"漫反射"颜色设置为（红：255，绿：255，蓝：255）。

在"折射"通道中添加"衰减"程序贴图，设置"前"通道颜色值为（红：220，绿：220，蓝：220），"侧"通道的颜色值设置为（红：0，绿：0，蓝：0），调整"光泽度"为0.8、"细分"为12，勾选"影响阴影"选项，设置"折射率"为1.5、"烟雾倍增"为0.01，如图11-22所示。

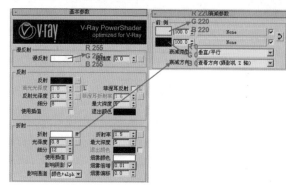

图11-22

白色窗纱材质的渲染效果如图11-23所示。

图11-23

## 11.3.3 白色喷漆材质

喷漆材质的表面一般都很光滑，不像刷漆材质的表面有很多纹路。

在材质编辑器中新建一个 VR材质，将"漫反射"颜色设置为（红：230，绿：230，蓝：230）。

在"反射"通道中添加"衰减"程序贴图，然后"侧"通道的颜色设为（红：180，绿：180，蓝：180），选择衰减类型为"Fresnel"，设置"高光光泽度"为0.9、"反射光泽度"为0.9、"细分"为10，如图11-24所示。

图11-24

白色喷漆材质的渲染效果如图11-25所示。

图11-25

### 11.3.4 灯罩材质

在材质编辑器中新建一个 ● VR材质，设置"漫反射"颜色为（红：240，绿：240，蓝：240）。

在"折射"通道中添加"衰减"程序贴图，将衰减的"前"通道颜色设为（红：180，绿：180，蓝：180），"侧"通道的颜色设置为（红：0，绿：0，蓝：0）。

设置折射的"光泽度"为0.85，勾选"影响阴影"选项，将"折射率"改为1.001，如图11-26所示。

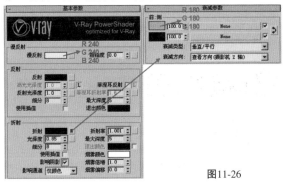

图11-26

灯罩材质的渲染效果如图11-27所示。

图11-27

### 11.3.5 陶瓷材质

在材质编辑器中新建一个 ● VR材质，将"漫反射"颜色设为（红：240，绿：240，蓝：240）。

在"反射"通道中添加"衰减"程序贴图，设置"侧"通道颜色值为（红：180，绿：180，蓝：180），选择衰减类型为"Fresnel"，调整"高光光泽度"为0.85、"反射光泽度"为0.92、"细分"为13、"最大深度"为3，如图11-28所示。

图11-28

陶瓷材质的渲染效果如图11-29所示。

图11-29

### 11.3.6 蓝色被褥材质

在材质编辑器中新建一个 ● 标准 材质，在"明暗器基本参数"卷展栏中把类型改为"（0）Oren-Nayar-Blinn（绒布）"。将"环境光"的颜色值设为（红：139，绿：37，蓝：37），在"漫反射"通道中添加一张蓝色的布纹贴图，勾选"颜色"选项并在其通道中添加"遮罩"。

在"贴图"通道中添加Falloff（衰减），将衰减的"侧"通道颜色值设为（红：86，绿：86，蓝：86），衰减类型改为"Fresnel"。

在"遮罩"通道中同样添加Falloff（衰减），将衰减的"光"通道颜色值设为（红：50，绿：50，蓝：50），衰减类型改为"阴影/灯光"。

调整"粗糙度"为20，如图11-30所示。

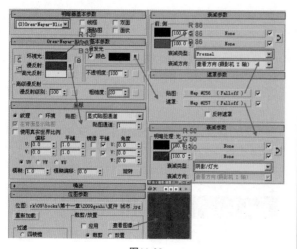

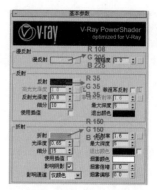

图11-33

磨砂玻璃材质的渲染效果如图11-34所示。

图11-30

打开"贴图"卷展栏，在"凹凸"通道中添加一张布纹贴图，把"凹凸"强度设为50，如图11-31所示。

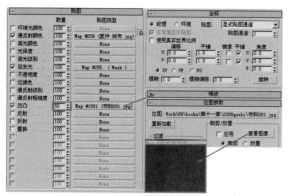

图11-31

蓝色被褥材质的渲染效果如图11-32所示。

图11-34

## 11.3.8 灰色床材质

在材质编辑器中新建一个 VR材质，将"漫反射"的颜色值设为（红：128，绿：128，蓝：128）。

在"反射"通道中添加"衰减"程序贴图，并将"衰减"中的"侧"通道颜色设为（红：121，绿：131，蓝：150），选择衰减类型为"Fresnel"，把"高光光泽度"设置为0.75、"反射光泽度"设置为0.85、"细分"为15，如图11-35所示。

图11-32

## 11.3.7 磨砂玻璃材质

在材质编辑器中新建一个 VR材质，将"漫反射"颜色值设为（红：108，绿：205，蓝：225）。

设置"反射"颜色为（红：35，绿：35，蓝：35），调整"反射光泽度"为0.8、"细分"为10。

设置"折射"颜色为（红：150，绿：150，蓝：150），调整"光泽度"为0.65、"细分"为15，勾选"影响阴影"选项，如图11-33所示。

图11-35

灰色床材质的渲染效果如图11-36所示。

图11-36

## 11.3.9 藤椅材质

藤椅的凹凸较大、有缝隙，对光的敏感度很弱。

在材质编辑器中新建一个 VR材质，在"漫反射"通道中添加一张藤编贴图，将贴图的"模糊"值设为0.5。

在"反射"通道中添加"衰减"程序贴图，将衰减的"侧"通道颜色值设为（红：64，绿：70，蓝：80），选择衰减类型为"Fresnel"，把"高光光泽度"设置为0.85、"反射光泽度"设置为0.85、"细分"改为15，如图11-37所示。

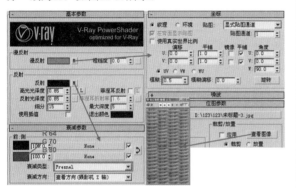

图11-37

打开"贴图"卷展栏，将"漫反射"通道中的贴图拖曳到"凹凸"通道中，并将"凹凸"强度设为30，在"不透明度"通道中添加一张黑白贴图，把贴图的"模糊"值设为0.5，如图11-38所示。

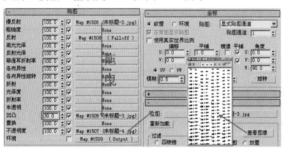

图11-38

藤椅材质的渲染效果如图11-39所示。

图11-39

## 11.3.10 木地板材质

在材质编辑器中新建一个 VR材质，在"漫反射"通道中添加一张木纹贴图，为了提高贴图的清晰度，将贴图的"模糊"值设为0.01。

在"反射"通道中添加"衰减"程序贴图，将其"侧"通道的颜色设置为（红：80，绿：88，蓝：100），选择衰减类型为"Fresnel"，设置"高光光泽度"为0.7、"反射光泽度"为0.85、"细分"为15，如图11-40所示。

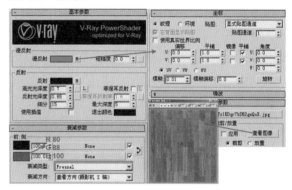

图11-40

打开"贴图"卷展栏，将"漫反射"通道中的贴图拖曳到"凹凸"通道中，把"凹凸"强度设置为8.0，如图11-41所示。

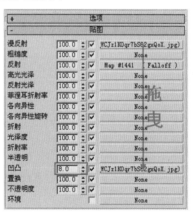

图11-41

木地板材质的渲染效果如图11-42所示。

图11-42

# 11.4 早晨灯光效果的设定

早晨，旭日伴着薄雾缓缓升起，给人一种清新且充满朝气的感觉。这时阳光的效果比较微弱，而室内的光线较暗，气氛清冷，主要亮度来自天光。从这些特点来分析本场景的布光，我们应该将天光作为主体光，根据场景需要再对其他光源进行设置。

## 11.4.1 设置测试渲染参数

01 按F10键打开"渲染设置"对话框，在"全局开关"卷展栏中设置"默认灯光"为关，取消勾选"光泽效果"，设置"二次光线偏移"为0.001，如图11-43所示。

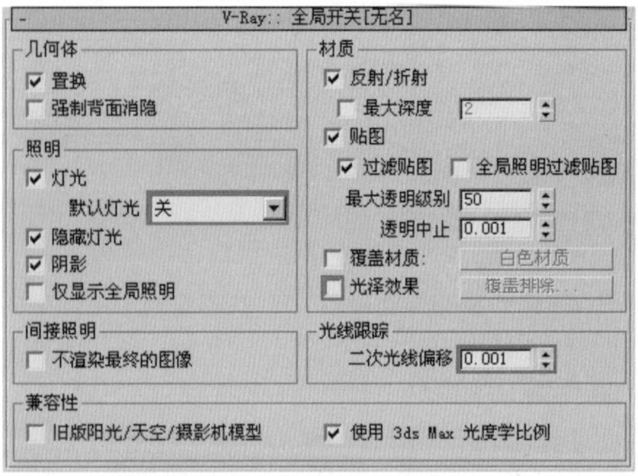

图11-43

02 在"图像采样器（反锯齿）"卷展栏中设置图像采样器类型为"固定"，并关闭"抗锯齿过滤器"开关，如图11-44所示。

图11-44

03 在"颜色贴图"卷展栏中设置曝光类型为"指数"，勾选"子像素贴图"与"钳制输出"选项，如图11-45所示。

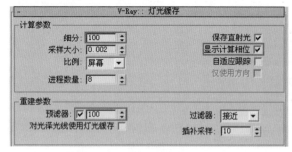

图11-45

04 在"间接照明"卷展栏中勾选全局光开关，设置首次反弹全局光引擎为"发光图"，设置二次反弹全局光引擎为"灯光缓存"，如图11-46所示。

图11-46

05 在"发光图"卷展栏中设置当前预置为"自定义"，然后设置基本参数中的"最小比率"为-3，设置"最大比率"为-3，调整"半球细分"为20，如图11-47所示。

图11-47

06 在"灯光缓冲"卷展栏中设置"细分"为100，勾选"显示计算相位"选项，然后勾选"预滤器"开关并设置预滤器数值为100，如图11-48所示。

图11-48

## 11.4.2 制作窗户外景

01 在顶视图建立一个圆柱体，将其转换成可编辑多边形，然后删除圆柱体的顶面和底面，放置到合适的位置，效果如图11-49所示。

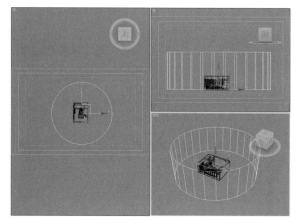

图11-49

02 将外景模型设置为"VR灯光材质",设置"颜色"强度为2.0,在"颜色"通道中添加一张外景天空贴图,勾选"背面发光"选项,如图11-50所示。

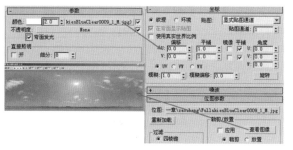

图11-50

## 11.4.3 设置场景灯光

01 在场景中创建一个VRay的"平面"灯光,具体位置如图11-51所示。

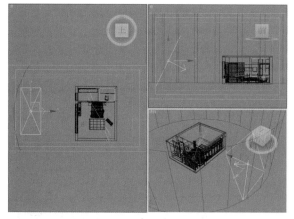

图11-51

02 对灯光的参数进行设置,将灯光的"倍增器"大小设置为25,调整"颜色"值为(红:91,绿:133,蓝:220),勾选"不可见"选项,设置"细分"为22,如图11-52所示。

图11-52

03 按F9键对场景进行一次测试渲染,渲染结果如图11-53所示。

图11-53

观察渲染图像,感觉早晨的整体气氛有了,但是暗部过黑显得画面有些堵,不够通透,可以打亮小房间内的灯光来进行弥补。

04 在小房间的吸顶灯内创建一个VRay的"球体"灯,具体位置如图11-54所示。

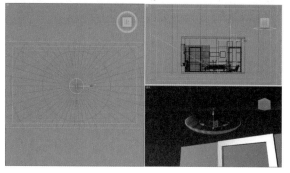

图11-54

05 将灯光的"倍增器"大小设为10000，修改"颜色"值为（红：255，绿：196，蓝：92），勾选"不可见"选项，设置"细分"为22，如图11-55所示。

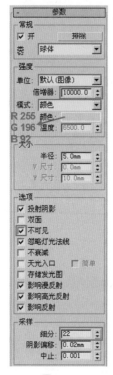

图11-55

06 按F9键对场景灯光进行测试渲染，效果如图11-56所示。

图11-56

为了增强画面的冷暖对比，将小房间的灯光设置成了暖色调，这样画面更为生动。从渲染结果来看，场景由于缺乏阳光而使得画面缺少了早晨的朝气，下面将对场景设置一个阳光，完善整体效果。

07 在 面板的"标准"选项下单击 目标平行光 按钮，然后在顶视图中创建一盏目标平行光作为本场景的阳光照明，灯的具体位置如图11-57所示。

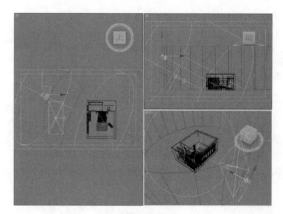

图11-57

08 对灯光的参数进行设置，勾选"启用"选项打开阴影，把阴影类型改为"VRay阴影"，将灯光的"倍增"大小设置为2.0，颜色设置为（红：255，绿：208，蓝：133）。

在"平行光参数"卷展栏中把"聚光区/光束"设置为10000、"衰减区/区域"设置为15000。

打开"VRay阴影参数"卷展栏，勾选"区域"选项，选择类型为"球体"，U/V/W大小分别设置为150mm/150mm/150mm（目的是让阴影边缘虚化更为真实），"细分"为15，如图11-58所示。

图11-58

09 阳光的参数设置完成后，按F9键对场景进行测试渲染，效果如图11-59所示。

图11-59

通过测试的效果来看，阳光的位置与亮度都比较合适，而画面的整体气氛也达到了理想效果，下面来设置一个比较高的渲染参数进行大图渲染。

## 11.4.4 设置最终出图的渲染参数

**01** 设置输出图像大小，参数设置如图11-60所示。

图11-60

**02** 在"全局开关"卷展栏中设置"默认灯光"为关，勾选"光泽效果"选项，设置"二次光线偏移"为0.001，如图11-61所示。

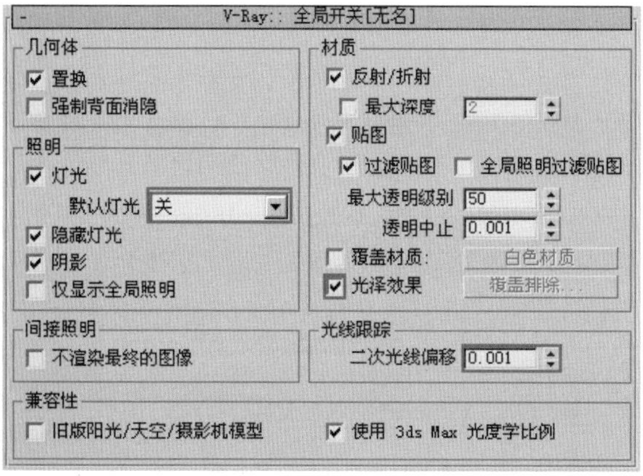

图11-61

**03** 在"图像采样器（反锯齿）"卷展栏中设置"图像采样器"类型为"自适应确定性蒙特卡洛"，打开"抗锯齿过滤器"开关，并设置采样器类型为"VRay蓝佐斯过滤器"，调整"大小"为1.5，如图11-62所示。

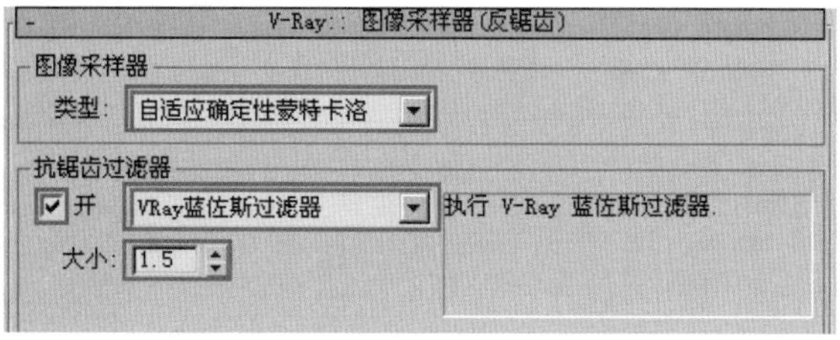

图11-62

**04** 在"自适应DMC图像采样器"卷展栏中将"最小细分"设置为1、"最大细分"设置为4，如图11-63所示。

图11-63

**05** 在"颜色贴图"卷展栏中设置曝光类型为"指数"，勾选"子像素贴图"选项，如图11-64所示。

图11-64

**06** 在"间接照明"卷展栏中设置首次反弹全局光引擎为"发光图"，设置二次反弹全局光引擎为"灯光缓存"，如图11-65所示。

图11-65

**07** 在"发光图"卷展栏中设置当前预置等级为"自定义"，调整"最小比率"为-5、"最大比率"为-2、"半球细分"为50，勾选"显示计算相位"选项，如图11-66所示。

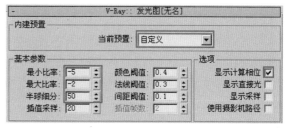

图11-66

**08** 在"灯光缓存"卷展栏中设置"细分"为1000，打开"预滤器"开关并设置"预滤器"数值为100，勾选"保存直射光"和"显示计算相位"选项，如图11-67所示。

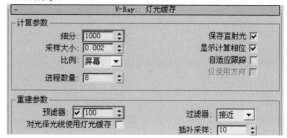

图11-67

**09** 在"DMC采样器"卷展栏中设置"适应数量"为0.8、"最小采样值"为16、"噪波阈值"为0.005，如图11-68所示。

图11-68

**10** 按F9键开始渲染出图，最后得到的成图效果如图11-69所示。

图11-69

# 11.5 午后灯光效果的设定

这个时间的太阳较高，光线较为强烈，阳光投射下的阴影也较为生硬，天光明亮，给人一种干净、通透的感觉，下面来进行灯光处理。

## 11.5.1 设置测试渲染参数

**01** 按F10键打开"渲染设置"对话框，在"全局开关"卷展栏中设置"默认灯光"为关，取消勾选"光泽效果"选项，设置"二次光线偏移"为0.001，如图11-70所示。

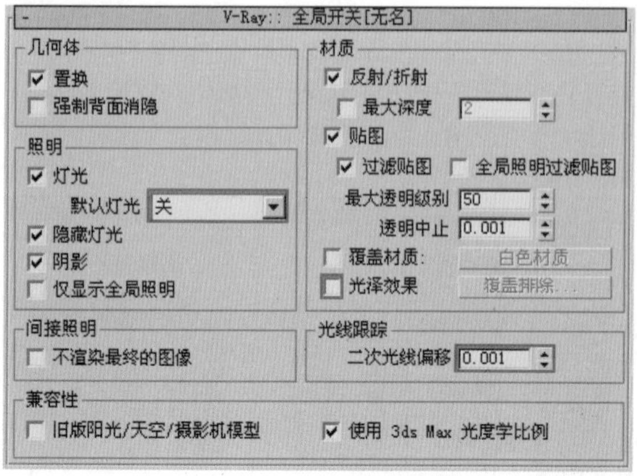

图11-70

**02** 在"图像采样器（反锯齿）"卷展栏中设置图像采样器类型为"固定"，并关闭"抗锯齿过滤器"开关，如图11-71所示。

图11-71

**03** 在"颜色贴图"卷展栏中设置曝光类型为"指数"，勾选"子像素贴图"与"钳制输出"选项，如图11-72所示。

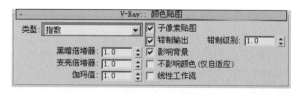

图11-72

**04** 在"间接照明"卷展栏中勾选全局光开关，设置首次反弹全局光引擎为"发光图"，设置二次反弹全局光引擎为"灯光缓存"，如图11-73所示。

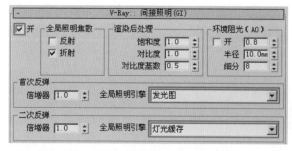

图11-73

**05** 在"发光图"卷展栏中设置当前预置为"自定义"，然后设置基本参数中的"最小比率"为-3、"最大比率"为-3、"半球细分"为20，如图11-74所示。

图11-74

**06** 在"灯光缓存"卷展栏中设置"细分"为100，勾选"显示计算相位"选项，然后勾选"预滤器"选项并设置"预滤器"数值为100，如图11-75所示。

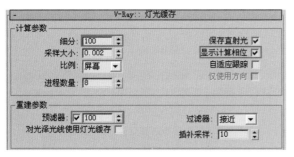

图11-75

## 11.5.2 设置窗户外景

01 在顶视图中建立一个圆柱体，将其转换成可编辑多边形，然后删除圆柱体的顶面和底面，放置到合适的位置，效果如图11-76所示。

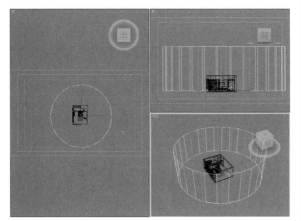

图11-76

02 将外景模型设置为"VR灯光材质"，设置"颜色"强度为3.5，然后在"颜色"通道中添加一张外景天空贴图，勾选"背面发光"选项，如图11-77所示。

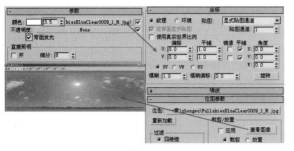

图11-77

## 11.5.3 设置场景灯光

01 在场景中创建一个VRay的"平面"灯光，用来模拟天光照明，具体位置如图11-78所示。

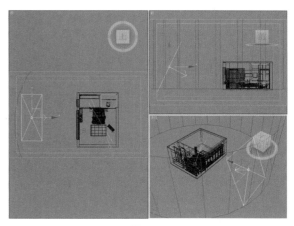

图11-78

02 将灯光"倍增器"大小设置为35，调整"颜色"为（红：188，绿：212，蓝：255），勾选"不可见"选项，采样"细分"为22，如图11-79所示。

图11-79

03 按F9键对场景进行测试渲染，渲染结果如图11-80所示。

图11-80

259

04 在小房间的吸顶灯内创建一个VRay的"球体"灯，具体位置如图11-81所示。

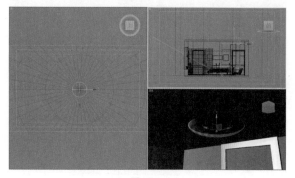

图11-81

05 将灯光"倍增器"大小设置为20000，修改"颜色"值为（红：220，绿：232，蓝：255），勾选"不可见"选项，设置"细分"为22，如图11-82所示。

图11-82

06 按F9键对场景进行测试渲染，渲染结果如图11-83所示。

图11-83

现在观察渲染结果，发现场景的整体亮度和气氛都比较合适，但是缺乏了阳光的衬托使得午后的效果不强烈，下面来设置阳光照明。

07 在 面板的"标准"选项下单击 目标平行光 按钮，然后在顶视图中创建一盏目标平行光作为本场景的阳光照明，灯的具体位置如图11-84所示。

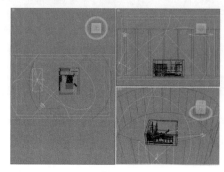

图11-84

08 勾选"启用"选项，把阴影类型改为"VRay阴影"，将灯光"倍增"大小设置为15，颜色设置为（红：255，绿：190，蓝：105）。

在"平行光参数"卷展栏中把"聚光区/光束"设置为10000、"衰减区/区域"设置为15000。

打开"VRay阴影参数"卷展栏，勾选"区域"选项，选择类型为"球体"，U/V/W大小分别设置为60mm/60mm/60mm（目的是让阳光投射的阴影较为生硬，体现午后阳光的特征），设置"细分"为15，如图11-85所示。

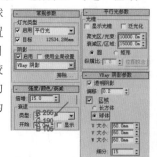

图11-85

09 按F9键对场景进行测试渲染，渲染结果如图11-86所示。

图11-86

从这次的渲染结果来看，灯光气氛以及午后阳光的感觉都达到了理想效果，下面设置一个比较高的参数渲染成品图。

渲染成图的参数设置与上一小节的设置基本一致，这里就不重复讲解了，最终渲染效果如图11-87所示。

图11-87

# 11.6 黄昏灯光效果的设定

黄昏是一天中比较特别的一个时辰，黄昏的阳光很黄，气氛很浓厚，色彩比例比较丰富。云彩在阳光的影响下也出现了泛红的现象，如果室内没有太过强烈的灯光，那么主要气氛都来自于天光和阳光。根据这些特点可以确定大致的布光思路，下面将对黄昏效果进行具体布光。

## 11.6.1 设置窗户外景

关于测试渲染的参数，请读者参考前面的设置，这里就不再重复讲解了。

01 在顶视图建立一个圆柱体，将其转换成可编辑多边形，然后删除圆柱体的顶面和底面，放置到合适的位置，效果如图11-88所示。

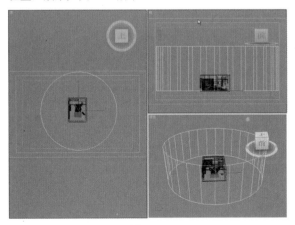

图11-88

02 将外景模型设置为"VR灯光材质"，设置"颜色"强度为1.5，然后在"颜色"通道中添加一张外景天空贴图，勾选"背面发光"选项，如图11-89所示。

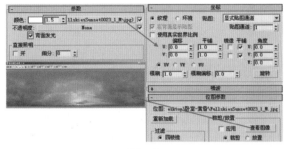

图11-89

## 11.6.2 设置场景灯光

01 在场景中创建一个VRay的"平面"灯光，用来模拟天光照明，具体位置如图11-90所示。

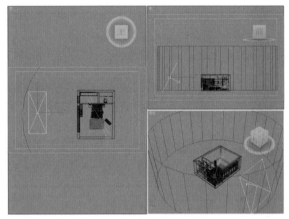

图11-90

02 将灯光的"倍增器"大小设置为8.0，灯光"颜色"设置为（红：255，绿：174，蓝：87），勾选"不可见"选项，采样"细分"为22，如图11-91所示。

图11-91

**03** 按F9键对场景进行测试渲染，渲染结果如图11-92所示。

图11-92

从渲染结果来看，画面呈现淡淡的黄色，很有黄昏时候天光的味道，如果在小房间打一盏冷色调的灯，使画面呈现冷暖对比，那么画面效果会更丰富。

**04** 在小房间的吸顶灯内创建一个VRay的"球体"灯，具体位置如图11-93所示。

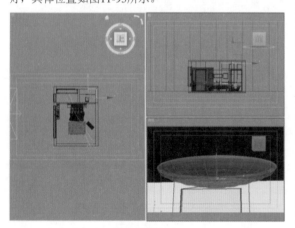

图11-93

**05** 把灯光"倍增器"大小设置为20000，"颜色"设置为（红：220，绿：232，蓝：255），勾选"不可见"选项，采样"细分"为22，如图11-94所示。

图11-94

**06** 按F9键对场景灯光进行测试渲染，渲染结果如图11-95所示。

图11-95

**07** 在面板的"标准"选项下单击 目标平行光 按钮，然后在顶视图中创建一盏目标平行光作为本场景的阳光照明，灯的具体位置如图11-96所示。

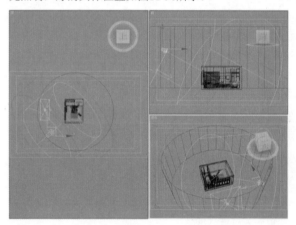

图11-96

**08** 对灯光的参数进行设置，勾选"启用"选项打开阴影，把阴影类型改为"VRay阴影"，将灯光的"倍增"大小设置为3.0，颜色设置为（红：255，绿：124，蓝：8）。

在"平行光参数"卷展栏中把"聚光区/光束"设置为10000，"衰减区/区域"设置为15000。

打开"VRay阴影参数"卷展栏，勾选"区域"选项，选择类型为"球体"，U/V/W大小分别设置为150mm/150 mm/150mm（目的是让阴影边缘虚化更为真实），"细分"为15，如图11-97所示。

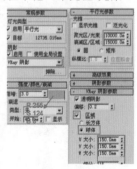

图11-97

09 按F9键对场景的整体灯光进行测试渲染，渲染结果如图11-98所示。

图11-98

从最终的测试效果来看，整体气氛以及灯光效果都达到了理想状态，下面进行成图输出，最终效果如图11-99所示。

图11-99

技巧与提示 第10章和本章都分别表现了一个空间的早、中、晚3种气氛效果，虽然目的是一样的，但是表现手法却完全不同。第10章采用"VR太阳"来模拟阳光、采用"穹顶"灯来模拟天光，而本章则采用"目标平行光"来模拟阳光、采用"平面"灯来模拟天光。由此可见，在制作效果图的时候，有时候可以用多种办法达到一个目的，这就需要我们熟练掌握并灵活选择了。

# 11.7 Photoshop后期处理

## 11.7.1 早晨效果后期处理

01 使用Photoshop打开渲染完成的图像，如图11-100所示，此时的画面效果略显沉闷，缺乏早晨的朝气。

图11-100

02 执行"图像>调整>曲线"命令，然后在"曲线"上添加一个点，把点的"输出"值设置为66，"输入"值设置为44，调节后的效果如图11-101所示。

图11-101

03 继续观察画面，感觉画面的亮部还不够通透，这里可以通过"亮度/对比度"来进行调节。执行"图像>调整>亮度/对比度"命令，将"亮度"值设为6，"对比度"值设为9，调整后的效果如图11-102所示。

图11-102

04 观察图像，感觉画面有些过暖，需要将其变冷一点，这样更符合早晨的感觉。执行"图像>调整>照片滤镜"命令，在弹出的"照片滤镜"话框内把"滤镜"改为"冷却滤镜（82）"，设置"浓度"值为8%，如图11-103所示。

**图11-103**

调节后的效果如图11-104所示。

**图11-104**

通过上面一系列的调节，得到了早晨效果的成品图，整个画面通透、清爽，阳光效果也比较温和。

## 11.7.2 午后效果后期处理

01 使用Photoshop打开渲染完成的图像，如图11-105所示。

**图11-105**

02 观察图像，发现整体亮度偏暗，这里可以用"曲线"工具进行调节。执行"图像>调整>曲线"命令，在"曲线"上添加一个点，把点的"输出"值设为59，"输入"值设为43，调节后的效果如图11-106所示。

**图11-106**

03 现在观察画面，发现色彩饱和度有些偏差，过于平淡，这里可以通过"自然饱和度"来调节。执行"图像>调整>自然饱和度"命令，把"自然饱和度"值设为46、"饱和度"值设为6，如图11-107所示。

**图11-107**

调整后的效果如图11-108所示。

**图11-108**

04 观察现在的画面效果，发现暗部还没有沉下去，这里可以通过"色阶"来调节。执行"图像>调整>色阶"命令，将RGB的暗部值设为6，灰度值设为1.05，其他保持默认设置，如图11-109所示。

**图11-109**

调节后的效果如图11-110所示。

图11-110

05 现在观察画面，感觉整体效果已经比较理想了，为了让画面更为生动，可以添加一个冷色照片滤镜。执行"图像>调整>照片滤镜"命令，将"滤镜"类型改为"冷却滤镜（82）"，把"浓度"值设为8%，如图11-111所示。

图11-111

调节后的效果如图11-112所示。

图11-112

通过后期处理，得到了最终的午后效果，整个画面明亮通透，色彩对比鲜明。

## 11.7.3 黄昏效果后期处理

01 使用Photoshop打开渲染完成的图像，如图11-113所示。

图11-113

02 把背景图层复制一份，得到一个新的图层，将新图层的图层混合模式改为"滤色"，把"不透明度"设置为70%，通过这样的处理把画面提亮，调节后的效果如图11-114所示。

图11-114

03 从调节后的效果来看，整体亮度已经合适，但是画面的暗部也随之亮起来了，显得不够沉。继续把背景图层复制一份，得到一个新的图层，将新图层的图层混合模式改为"柔光"，设置"不透明度"为20%，调节后的效果如图11-115所示。

图11-115

04　继续观察图像，感觉黄昏的气氛还不够浓厚，这里可以通过添加"照片滤镜"来进行调节。执行"图像>调整>照片滤镜"命令，将滤镜类型改为"加温滤镜（85）"，把"浓度"值设为30%，如图11-116所示。

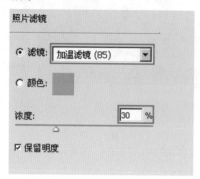

图11-116

调整完毕的效果如图11-117所示，这样就完成了后期处理。

图11-117

## 11.8　本章小结

本章讲解了一个现代卧室在早晨、午后、黄昏3个不同时段的效果表现，详细讲解了不同时段不同灯光的布置，以及不同时段室内气氛的把握。目的是让读者学习如何在不同时候根据不同特点来进行灯光布置，以及如何在后期处理中实现各种气氛的调节和完善。

# 第12章 豪华欧式客厅——华丽的室内光效果

**本章学习要点**

》》 3ds Max混合材质的应用

》》 利用室内灯光营造欧式空间的华丽气氛

》》 通过特殊通道在后期处理中模拟灯光光晕效果

## 12.1 空间简介

本场景表现的是一个欧式客厅空间，因室内物体比较多，模型比较复杂，所以采用了天光与人工光相结合的表现方法，重点体现白天室内光的效果，最终渲染效果如图12-1所示。从本例中读者将重点学习复杂欧式场景的处理方法及注意事项。

图12-1

## 12.2 创建摄影机及检查模型

### 12.2.1 创建摄影机

01 打开本书配套资源中的案例场景白模，如图12-2所示。

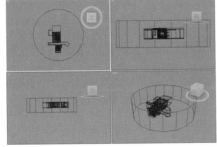

图12-2

02 切换到顶视图，在顶视图中创建一个"目标摄影机"，调整摄影机的焦距和位置，使摄影机有一个较好的观察范围，如图12-3所示。

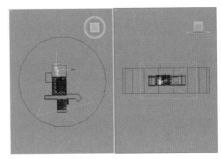

图12-3

03 在修改器面板中设置"目标摄影机"的参数，如图12-4所示。

图12-4

04 按C键切换到摄影机视图进行检查，如图12-5所示。

267

图12-5

## 12.2.2 检查模型

01 按F10键打开"渲染设置"对话框，在"公用参数"卷展栏中设置图像输出宽度为800、高度为480，如图12-6所示。

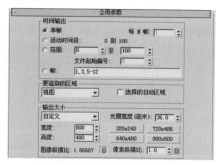

图12-6

02 在"全局开关"卷展栏中关闭"默认灯光"，将"二次光线偏移"设置为0.001，并给予模型一个白色的覆盖材质，如图12-7所示。

图12-7

03 在"图像采样器（反锯齿）"卷展栏中设置"图像采样器"类型为"固定"，并关闭"抗锯齿过滤器"开关，如图12-8所示。

图12-8

04 在"颜色贴图"卷展栏中设置曝光类型为"指数"，如图12-9所示。

图12-9

05 在"间接照明"卷展栏中设置首次反弹为"发光图"类型，设置二次反弹为"灯光缓存"类型，如图12-10所示。

图12-10

06 在"发光图"卷展栏中设置当前预置参数为"自定义"，设置"半球细分"为20，如图12-11所示。

图12-11

07 在"灯光缓存"卷展栏中设置细分为200，如图12-12所示。

图12-12

08 在窗口处创建一盏VRay的"平面"灯光，位置如图12-13所示。

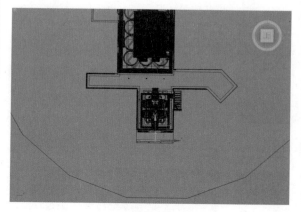

图12-13

09 在修改面板中设置灯光颜色值为（红：212，绿：236，蓝：255），设置灯光"倍增器"为300，如图12-14所示。

图12-14

10 按F9键进行测试渲染，渲染结果如图12-15所示。

图12-15

# 12.3 设置客厅材质

为了便于讲解，这里给最终效果图上的材质编号，根据图上的标识号来对材质一一设定，如图12-16所示。

图12-16

## 12.3.1 风格墙面材质

这里采用混合材质来制作风格墙面，可以达到更加真实的效果。

在材质编辑器中新建一个 混合 材质，在"材质1"中设置一个"VR材质"，调整"漫反射"通道颜色为（红：56，绿：44，蓝：31）；设置"反射"通道颜色为47的灰度值，调整"反射光泽度"为0.65、"细分"为24。

在"材质2"中同样设置一个"VR材质"，调整"漫反射"通道颜色为（红：177，绿：141，蓝：79）；设置"反射"通道颜色为122的灰度值，调整"高光光泽度"为0.85、"反射光泽度"为0.9、"细分"为18。

在"遮罩"通道中添加一张黑白墙纸贴图，如图12-17所示。

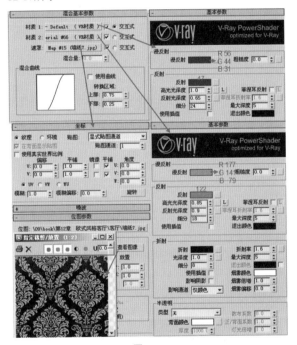

图12-17

风格墙面材质的渲染效果如图12-18所示。

图12-18

## 12.3.2 镜子材质

在材质编辑器中新建一个 VR材质，设置"漫反射"通道颜色为（红：36，绿：26，蓝：8），设置"反射"通道颜色值为87的灰度值，如图12-19所示。

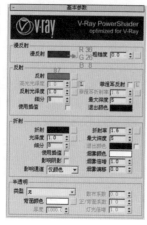

图12-19

镜子材质的渲染效果如图12-20所示。

图12-20

## 12.3.3 白色大理石材质

在材质编辑器中新建一个 VR材质，在"漫反射"通道添加一张大理石贴图，在"反射"通道添加一个"衰减"程序贴图，选择衰减类型为"Fresnel"，设置"高光光泽度"为0.95、"反射光泽度"为0.95、"细分"为10，如图12-21所示。

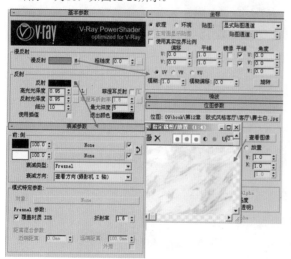

图12-21

白色大理石材质的渲染效果如图12-22所示。

图12-22

## 12.3.4 坐垫材质

在材质编辑器中新建一个 VR材质，在"漫反射"通道中添加一张布纹贴图。

设置"反射"通道颜色值为30的灰度，设置"高光光泽度"为0.6、"反射光泽度"为0.65。

在"凹凸"通道栏添加一张同样的布纹贴图，设置"凹凸"强度值为10，如图12-23所示。

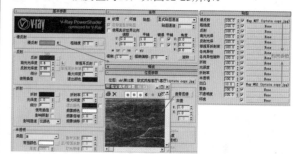

图12-23

坐垫材质的渲染效果如图12-24所示。

图12-24

## 12.3.5 银色材质

在材质编辑器中新建一个 VR材质，在"漫反射"通道中添加一张银色纹理贴图，设置"平铺"的U/V参数值为3.0/3.0。

设置"反射"通道的颜色值为81的灰度，调整"高光光泽度"为0.6、"反射光泽度"为0.8、"细分"为24。

在"凹凸"通道中添加一张同样的纹理贴图，设置"凹凸"强度值为10，如图12-25所示。

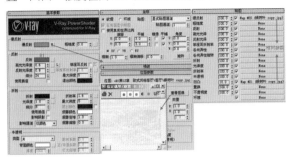

图12-25

银色材质的渲染效果如图12-26所示。

图12-26

## 12.3.6 台灯灯罩材质

在材质编辑器中新建一个 VR材质 ，在"漫反射"通道添加一张灯罩贴图，将"折射"通道颜色设置为44的灰度，并勾选"影响阴影"选项，如图12-27所示。

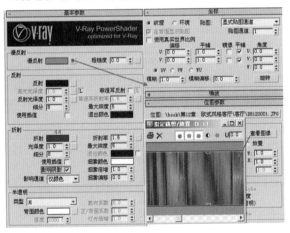

图12-27

灯罩材质的渲染效果如图12-28所示。

图12-28

## 12.3.7 青玻璃材质

在材质编辑器中新建一个 VR材质 ，设置"漫反射"通道颜色为（红：255，绿：251，蓝：242），设置"反射"通道颜色为45的灰度，设置"折射"通道颜色为245的灰度，调整"折射率"值为2.0，勾选"影响阴影"选项，如图12-29所示。

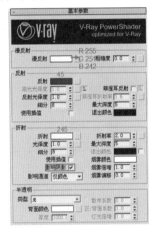

图12-29

青玻璃材质的渲染效果如图12-30所示。

图12-30

## 12.3.8 黑色大理石材质

在材质编辑器中新建一个 VR材质 ，在"漫反射"通道添加一张大理石贴图。

在"反射"通道添加一个"衰减"程序贴图，

设置衰减类型为"Fresnel"，调整"高光光泽度"为0.9、"反射光泽度"为0.98，如图12-31所示。

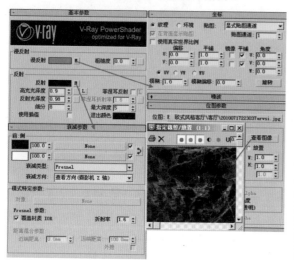

图12-31

黑色大理石材质的渲染效果如图12-32所示。

图12-32

### 12.3.9 椅子靠垫材质

在材质编辑器中新建一个 ⊙VR材质，在"漫反射"通道中添加一张布纹贴图，在"凹凸"通道中添加一张同样参数的布纹贴图，设置"凹凸"强度值为20，如图12-33所示。

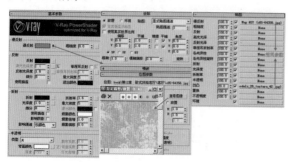

图12-33

椅子靠垫材质的渲染效果如图12-34所示。

图12-34

## 12.4 布置客厅灯光

本案例的进光口比较小，但是客厅空间相对较大，设计有层次感，因此要根据这两个要素来布置此案例的灯光。布光也需要表现出很好的层次感，要有合适的变化，这样出来的效果才会更加理想。因为空间的进深较深，这里采用白天表现手法，灯光主要以室内灯光为主，天光为辅。

### 12.4.1 设置测试渲染参数

01 按F10键打开"渲染设置"对话框，在"全局开关"卷展栏中关闭"默认灯光"及"光泽效果"，设置"二次光线偏移"值为0.001，如图12-35所示。

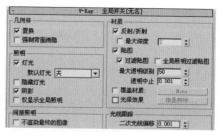

图12-35

02 在"图像采样器（反锯齿）"卷展栏中设置图像采样器类型为"固定"，并关闭"抗锯齿过滤器"开关，如图12-36所示。

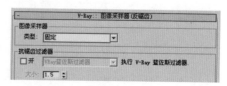

图12-36

03 在"颜色贴图"卷展栏中设置曝光类型为"指数"，如图12-37所示。

图12-37

04 在"间接照明"卷展栏中勾选"全局光"开关，设置首次反弹为"发光图"，设置二次反弹为"灯光缓存"，如图12-38所示。

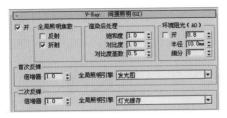

图12-38

05 在"发光图"卷展栏中设置当前预置为"自定义"，然后设置"基本参数"中的"最小比率"值为-3，设置"最大比率"值为-3，调整"半球细分"值为20，如图12-39所示。

图12-39

06 在"灯光缓存"卷展栏中设置"细分"值为200，为了观察"灯光缓存"的计算过程，勾选"显示计算相位"选项，然后勾选"预滤器"开关选项并设置"预滤器"数值为100，如图12-40所示。

图12-40

## 12.4.2 VRay天光的设定

01 切换到顶视图，在房间窗口位置处创建一盏VRay的"平面"灯光，用来模拟室外天光照明，具体位置如图12-41所示。

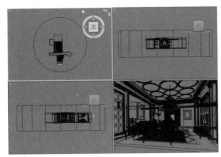

图12-41

02 在修改面板中设置"平面"灯光的参数，如图12-42所示。

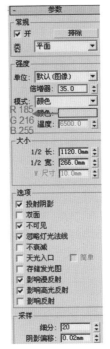

图12-42

03 灯光设置完后，按F9键进行测试渲染，测试结果如图12-43所示，感觉天光的效果还不错，窗口位置的亮度比较适中，不过室内还需要布置人工光来进一步打亮。

图12-43

## 12.4.3 设置客厅室内灯光

01 根据天花板四周筒灯位置来布置筒灯灯光，这里使用光度学灯光中的"目标灯光"，具体位置如图12-44所示。注意，在复制灯光的时候，一定要采用关联复制方式。

图12-44

**02** 在创建完的灯光中选择其中一盏并对灯光的参数进行设置，首先在"常规参数"卷展栏中勾选"启用"选项，并设置阴影类型为"阴影贴图"，"灯光分布"类型设置为"光度学Web"；在"分布（光度学Web）"卷展栏的光度学文件通道中添加"28.ies"光域网文件；在"强度/颜色/衰减"卷展栏中设置"过滤颜色"值为（红：255，绿：224，蓝：175），设置"结果强度"值为500%，如图12-45所示。

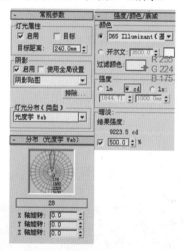

图12-45

**03** 按F9键进行测试渲染，测试结果如图12-46所示。

图12-46

**04** 接下来布置室内灯带的灯光，灯光位置如图12-47所示，参数设置如图12-48所示。

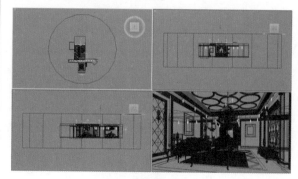

图12-47

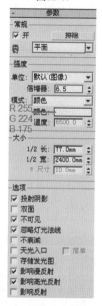

图12-48

**05** 进行一次测试渲染，测试渲染结果如图12-49所示。

图12-49

**06** 从测试图可以看出，室内整体气氛已经有了，下面需要布置辅助灯光来达到更理想的效果。首先在客厅合适位置添加一些射灯（采用3ds Max的"目标灯光"），位置如图12-50所示，参数设置如图12-51所示。

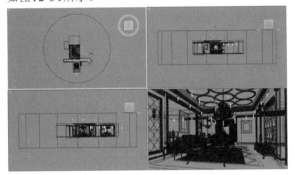

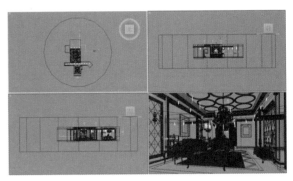

图12-53

图12-50

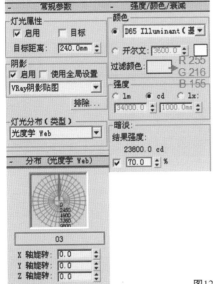

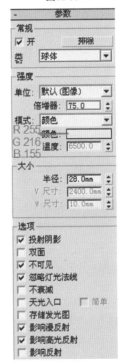

图12-51

图12-54

07 进行一次测试渲染，测试渲染结果如图12-52所示。

09 再次进行测试渲染，测试渲染结果如图12-55所示。

图12-52

图12-55

08 下面来创建台灯、壁灯和吊灯的灯光，位置如图12-53所示，参数设置如图12-54所示。

观察测试渲染结果，感觉整体效果已经很满意了，接下来设置一个比较高的参数来渲染成品图。

## 12.4.4 设置最终出图参数

01 设置成图的"输出大小"的宽度为2500，高度为1500，如图12-56所示。

图12-56

02 在"全局开关"卷展栏中勾选"光泽效果"选项，为了防止出图产生破面，设置"二次光线偏移"值为0.001，如图12-57所示。

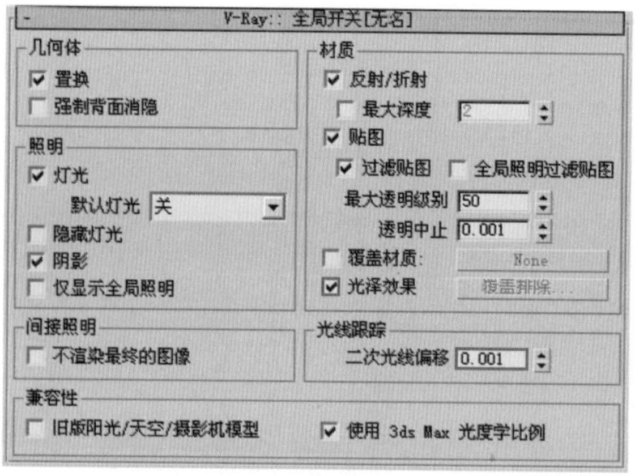

图12-57

03 在"图像采样器（反锯齿）"卷展栏中设置"图像采样器"类型为"自适应确定性蒙特卡洛"，打开"抗锯齿过滤器"开关，并设置采样器类型为"VRay蓝佐斯过滤器"，如图12-58所示。

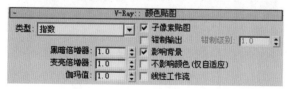

图12-58

04 在"颜色贴图"卷展栏中设置曝光类型为"指数"，如图12-59所示。

图12-59

05 在"间接照明"卷展栏中设置首次反弹为"发光图"，设置二次反弹为"灯光缓存"，如图12-60所示。

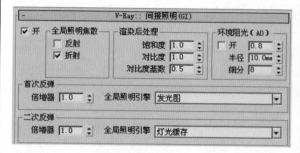

图12-60

06 在"发光图"卷展栏中设置"当前预置"等级为"自定义"，调整"最小比率"为-5、"最大比率"为-2，设置"半球细分"为60、"插值采样"为30，如图12-61所示。

图12-61

07 在"灯光缓存"卷展栏中设置"细分"值为1500，勾选"存储直接光"和"显示计算相位"选项，如图12-62所示。

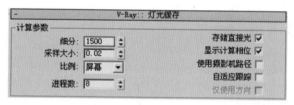

图12-62

08 在"DMC采样器"卷展栏中设置"适应数量"值为0.8、"最小采样值"为16、"噪波阈值"为0.002，如图12-63所示。

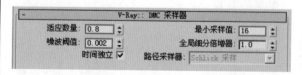

图12-63

09 其他参数保持默认即可，然后开始渲染出图，最后得到的成图效果如图12-64所示。

图12-64

10 将场景中的筒灯以及壁灯灯罩选择出来，赋予一个纯黑的材质，然后按快捷键Ctrl+I反选其他物体，赋予一个白色的材质，接着将其渲染出来作为通道，如图12-65所示。

图12-65

# 12.5 Photoshop后期处理

01 使用Photoshop打开渲染完成的图像，如图12-66所示。

图12-66

02 观察图像，感觉画面偏灰，对比度不够。这里再将背景图层复制一份，然后调整新图层的混合模式为"柔光"，设置新图层的"不透明度"为30%，如图12-67所示。

图12-67

03 将渲染好的通道图在Photoshop中打开，如图12-68所示。

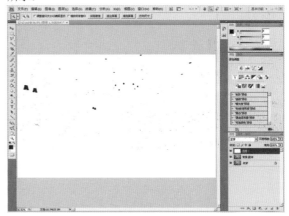

图12-68

04 选择筒灯和壁灯灯罩，按快捷键Ctrl+J复制一个新的图层，执行"滤镜>模糊>高斯模糊"菜单命令，设置模糊"半径"为30像素，用来模拟灯光光晕效果，如图12-69所示。

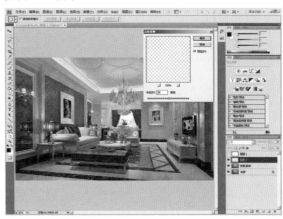

图12-69

05 为了让图像更加清新，执行"图像>调整>照片滤镜"菜单命令，在弹出的"照片滤镜"对话框中设置"滤镜"的色彩类型为"冷却滤镜（82）"，并设置"滤镜"的"浓度"值为5，如图12-70所示。

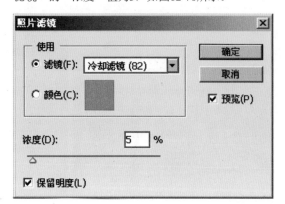

图12-70

使用"照片滤镜"后的效果如图12-71所示。

图12-71

到此，本案例的制作就结束了，如果大家还有不明白的地方，请参考配套资源中的视频教学进行反复学习。

## 12.6 本章小结

从制作的角度来讲，豪华欧式场景和其他风格的场景在技术上没有本质的区别，大体方法和思路都一样。只是欧式场景一般在渲染气氛上要求大气、华丽，材质的使用也要体现出富贵气质。另外，由于欧式场景的模型相对复杂得多，对渲染技术和硬件配置还是有较高要求的。

# 第13章 简约欧式卧室——清新的自然光效果

## 本章学习要点

» 使用"VR材质"制作各种常用室内材质

» 采用VRay的"平面"光模拟室外天光照明

» 采用"VR太阳"模拟阳光照明

## 13.1 空间简介

本案例讲解的是一个简单欧式风格的卧室空间，其特点是高贵典雅，简单中略显奢华。所以本案例决定采用清爽大气的灯光感觉来进行表现，突出那种简单、高贵的气氛，案例效果如图13-1所示。

图13-1

## 13.2 创建摄影机及检查模型

### 13.2.1 创建摄影机

01 打开本书配套资源中的案例场景白模，如图13-2所示。

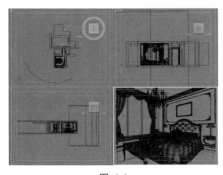

图13-2

02 在顶视图创建一个"VR物理摄影机"，然后调整摄影机的焦距和位置，使摄影机有一个较好的观察范围，如图13-3所示。

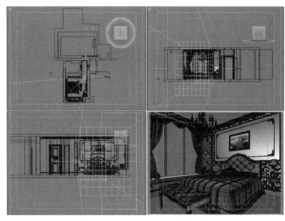

图13-3

03 在修改器面板中设置"VR物理摄影机"的参数，如图13-4所示。

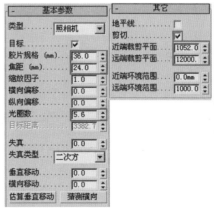

图13-4

04 按C键切换到摄影机视图，如图13-5所示。

图13-5

## 13.2.2 检查模型

**01** 按F10键打开渲染面板，在"公用参数"卷展栏中设置图像输出"宽度"为600、"高度"为450，如图13-6所示。

图13-6

**02** 在"全局开关"卷展栏中设置"默认灯光"为关，勾选"覆盖材质"以及"光泽效果"选项，将"二次光线偏移"设置为0.001，并给予模型一个白色的覆盖材质，如图13-7所示。

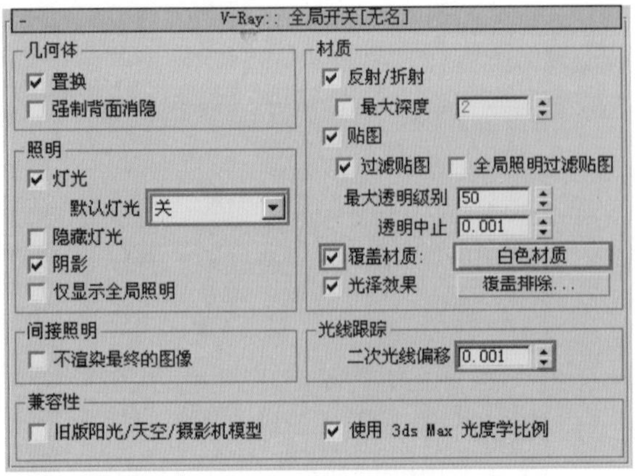

图13-7

**03** 在"图像采样器（反锯齿）"卷展栏中设置"图像采样器"的类型为"固定"采样，并关闭"抗锯齿过滤器"开关，如图13-8所示。

图13-8

**04** 在"颜色贴图"卷展栏中设置曝光类型为"莱茵哈德"，勾选"子像素贴图"选项，把"伽玛值"设置为2.2，如图13-9所示。

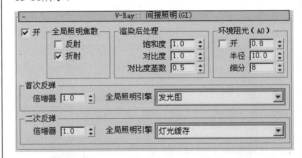

图13-9

**05** 在"间接照明"卷展栏中设置首次反弹为"发光图"类型，设置二次反弹为"灯光缓存"类型，如图13-10所示。

图13-10

**06** 在"发光图"卷展栏中设置当前预置参数为"非常低"，设置"半球细分"为20，如图13-11所示。

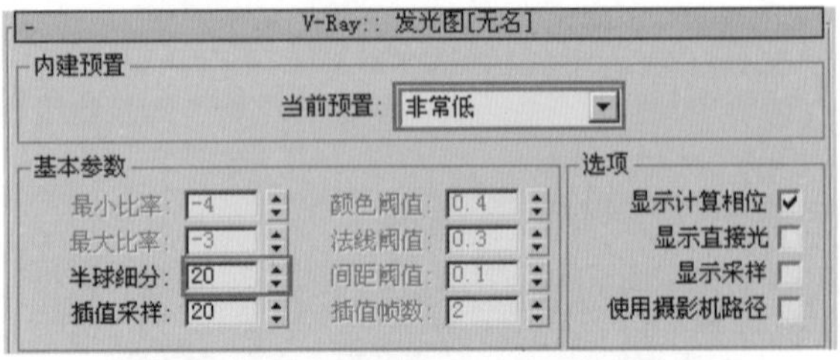

图13-11

**07** 在"灯光缓存"卷展栏中设置"细分"为200，其他面板参数保持默认设置，如图13-12所示。

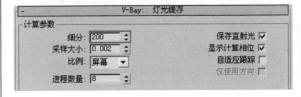

图13-12

**08** 在窗口处创建一盏VRay的"平面"灯光，位置如图13-13所示。

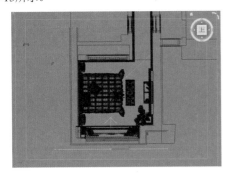

图13-13

**09** 在修改面板中设置灯光颜色值为（红：166，绿：187，蓝：255）；设置灯光"倍增器"为30，勾选"不可见"选项，取消勾选"影响反射"选项，采样"细分"设置为12，如图13-14所示。

图13-14

**10** 按F9键进行测试渲染，效果如图13-15所示。从效果来看整个场景的模型没有出现问题，接下来开始对场景的材质进行制作。

图13-15

# 13.3 制作场景中的材质

为了便于讲解，这里给最终效果图上的材质编号，根据图上的标识号来对材质一一设定，如图13-16所示。

图13-16

## 13.3.1 白色天花材质

在材质编辑器中新建一个 VR材质，把"漫反射"颜色设置为（红：200，绿：200，蓝：200），其他参数保持默认即可，如图13-17所示。

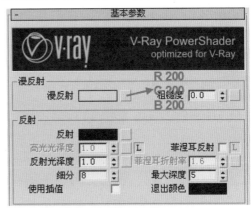

图13-17

白色天花材质的渲染效果如图13-18所示。

图13-18

281

## 13.3.2 地毯材质

在材质编辑器中新建一个 ⊙ VR材质，在"漫反射"通道中添加一张地毯贴图，如图13-19所示。

图13-19

打开"贴图"卷展栏，在"凹凸"通道中添加"混合"程序贴图。在"颜色#1"的"贴图"通道中添加地毯贴图，在"颜色#2"的"贴图"通道中添加一张灰度贴图，将"混合量"设置为85，接着把"颜色#1"通道中的贴图拖曳到"混合量"的贴图通道中，设置"凹凸"强度为50，如图13-20所示。

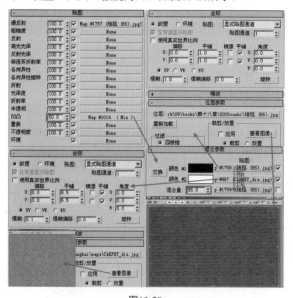

图13-20

地毯材质的渲染效果如图13-21所示。

图13-21

## 13.3.3 墙面材质

本例的墙面材质为一种印花墙纸材质，表面很光滑，反射不强。

在材质编辑器中新建一个 ⊙ 混合 材质，在"材质1"的通道中添加 ⊙ VR材质，在"漫反射"通道中添加一张墙纸贴图，打开"贴图"卷展栏，把"漫反射"通道中的贴图拖曳到"凹凸"通道中，并设置"凹凸"强度为10，如图13-22所示。

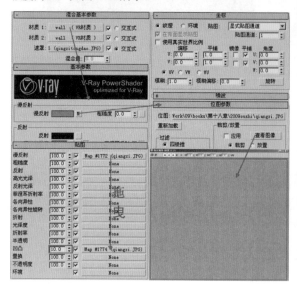

图13-22

在"材质2"的通道中也添加 ⊙ VR材质，在"漫反射"通道中添加一张墙纸贴图，打开"贴图"卷展栏，在"凹凸"通道中添加一张灰度贴图，设置"凹凸"强度为35，如图13-23所示。

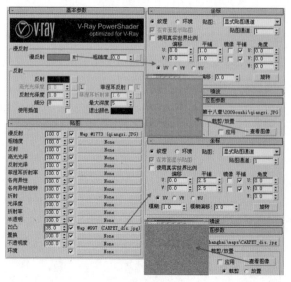

图13-23

在"遮罩"的通道中添加一张黑白的通道贴图，如图13-24所示。

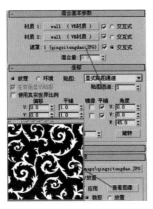

图13-24

墙面材质的渲染效果如图13-25所示。

图13-25

## 13.3.4  水晶材质

水晶材质跟玻璃类似，透光性很强，对光的折射很大。

在材质编辑器中新建一个 ●VR材质 ，将"漫反射"颜色设置为（红：0，绿：0，蓝：0）。

设置"反射"颜色为（红：255，绿：255，蓝：255），调整"高光光泽度"为0.9，勾选"菲涅耳反射"选项，打开"菲涅耳折射率"并设置折射率的值为2.4，设置"最大深度"为6，如图13-26所示。

图13-26

设置"折射"的颜色值为（红：255，绿：255，蓝：255），勾选"影响阴影"选项，调整"折射率"为2.4、"最大深度"为6，将"烟雾颜色"设置为（红：235，绿：243，蓝：255），设置"烟雾倍增"为0.01，如图13-27所示。

图13-27

水晶材质的渲染效果如图13-28所示。

图13-28

## 13.3.5  金属材质

在材质编辑器中新建一个 ●VR材质 ，设置"漫反射"颜色为（红：70，绿：70，蓝：70），调整"高光光泽度"为0.7、"反射光泽度"为0.8、"细分"为20，如图13-29所示。

图13-29

金属材质的渲染效果如图13-30所示。

图13-30

## 13.3.6  绒布材质

在材质编辑器中新建一个 ●VR材质 ，在"漫反射"通道中添加"衰减"程序贴图，然后在衰减的"前"

通道中添加一张浅色布纹贴图，在"侧"通道中添加一张深色布纹贴图，如图13-31所示。

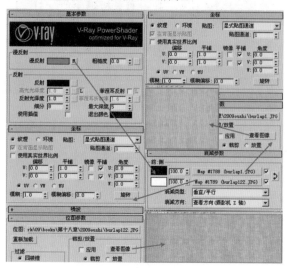

图13-31

打开"贴图"卷展栏，在"凹凸"通道中添加一张灰度贴图，为了增加贴图的清晰度，设置贴图的"模糊"值为0.25，并设置"凹凸"强度为80，如图13-32所示。

图13-32

绒布材质的渲染效果如图13-33所示。

图13-33

## 13.3.7 灯罩材质

在材质编辑器中新建一个 VR材质，把"漫反射"颜色设为（红：242，绿：242，蓝：242）。

在"折射"通道中添加"衰减"程序贴图，把衰减的"前"通道颜色设置为（红：201，绿：201，蓝：

201），把"侧"通道的颜色设置为（红：0，绿：0，蓝：0）；调整"光泽度"为0.8，勾选"影响阴影"选项，设置"折射率"为1.01，如图13-34所示。

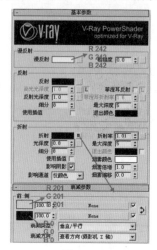

图13-34

灯罩材质的渲染效果如图13-35所示。

图13-35

## 13.3.8 油画材质

在材质编辑器中新建一个 VR材质，在"漫反射"通道中添加一张油画贴图。

把"反射"的颜色值设为（红：10，绿：10，蓝：10），把"高光光泽度"设为0.55、"反射光泽度"设为0.65，"细分"为12，如图13-36所示。

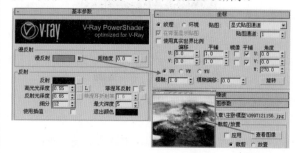

图13-36

打开"贴图"卷展栏，把"漫反射"通道中的贴图拖曳到"凹凸"通道中，设置"凹凸"强度为20，如图13-37所示。

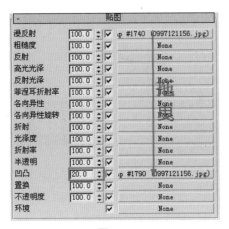

图13-37

油画材质的渲染效果如图13-38所示。

图13-38

## 13.4 布置灯光

本场景的空间面积不大，设计比较精致，为了表达一种清爽、高贵的气氛，这里采用纯自然光来进行照明，营造出一种柔和的日光效果。

### 13.4.1 设置测试渲染参数

01 按F10键打开"渲染设置"对话框，在"全局开关"卷展栏中设置"默认灯光"为关，取消勾选"光泽效果"选项，设置"二次光线偏移"为0.001，如图13-39所示。

图13-39

02 在"图像采样器（反锯齿）"卷展栏中设置图像采样器类型为"固定"，并关闭"抗锯齿过滤器"开关，如图13-40所示。

图13-40

03 在"颜色贴图"卷展栏中设置曝光类型为"指数"，勾选"子像素贴图"与"钳制输出"选项，如图13-41所示。

图13-41

04 在"间接照明"卷展栏中勾选全局光开关，设置首次反弹全局光引擎为"发光图"，设置二次反弹全局光引擎为"灯光缓存"，如图13-42所示。

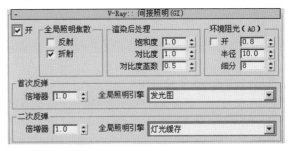

图13-42

05 在"发光图"卷展栏中设置当前预置为"自定义"，然后设置基本参数中的"最小比率"为-3、"最大比率"为-3、"半球细分"为20，如图13-43所示。

图13-43

06 在"灯光缓存"卷展栏中设置"细分"为100，为了观察灯光缓存的计算过程，勾选"显示计算相位"选项，然后勾选"预滤器"开关并设置预滤器数值为100，如图13-44所示。

图13-44

## 13.4.2 窗户外景的设定

**01** 在顶视图中建立一个弧形面片作为外景模型，效果如图13-45所示。

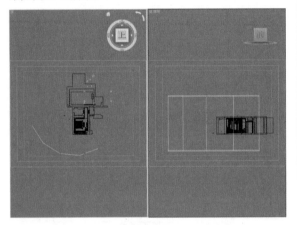

图13-45

**02** 将外景模型设置为"VR灯光材质"，将"颜色"强度设置为11，然后在颜色通道中添加一张外景贴图，勾选"背面发光"选项，如图13-46所示。

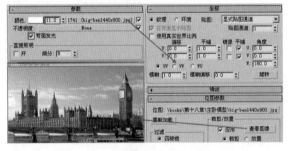

图13-46

## 13.4.3 设置场景灯光

**01** 在 面板的VRay选项下单击 VR灯光 按钮，然后在场景中创建一盏VRay的"平面"灯光，用来作为本场景的天光照明，如图13-47所示。

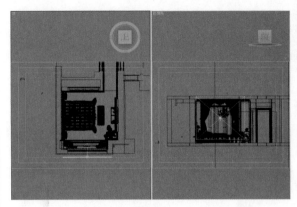

图13-47

**02** 把灯光的"倍增器"强度设置为50，调整灯光"颜色"为（红：168，绿：188，蓝：255），勾选"不可见"选项，取消勾选"影响反射"选项，如图13-48所示。

图13-48

**03** 按F9键对场景进行一次测试渲染，测试结果如图13-49所示。

图13-49

从测试的结果来看，整个画面亮度合适，但是缺乏层次，这里可以考虑将室内台灯打亮来作为点缀，下面进行具体操作。

04 在场景中创建一盏VRay的"球体"灯光，然后以"实例"的方式复制出另外一盏，接着将两盏球灯放置到灯罩里面，具体位置如图13-50所示。

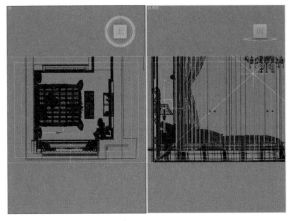

图13-50

05 选择其中一盏"球体"灯光并对其参数进行设置，将灯光的"倍增器"强度设置为2000，灯光的"颜色"值设为（红：255，绿：159，蓝：55），勾选"不可见"选项，取消勾选"影响反射"选项，如图13-51所示。

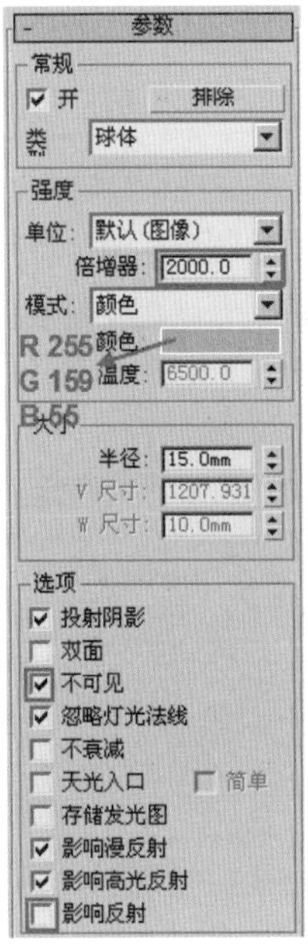

图13-51

06 按F9键对场景进行测试渲染，渲染结果如图13-52所示。

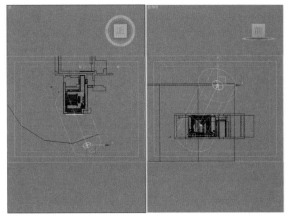

图13-52

从这次的渲染结果来看，通过暖色调灯光的点缀，画面层次感有了，但室内的气氛还是太冷，这里可以打一盏阳光来进行调节。

07 在场景中创建一盏"VR太阳"，将其放到合适的位置作为本场景的阳光，具体位置如图13-53所示。

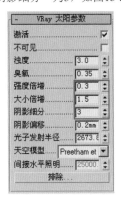

图13-53

08 设置"VR太阳"的"强度倍增"为0.3、"大小倍增"为1.5、"阴影细分"为3，如图13-54所示。

图13-54

09 按F9键对场景进行测试渲染，渲染结果如图13-55所示。

图13-55

从现在的渲染结果来看，场景的整体感觉已经达到理想状态了，灯光层次分明，冷暖对比明显，接下来设置一个较高的参数进行大图渲染。

## 13.4.4 设置最终出图参数

01 设置输出图像的"宽度"为2500、"高度"为1875，如图13-56所示。

图13-56

02 在"全局开关"卷展栏中设置"默认灯光"为关，勾选"光泽效果"选项，设置"二次光线偏移"为0.001，如图13-57所示。

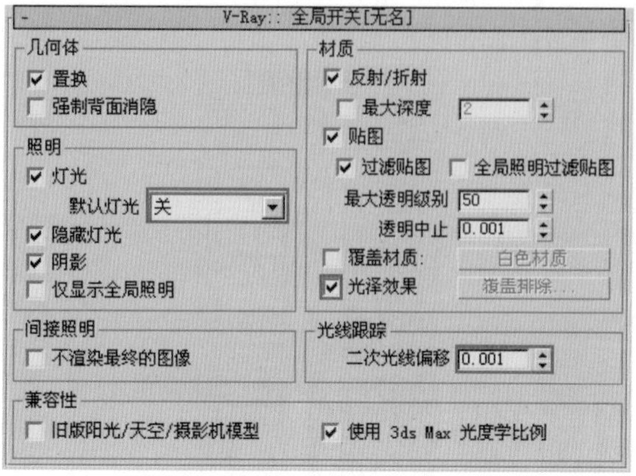

图13-57

03 在"图像采样器（反锯齿）"卷展栏中设置"图像采样器"类型为"自适应确定性蒙特卡洛"，打开"抗锯齿过滤器"开关，设置采样器类型为"VRay蓝佐斯过滤器"，调整"大小"为1.5，如图13-58所示。

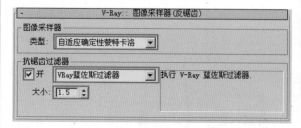

图13-58

04 在"自适应DMC图像采样器"卷展栏中将"最小细分"设置为1、"最大细分"设置为4，如图13-59所示。

图13-59

05 在"颜色贴图"卷展栏中设置曝光类型为"莱因哈德"，勾选"子像素贴图"选项，设置"伽玛值"为2.2，如图13-60所示。

图13-60

06 在"间接照明"卷展栏中设置首次反弹全局光引擎为"发光图"，设置二次反弹全局光引擎为"灯光缓存"，如图13-61所示。

图13-61

07 在"发光图"卷展栏中设置当前预置等级为"自定义"，调整"最小比率"为-5、"最大比率"为-2，设置"半球细分"为50，勾选"显示计算相位"选项，如图13-62所示。

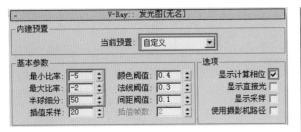

图13-62

08 在"灯光缓存"卷展栏中设置"细分"为1000，打开"预滤器"开关并设置"预滤器"数值为100，勾选"保存直射光"和"显示计算相位"选项，如图13-63所示。

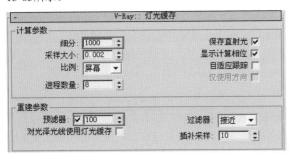

图13-63

09 在"DMC采样器"卷展栏中设置"适应数量"为0.8、"最小采样值"为16、"噪波阈值"为0.005，如图13-64所示。

图13-64

10 其他参数保持默认设置即可，然后开始渲染出图，最后得到的成图效果如图13-65所示。

图13-65

## 13.5 Photoshop后期处理

从最终的渲染结果来看，整体效果还是不错，那么在后期阶段当中就不用做过多地处理，简单调试一下即可。

01 使用Photoshop打开渲染完成的图像，如图13-66所示。

图13-66

02 使用"曲线"工具把画面提亮一点，在"曲线"上创建一个点，将点的"输出"值设为59，"输入"值设为38，如图13-67所示。

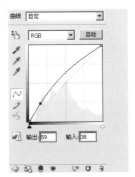

图13-67

调节后的效果如图13-68所示，现在的效果看起来很有空气感，不过有些地方的暖色稍微有点过。

图13-68

03 执行"图像>调整>照片滤镜"命令，在弹出的"照片滤镜"话框内把"滤镜"改为"冷却滤镜（82）"，设置"浓度"值为3%，如图13-69所示。

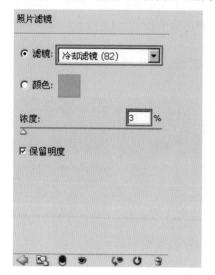

图13-69

调节后的效果如图13-70所示，这样就完成了后期处理工作。

图13-70

## 13.6 本章小结

本章讲解了一个简单欧式风格的卧室，这个场景中的材质与灯光都相对较为简单，但是往往就是这些看似简单的场景才难以把握，特别考验制作人员对材质的搭配，以及对灯光气氛的把握能力。小空间要出好效果其实并不容易，大家千万不要轻视小空间。

# 第14章 巴洛克风格书房——静谧的室内气氛表现

**本章学习要点**

》 使用VRay混合材质制作金属材质
》 使用VRay污垢程序贴图制作真实的木纹效果
》 小空间的阴天效果表现及气氛控制

## 14.1 空间简介

本案例讲解的是一个巴洛克风格的书房，其特点是采光较好，但为了表达书房静谧的氛围，笔者不打算采用比较强烈的日光照明，仅使用了天光作为自然光照明，辅以室内灯光，形成冷暖对比，营造一种温馨的室内效果，如图14-1所示。

图14-1

## 14.2 创建摄影机及检查模型

### 14.2.1 创建摄影机

01 打开本书配套资源中的案例场景白模，然后在顶视图中创建一个"目标摄影机"，接着调整好摄影机的位置和角度，如图14-2所示。

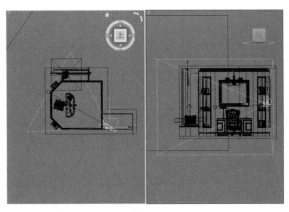

图14-2

02 在修改器面板中调整"目标摄影机"的参数，并添加"摄影机校正"命令，如图14-3所示。

图14-3

## 14.2.2 检查模型

**01** 在材质编辑器新建一个  VR材质，然后设置材质的"漫反射"颜色为（红：220，绿：220，蓝：220），如图14-4所示。

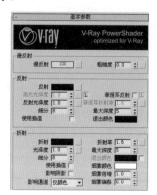

图14-4

**02** 按F10键打开"渲染设置"对话框，然后在"公用参数"卷展栏中设置图像输出"宽度"为800、"高度"为600，如图14-5所示。

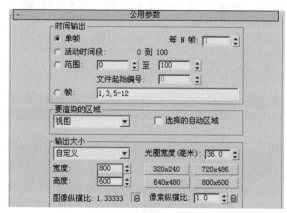

图14-5

**03** 在"全局开关"卷展栏中设置"默认灯光"为关，然后将"二次光线偏移"设置为0.001，接着勾选"覆盖材质"选项，并将之前新建的白色材质赋予模型，如图14-6所示。

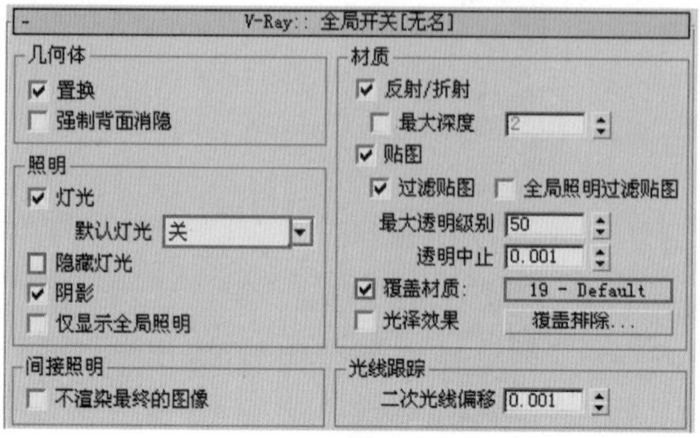

图14-6

**04** 在"图像采样器（反锯齿）"卷展栏中设置"图像采样器"的类型为"固定"采样，并关闭"抗锯齿过滤器"开关，如图14-7所示。

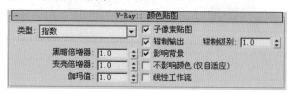

图14-7

**05** 在"颜色贴图"卷展栏中设置曝光类型为"指数"，如图14-8所示。

图14-8

**06** 在"间接照明"卷展栏中设置首次反弹为"发光图"类型，设置二次反弹为"灯光缓存"类型，如图14-9所示。

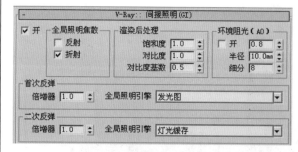

图14-9

**07** 在"发光图"卷展栏中设置当前预置参数为"自定义"，然后设置"最小比率"和"最大比率"都为-3，接着再设置"半球细分"为20，如图14-10所示。

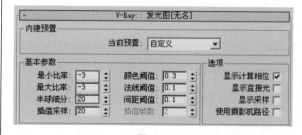

图14-10

**08** 在"灯光缓存"卷展栏中设置"细分"为200，其他面板参数保持默认，如图14-11所示。

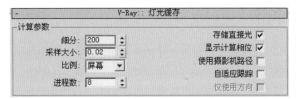

图14-11

09 在窗口处创建一盏VRay的"平面"灯光，位置如图14-12所示。

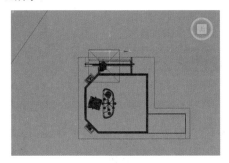

图14-12

10 在修改面板中设置灯光颜色值为（红：212，绿：236，蓝：255），设置灯光"倍增器"为10，其他参数保持默认，如图14-13所示。

图14-13

11 按F9键进行测试渲染，效果如图14-14所示。

图14-14

# 14.3 设置书房材质

为了便于讲解，这里给最终效果图上的材质编号，根据图上的标识号来对材质一一设定，如图14-15所示。

图14-15

## 14.3.1 天花板材质

在材质编辑器中新建一个 ⊙VR材质 ，在"漫反射"通道中添加"VR污垢"程序贴图，设置"反射"通道颜色为35的灰度值，调整"反射光泽度"为0.8，在"选项"卷展栏下取消"跟踪反射"选项，如图14-16所示。

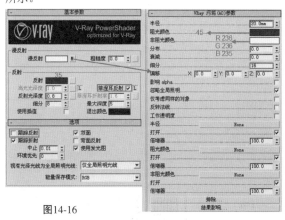

图14-16

技巧与提示 在"VRay污垢（AO）参数"卷展栏下，"阻光颜色"的意思是指物体边上的污垢区域，"非阻光颜色"是指本色。

天花板材质的渲染效果如图14-17所示。

图14-17

293

## 14.3.2 墙纸材质

在材质编辑器中新建一个 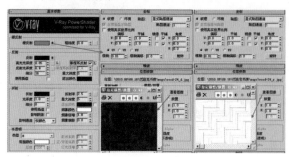 VR材质 材质，在"漫反射"通道添加一张墙纸贴图，设置"反射"通道颜色为40的灰度值，调整"反射光泽度"为0.7，勾选"菲涅耳反射"选项，并取消勾选"跟踪反射"选项，如图14-18所示。

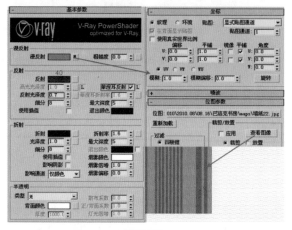

图14-18

展开"贴图"卷展栏，在"凹凸"通道中添加"混合"程序贴图，设置"凹凸"强度为-4.0，在"颜色#1"的"贴图"通道中添加一张墙纸贴图，并设置"模糊"为0.01；在"颜色#2"的"贴图"通道中也添加一张墙纸贴图，并设置"模糊"为0.2、"混合量"为50，如图14-19所示。

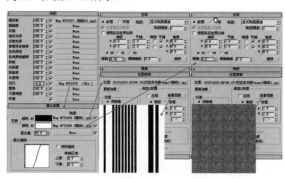

图14-19

墙纸材质的渲染效果如图14-20所示。

图14-20

## 14.3.3 地板材质

本例的地板材质高光范围较大，表面带有菲涅耳反射。

在材质编辑器中新建一个 VR材质 ，在"漫反射"通道中添加一张地板贴图，设置"模糊"为0.01；在"反射"通道中添加一张灰度地板贴图，同样设置"模糊"为0.01，调整"高光光泽度"为0.85、"反射光泽度"为0.9、"细分"为16，勾选"菲涅耳反射"选项，如图14-21所示。

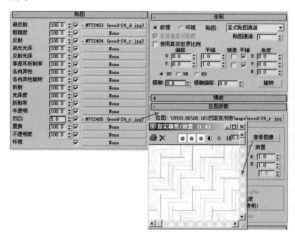

图14-21

在"贴图"卷展栏的"凹凸"通道中添加一张灰度地板贴图，并设置"凹凸"强度为5.0，如图14-22所示。

图14-22

地板材质的渲染效果如图14-23所示。

图14-23

## 14.3.4 木纹材质

分析如图14-24所示的木纹，可以看出高光范围较大，表面平滑带有菲涅耳反射，几乎没有凹凸。

图14-24

在材质编辑器中新建一个 VR材质 ，在"漫反射"通道中添加"VR污垢"程序贴图，并设置"半径"为100，然后在"非阻光颜色"通道中添加一张地板贴图，如图14-25所示。

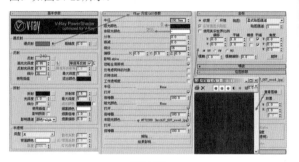

图14-25

木纹材质的渲染效果如图14-26所示。

图14-26

## 14.3.5 金属镜框材质

在材质编辑器中新建一个 VR材质 ，设置"漫反射"通道颜色为（红：32，绿：27，蓝：23）。

在"反射"通道中添加"衰减"程序贴图，并设置"前"通道颜色为（红：121，绿：94，蓝：70），设置"侧"通道颜色为0，选择"衰减类型"为"垂直/平行"；调整"高光光泽度"为0.58、"反射光泽度"为0.9、"细分"为24；最后在"反射光泽度"通道中添加"噪波"程序贴图，设置"噪波阈值"大小为0.5，如图14-27所示。

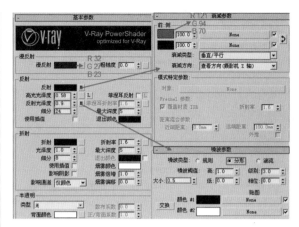

图14-27

在"贴图"卷展栏中设置"反射光泽"强度为50，如图14-28所示。

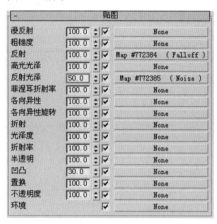

图14-28

金属镜框材质的渲染效果如图14-29所示。

图14-29

## 14.3.6 灯罩材质

在材质编辑器中新建一个 VR材质 ，为"漫反射"通道添加一张纹理贴图，在"折射"通道添加一张灰度贴图，调整"折射率"值为1.1、"光泽度"为0.99、"细分"为8，勾选"影响阴影"选项，如图14-30所示。

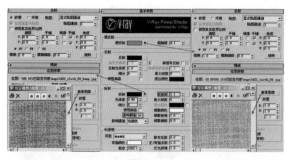

图14-30

在"贴图"卷展栏中为"凹凸"通道添加一张布纹贴图，并设置"凹凸"强度为16，如图14-31所示。

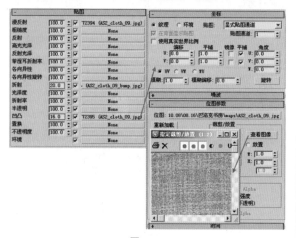

图14-31

灯罩材质的渲染效果如图14-32所示。

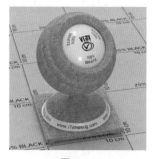

图14-32

## 14.3.7 顶灯金属材质

在材质编辑器中新建一个 ●VR材质，设置"漫反射"通道颜色为（红：0，绿：0，蓝：0)，再设置"反射"通道颜色为（红：140，绿：113，蓝：86），调整"高光光泽度"为0.8、"反射光泽度"为0.85、"细分"为16；展开"双向反射分布函数"卷展栏，设置类型为"沃德"，如图14-33所示。

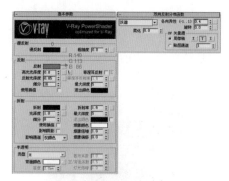

图14-33

顶灯金属材质的渲染效果如图14-34所示。

图14-34

## 14.3.8 软垫材质

在材质编辑器中新建一个●VR材质，为"漫反射"通道添加一张布纹贴图，然后在"贴图"卷展栏中为"凹凸"通道添加一张同样的布纹贴图，并设置"凹凸"强度为30，如图14-35所示。

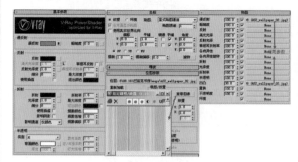

图14-35

软垫材质的渲染效果如图14-36所示。

图14-36

## 14.3.9 软包材质

在材质编辑器中新建一个 ●VR材质，在"漫反射"通道和"反射"通道中添加一张布纹贴图，调整"高光光泽度"和"反射光泽度"为0.6，再在"凹凸"通道中添加一张与"反射"通道一样的灰度贴图，如图14-37所示。

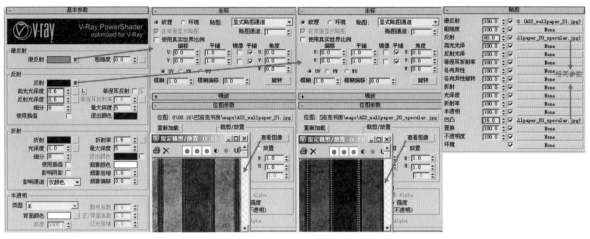

图14-37

软包材质的渲染效果如图14-38所示。

图14-38

## 14.3.10 椅子皮革材质

本例的椅子皮革材质高光范围较大，表面光滑，反射较低。

在材质编辑器中新建一个 ●VR材质，在"漫反射"通道中添加"VR污垢"程序贴图，并设置"半径"为10、"阻光颜色"为（红：15，绿：42，蓝：30）、"非阻光颜色"为（红：30，绿：89，蓝：62）；设置"反射"通道颜色为50的灰度值，调整"高光光泽度"为0.8、"反射光泽度"为0.85、"细分"为16，如图14-39所示。

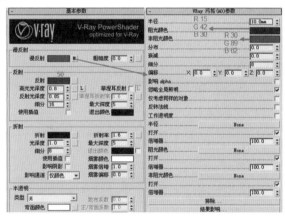

图14-39

在"贴图"卷展栏下的"凹凸"通道中添加一张皮革贴图，设置"凹凸"强度为5，如图14-40所示。

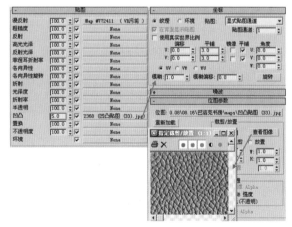

图14-40

椅子皮革材质的渲染效果如图14-41所示。

图14-41

# 14.4 布置书房灯光

本场景采光效果较充足，为了突出书房静谧的气氛，这里采用人工照明来表现阴天效果。

## 14.4.1 设置测试渲染参数

01 按F10键打开"渲染设置"对话框，在"全局开关"卷展栏中选择"默认灯光"为关，取消勾选"光泽效果"选项，设置"二次光线偏移"为0.001，如图14-42所示。

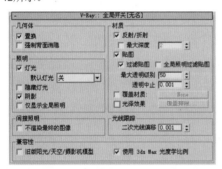

图14-42

02 在"图像采样器（反锯齿）"卷展栏中设置图像采样器类型为"固定"，并关闭"抗锯齿过滤器"开关，如图14-43所示。

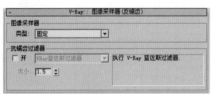

图14-43

03 在"颜色贴图"卷展栏中设置曝光类型为"指数"，设置如图14-44所示。

图14-44

04 在"间接照明"卷展栏中勾选全局光开关，设置首次反弹全局光引擎为"发光图"，设置二次反弹全局光引擎为"灯光缓存"，如图14-45所示。

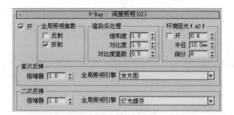

图14-45

05 在"发光图"卷展栏中设置当前预置为"自定义"，然后设置基本参数中的"最小比率"为-3、"最大比率"为-3、"半球细分"为20，如图14-46所示。

图14-46

06 在"灯光缓存"卷展栏中设置"细分"为100，为了观察灯光缓存的计算过程，勾选"显示计算相位"选项，然后勾选"预滤器"开关并设置预滤器数值为100，如图14-47所示。

图14-47

## 14.4.2 设置场景灯光

01 在 面板的VRay选项下单击 VR灯光 按钮，然后在场景中创建一盏VRay的"平面"灯光，如图14-48所示。

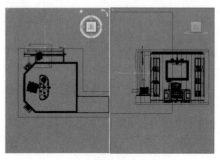

图14-48

02 设置"倍增器"强度为13，调整颜色为（红：159，绿：199，蓝：255），再设置大小为1200mm×1250mm，如图14-49所示。

图14-49

03 按F9键对场景进行一次测试渲染，测试结果如图14-50所示。

图14-50

从测试的结果来看，灯光的强度与颜色比较合适，光线比较柔和，对比不那么强烈，但是房间整体的光线较暗，需要补充灯光。

04 在场景中再创建一盏"平面"灯光，并放置到窗框内部，如图14-51所示。

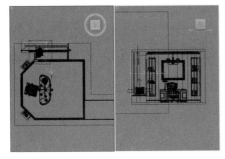

图14-51

05 选择第二盏"平面"灯光，然后设置"倍增器"强度为7，调整颜色为（红：193，绿：218，蓝：255），再设置大小为750mm×1050mm，勾选"不可见"选项，如图14-52所示。

图14-52

06 按F9键对场景进行测试渲染，渲染结果如图14-53所示。

图14-53

从这次的渲染结果来看，场景的整体光感已经比较合适了，接下来就要布置室内的灯光，具体操作过程如下。

07 首先布置书架的灯光。在书架平面上创建一盏"平面"灯光，以关联复制的方式复制3盏，然后再将这3盏灯光以同样的方式复制到书架的另一边，如图14-54所示。

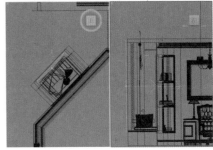

图14-54

08 选择其中一盏灯光，其参数设置如图14-55所示。

图14-55

09 按F9键再次对场景进行测试渲染，渲染结果如图14-56所示。

图14-56

观察渲染结果，书房的整体感觉已经有了，接下来需要设置台灯。

10 台灯的位置如图14-57所示，具体参数设置如图14-58所示。

图14-57

图14-58

11 在场景中再次创建一盏"平面"灯光，设置类型为"球体"，并关联复制8盏，其中间的球体灯半径为25mm。灯光位置如图14-59所示，具体参数设置如图14-60所示。

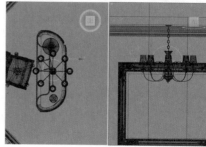

图14-59

图14-60

12 按F9键再次对场景进行测试渲染，渲染结果如图14-61所示。

图14-61

从这次的测试渲染结果来看，整体效果已经表现出来，但书桌还有点灰暗，下面还需要布置补光。

13 补光的位置如图14-62所示，具体参数设置如图14-63所示。

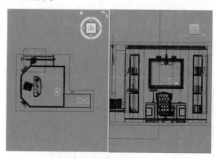

图14-62

图14-63

[14] 按F9键对场景进行测试渲染，渲染结果如图14-64所示。

图14-64

从现在的渲染结果来看，场景的整体感觉已经达到了理想状态，接下来设置一个较高的参数进行大图渲染。

## 14.4.3 设置最终出图参数

[01] 设置输出图像的"宽度"为2500、"高度"为1875，如图14-65所示。

图14-65

[02] 在"全局开关"卷展栏中勾选"光泽效果"选项，设置"二次光线偏移"为0.001，如图14-66所示。

图14-66

[03] 在"图像采样器（反锯齿）"卷展栏中设置图像采样器类型为"自适应确定性蒙特卡洛"，打开"抗锯齿过滤器"开关，设置采样器类型为"VRay蓝佐斯过滤器"，调整"大小"为1.5，如图14-67所示。

图14-67

[04] 在"颜色贴图"卷展栏中设置曝光类型为"指数"，如图14-68所示。

图14-68

[05] 在"间接照明"卷展栏中设置首次反弹全局光引擎为"发光图"，设置二次反弹全局光引擎为"灯光缓存"，如图14-69所示。

图14-69

[06] 在"发光图"卷展栏中设置当前预置为"自定义"，调整"最小比率"为-5、"最大比率"为-2、"半球细分"为60、"插值采样"为30，如图14-70所示。

图14-70

[07] 在"灯光缓存"卷展栏中设置"细分"为1500，勾选"存储直接光"和"显示计算相位"选项，如图14-71所示。

图14-71

[08] 在"DMC采样器"卷展栏中设置"适应数量"为0.8、"最小采样值"为16、"噪波阈值"为0.002，如图14-72所示。

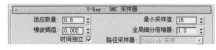

图14-72

[09] 其他参数保持默认即可，然后开始渲染出图，最后得到的成图效果如图14-73所示。

图14-73

## 14.5 Photoshop后期处理

01　使用Photoshop打开渲染完成的图像，如图14-74所示。

图14-74

02　观察图像，感觉图像偏暗，这里将背景图层复制一份，然后按快捷键Ctrl+M打开"曲线"对话框，调整图像的亮度，如图14-75所示。

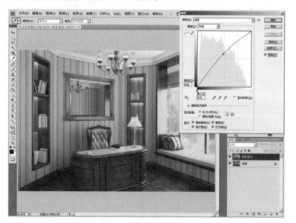

图14-75

03　打开"亮度/对比度"对话框，调整图像的对比度，如图14-76所示，调整后的效果如图14-77所示。

图14-76

图14-77

04　为图像添加一个"照片滤镜"，具体参数设置如图14-78所示，效果如图14-79所示。

图14-78

图14-79

05　按快捷键Ctrl+U打开"色相/饱和度"对话框，调整图像的饱和度，如图14-80所示。

图14-80

　　到此，本案例的制作就结束了，如果大家还有不明白的地方，请参考配套资源中的视频教学进行反复学习。

## 14.6 本章小结

　　本章案例相对比较简单，灯光和材质都比较少，其中有特色的就是木纹材质的制作，这是本章案例的亮点，其中涉及了VRay污垢程序贴图的运用，希望读者重点掌握。

# 第15章 现代中式风格客厅——温馨的夜间气氛表现

**本章学习要点**

» 现代中式风格的材质色彩搭配

» 现代中式风格场景的灯光气氛处理

» VRay基本材质的灵活运用

» 光域网在室内效果图制作中的运用

## 15.1 空间简介

  前面学习了现代风格、欧式风格和巴洛克风格的室内效果图制作。本章将带领读者来学习一种新设计风格的效果图制作，这就是中式风格。中式风格有现代中式和古典中式，本例属于现代中式，案例效果如图15-1所示。制作中式效果图，从技术上看并没什么特别之处，主要在画面气氛控制上有所不同，一般以暖色调居多。

图15-1

## 15.2 创建摄影机及检查模型

### 15.2.1 创建摄影机

01 打开本书配套资源中的案例场景白模，如图15-2所示。

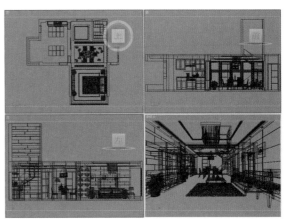

图15-2

02 切换到顶视图，在顶视图中创建一个"目标摄影机"，调整摄影机的焦距和位置，使摄影机有一个较好的观察范围，如图15-3所示。

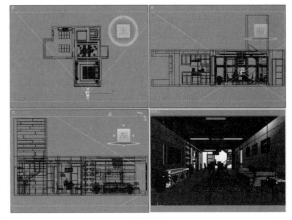

图15-3

03 在修改器面板中设置"目标摄影机"的参数，如图15-4所示。

图15-4

04 按C键切换到摄影机视图进行检查，如图15-5所示。

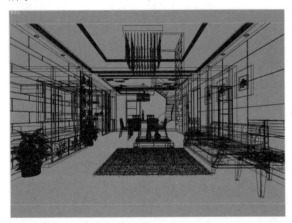

图15-5

## 15.2.2 检查模型

01 按F10键打开"渲染设置"对话框，在"公用参数"卷展栏中设置图像输出宽度为600、高度为380，如图15-6所示。

图15-6

02 在"全局开关"卷展栏中关闭"默认灯光"，将"二次光线偏移"设置为0.001，勾选"覆盖材质"和"光泽效果"选项，并给予模型一个白色的覆盖材质，如图15-7所示。

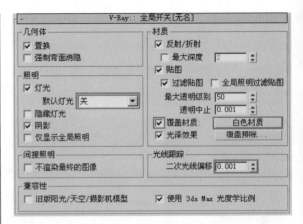

图15-7

03 在"图像采样器（反锯齿）"卷展栏中设置"图像采样器"类型为"固定"，并关闭"抗锯齿过滤器"开关，如图15-8所示。

图15-8

04 在"颜色贴图"卷展栏中设置曝光类型为"指数"，如图15-9所示。

图15-9

05 在"间接照明"卷展栏中设置首次反弹为"发光图"类型，设置二次反弹为"灯光缓存"类型，如图15-10所示。

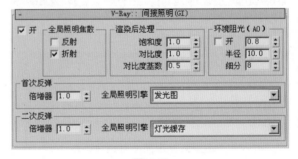

图15-10

06 在"发光图"卷展栏中设置当前预置参数为"自定义"，设置"半球细分"为20，如图15-11所示。

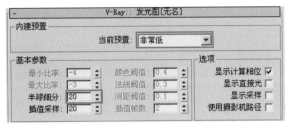

图15-11

07 在"灯光缓存"卷展栏中设置细分为200，如图15-12所示。

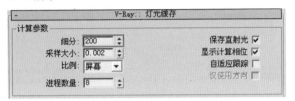

图15-12

08 在窗口处创建一盏VRay的"平面"灯光，位置如图15-13所示。

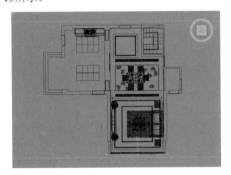

图15-13

09 在修改面板中设置灯光颜色值为（红：157，绿：175，蓝：255），设置灯光"倍增器"为8，勾选"不可见"选项，如图15-14所示。

图15-14

10 按F9键进行测试渲染，渲染结果如图15-15所示。

图15-15

# 15.3 设置卧室材质

为了便于讲解，这里给最终效果图上的材质编号，根据图上的标识号来对材质一一设定，如图15-16所示。

图15-16

## 15.3.1 白色顶面材质

本例的白色顶面材质为一种白色乳胶漆材质，表面光滑，对灯光的反射较强。

在材质编辑器中新建一个 ⊙VR材质 ，设置"漫反射"颜色为（红：240，绿：240，蓝：240），如图15-17所示。

图15-17

白色顶面材质的渲染效果如图15-18所示。

图15-18

## 15.3.2 地板材质

本例的地板材质具有较强的反射。

在材质编辑器中新建一个 VR材质 ，在"漫反射"通道中添加一张木地板贴图，在"反射"通道中添加一张"衰减"程序贴图，将"侧"通道的颜色设置为（红：200，绿：200，蓝：200），再设置衰减类型为"Fresnel"，调整"高光光泽度"和"反射光泽度"为0.85、"细分"为13、"最大深度"为3，如图15-19所示。

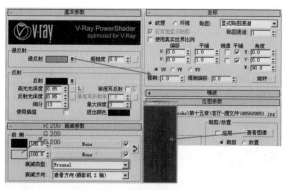

图15-19

地板材质的渲染效果如图15-20所示。

图15-20

## 15.3.3 墙面材质

本例的墙面材质为一种石材材质，表面很光滑，反射很强。

在材质编辑器中新建一个 VR材质 ，在"漫反射"通道中添加一张石材贴图，在"反射"通道中添加一张"衰减"程序贴图，将"侧"通道的颜色设置为（红：180，绿：180，蓝：180），再设置衰减类型为"Fresnel"，调整"高光光泽度"为0.88、"反射光泽度"为0.94、"细分"为15，如图15-21所示。

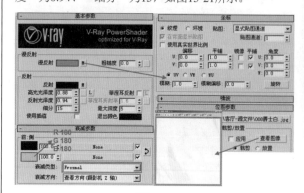

图15-21

墙面材质的渲染效果如图15-22所示。

图15-22

## 15.3.4 电视墙材质

在材质编辑器中新建一个 VR材质 ，在"漫反射"通道中添加一张木纹贴图，设置"反射"通道的颜色为（红：20，绿：20，蓝：20），调整"高光光泽度"为0.45、"反射光泽度"为0.85、"细分"为12，如图15-23所示。

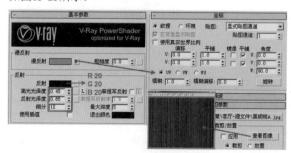

图15-23

展开"贴图"卷展栏，将"漫反射"通道中的贴图拖曳到"凹凸"通道中，并设置"凹凸"强度为30，如图15-24所示。

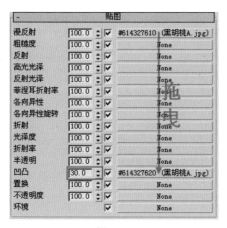

图15-24

电视墙材质的渲染效果如图15-25所示。

图15-25

## 15.3.5 电视柜材质

在材质编辑器中新建一个 ●多维/子对象 材质，调整"设置数量"为2，然后在ID1的"子材质"通道中添加一个 ●VR材质 ，并将"漫反射"通道的颜色设置为（红：240，绿：240，蓝：240），在"反射"通道中添加一张"衰减"程序贴图，将"侧"通道的颜色设置为（红：160，绿：160，蓝：160），设置衰减类型为"Fresnel"，调整"高光光泽度"和"反射光泽度"为0.85、"细分"为12，如图15-26所示。

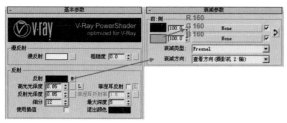

图15-26

在ID2的子材质通道中同样添加一个 ●VR材质 ，将"漫反射"通道的颜色设置为（红：0，绿：0，蓝：0），将"折射"通道的颜色设置为（红：220，绿：220，蓝：220），勾选"影响阴影"选项，并将"折射率"设置为1.517，如图15-27所示。

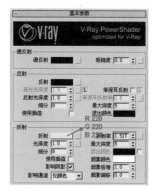

图15-27

电视柜材质的渲染效果如图15-28所示。

图15-28

## 15.3.6 沙发材质

本例的沙发材质表面具有较小、较密集的凹凸，暗部与亮部的过渡比较自然。

在材质编辑器中新建一个 ●VR材质 ，在"漫反射"通道中添加一张布纹贴图，将"反射"通道的颜色设置为（红：10，绿：10，蓝：10），设置"高光光泽度"为0.35、"细分"为20，展开"选项"卷展栏，取消勾选"跟踪反射"选项，如图15-29所示。

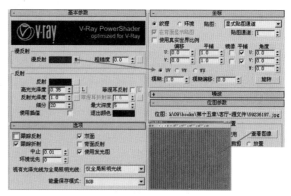

图15-29

展开"贴图"卷展栏，将"漫反射"通道中的贴图拖曳到"凹凸"通道中，并设置"凹凸"强度为60，如图15-30所示。

307

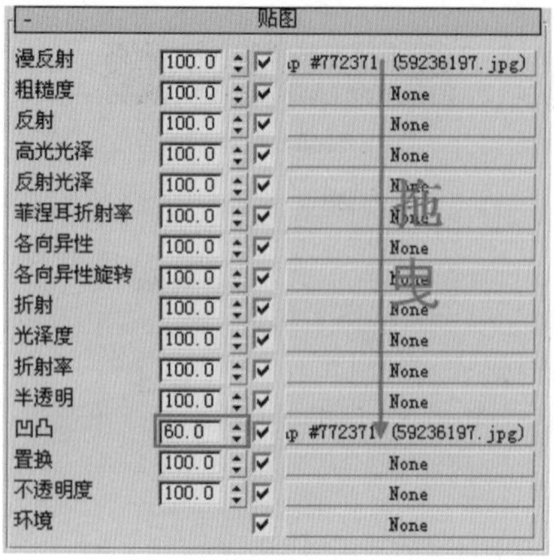

图15-30

沙发材质的渲染效果如图15-31所示。

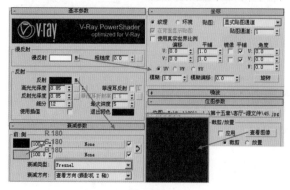

图15-31

## 15.3.7 茶几材质

本例的茶几材质表面光滑，略带凹凸，反射较强。

在材质编辑器中新建一个 VR材质 ，在"漫反射"通道中添加一张木纹贴图，在"反射"通道中添加一张"衰减"程序贴图，将"侧"通道的颜色设置为（红：180，绿：180，蓝：180），将衰减类型设置为"Fresnel"，调整"高光光泽度"为0.85、"反射光泽度"为0.85、"细分"为12，如图15-32所示。

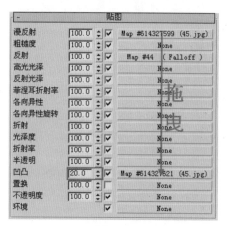

图15-32

展开"贴图"卷展栏，将"漫反射"通道中的贴图拖曳到"凹凸"通道中，并设置"凹凸"强度为20，如图15-33所示。

图15-33

茶几材质的渲染效果如图15-34所示。

图15-34

## 15.3.8 挂饰材质

在材质编辑器中新建一个 VR材质 ，将"漫反射"通道的颜色设置为（红：14，绿：14，蓝：14），将"反射"通道的颜色设置为（红：74，绿：74，蓝：74），调整"高光光泽度"为0.6、"反射光泽度"为0.96、"细分"为20，如图15-35所示。

图15-35

挂饰材质的渲染效果如图15-36所示。

图15-36

## 15.3.9 吊灯材质

在材质编辑器中新建一个 ⊙VR材质 ，将"漫反射"通道的颜色设置为（红：255，绿：255，蓝：255），将"反射"通道的颜色设置为（红：80，绿：80，蓝：80），勾选"菲涅耳反射"选项，调整"最大深度"12，将"折射"通道的颜色设置为（红：255，绿：255，蓝：255），勾选"影响阴影"选项，设置"折射率"为1.517、"最大深度"为12，如图15-37所示。

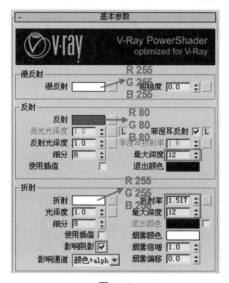

**图**15-37

吊灯材质的渲染效果如图15-38所示。

**图**15-38

## 15.3.10 灯罩材质

在材质编辑器中新建一个 ⊙VR材质 ，将"漫反射"通道的颜色设置为（红：240，绿：240，蓝：240），在"折射"通道中添加"衰减"程序贴图，将"前"通道的颜色设置为（红：200，绿：200，蓝：200），将"侧"通道的颜色设置为（红：0，绿：0，蓝：0），调整"光泽度"为0.85、"细分"为12、"折射率"为1.001，勾选"影响阴影"选项，如图15-39所示。

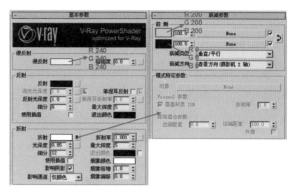

**图**15-39

灯罩材质的渲染效果如图15-40所示。

**图**15-40

# 15.4 布置灯光

本案例介绍的是中式客厅在晚上的效果表现，其灯光特点在于氛围比较浓厚、色彩鲜明、颜色稳重等。

## 15.4.1 设置测试渲染参数

01 按F10键打开"渲染设置"对话框，在"全局开关"卷展栏中关闭"默认灯光"及"光泽效果"，设置"二次光线偏移"值为0.001，如图15-41所示。

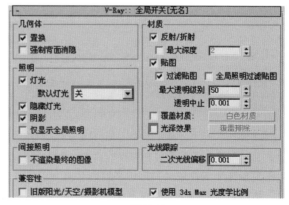

**图**15-41

02 在"图像采样器（反锯齿）"卷展栏中设置图像采样器类型为"固定"，并关闭"抗锯齿过滤器"开关，如图15-42所示。

图15-42

**03** 在"颜色贴图"卷展栏中设置曝光类型为"指数"，勾选"子像素贴图"和"钳制输出"选项，如图15-43所示。

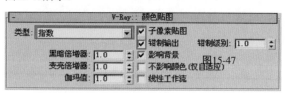

图15-43

**04** 在"间接照明"卷展栏中勾选"全局光"开关，设置首次反弹全局光引擎为"发光图"，设置二次反弹全局光引擎为"灯光缓存"，如图15-44所示。

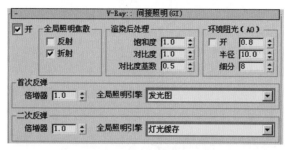

图15-44

**05** 在"发光图"卷展栏中设置当前预置为"自定义"，然后设置基本参数中的"最小比率"和"最大比率"为-3、"半球细分"为20，如图15-45所示。

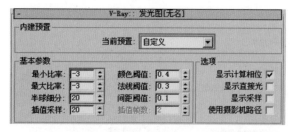

图15-45

**06** 在"灯光缓冲"卷展栏中设置"细分"为100，为了观察灯光缓冲的计算过程，勾选"显示计算相位"选项，然后勾选"预滤器"开关选项并设置预滤器数值为100，其他面板参数保持默认即可，如图15-46所示。

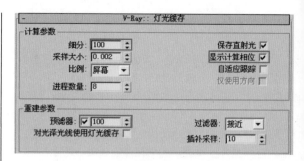

图15-46

## 15.4.2 设置卧室内灯光

**01** 在场景中创建一盏VRay的"平面"灯光，然后复制出其余的7盏灯放置到相应的位置，作为本场景灯带的灯光，位置如图15-47所示。

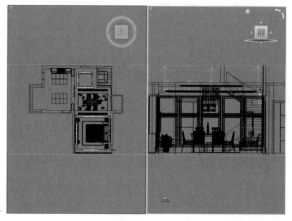

图15-47

**02** 选择一盏"平面"灯光，设置"倍增器"强度为6.0，将"颜色"设置为（红：255，绿：208，蓝：148），勾选"不可见"选项，调整"细分"为15，如图15-48所示。

图15-48

03 按F9键测试渲染场景，渲染效果如图15-49所示。

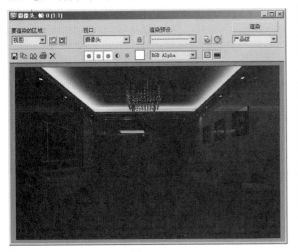

图15-49

从测试的结果来看，灯带的颜色与亮度还是比较合适的，但空间整体偏暗，接下来需要对场景中的其他灯光进行调试设置。

04 在顶视图中创建一盏"目标灯光"，然后复制出其余的13盏灯，位置如图15-50所示。

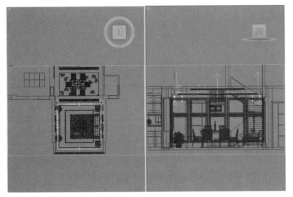

图15-50

05 按F9键再次进行测试渲染，效果如图15-51所示。

图15-51

观察测试后的效果，灯光的气氛比较满意，但是层次不够强，下面继续对场景的其他灯光进行布置，增强室内的效果与氛围。

06 在场景中创建一盏VRay的"球体"灯光，然后复制出其余的两盏放置到相应的位置，如图15-52所示。

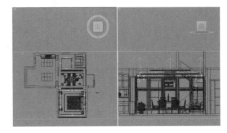

图15-52

07 选择一盏"球体"灯光，设置灯光的"颜色"为（红：255，绿：118，蓝：27），设置"倍增器"强度为50，勾选"不可见"选项，调整"细分"为20，如图15-53所示。

图15-53

08 按F9键对场景进行测试渲染，效果如图15-54所示。

图15-54

311

通过测试的效果来看，亮度和气氛都比较理想，接下来设置吊灯的灯光。

09 在场景中创建一盏"自由"灯光，然后复制出其他3盏放置到相应的位置，如图15-55所示。

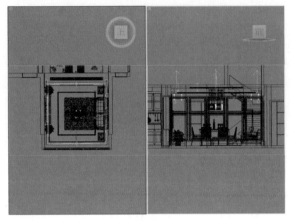

图15-55

10 选择一盏"自由"灯光，在"常规参数"卷展栏中勾选"启用"阴影选项，并设置"阴影类型"为"VRay阴影"，"灯光分布"类型设置为"光度学Web"；在"分布（光度学Web）"卷展栏的光度学文件通道中添加"中间亮.ies"光域网文件，在"强度/颜色/衰减"卷展栏中设置"过滤颜色"为（红：255，绿：183，蓝：105），设置"结果强度"值为100%；为了让阴影更柔和、更真实，勾选"区域"选项，设置阴影类型为"球体"，并将"U/V/W大小"都设置为300，设置"细分"为20，如图15-56所示。

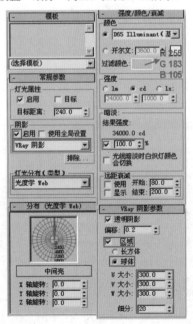

图15-56

11 按F9键对灯光进行测试渲染，效果如图15-57所示。

图15-57

从现在的渲染效果来看，整体气氛都达到了理想的效果，但是场景深处缺乏灯光，接下来对场景的副光源进行设置，出于冷暖对比的考虑，将场景深处的副光源设置为冷色，下面进行具体操作。

12 在场景中创建一盏VRay的"平面"灯光，位置如图15-58所示，具体参数设置如图15-59所示。

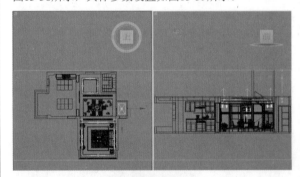

图15-58

图15-59

13 按F9键对灯光进行测试渲染,渲染结果如图15-60所示。

图15-60

14 从渲染结果来看效果还比较理想,接下来对其他几盏灯进行布置。在场景中创建一盏VRay的"平面"灯光,然后复制出其他两盏灯,并放置到相应的位置,如图15-61所示。

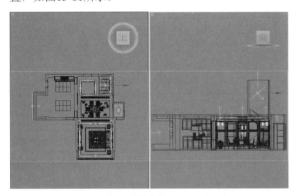

图15-61

15 对灯光的参数进行调试,设置"倍增器"强度为8.0,设置"颜色"为(红:156,绿:179,蓝:255),勾选"不可见"选项,设置"细分"为10,如图15-62所示。

图15-62

16 按F9键对灯光进行测试渲染,渲染结果如图15-63所示。

图15-63

从渲染结果来看,画面的气氛与冷暖对比都比较合适,但是暗部不是很丰富,可以再对场景设置一个微弱的天光来进行补充。

17 在场景中创建一盏VRay的"平面"灯光,放置到相应的位置作为天光,如图15-64所示。

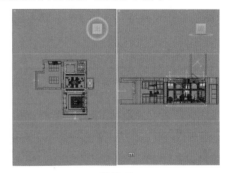

图15-64

18 选择作为天光的"平面"灯光,然后设置"倍增器"强度为3.0,设置"颜色"为(红:54,绿:67,蓝:133),勾选"不可见"选项,取消勾选"影响反射"选项,设置"细分"为15,如图15-65所示。

图15-65

313

19 按F9键对场景灯光进行测试渲染，渲染结果如图15-66所示。

图15-66

从这一次的测试渲染效果来看，灯光气氛以及冷暖对比都比较理想了，接下来设置一个较高的参数来渲染大图。

## 15.4.3 设置最终出图参数

01 设置输出图像的"宽度"为2500、"高度"为1583，如图15-67所示。

图15-67

02 在"全局开关"卷展栏中设置"默认灯光"为关，勾选"光泽效果"选项，设置"二次光线偏移"为0.001，如图15-68所示。

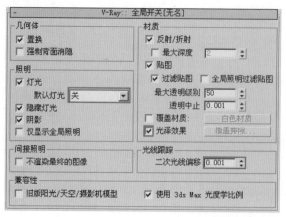

图15-68

03 在"图像采样器（反锯齿）"卷展栏中设置"图像采样器"类型为"自适应确定性蒙特卡洛"，打开"抗锯齿过滤器"开关，设置采样器类型为"VRay蓝佐斯过滤器"，调整"大小"为1.5，如图15-69所示。

图15-69

04 在"自适应DMC图像采样器"卷展栏中设置"最小细分"为1、"最大细分"为4，如图15-70所示。

图15-70

05 在"颜色贴图"卷展栏中设置曝光类型为"指数"，勾选"子像素贴图"和"影响背景"选项，如图15-71所示。

图15-71

06 在"间接照明"卷展栏中设置首次反弹全局光引擎为"发光图"，设置二次反弹全局光引擎为"灯光缓存"，如图15-72所示。

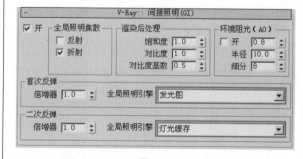

图15-72

07 在"发光图"卷展栏中设置当前预置等级为"自定义"、"最小比率"为-5、"最大比率"为-2、"半球细分"为50，勾选"显示计算相位"选项，如图15-73所示。

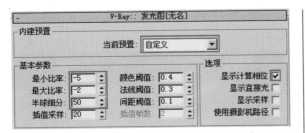

图15-73

08 在"灯光缓存"卷展栏中设置"细分"为1000，打开"预滤器"开关并设置"预滤器"数值为100，勾选"保存直射光"和"显示计算相位"选项，如图15-74所示。

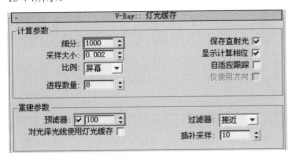

图15-74

09 在"DMC采样器"卷展栏中设置"适应数量"为0.8、"最小采样值"为16、"噪波阈值"为0.005，如图15-75所示。

图15-75

10 其他参数保持默认即可，然后开始渲染出图，最后得到的成图效果如图15-76所示。

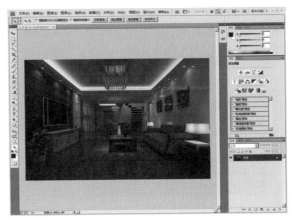

图15-76

# 15.5 Photoshop后期处理

从最终的渲染结果来看，灯光气氛都比较好，但是整体太暗，进行简单的调整即可。

01 使用Photoshop打开渲染完成的图像，如图15-77所示。

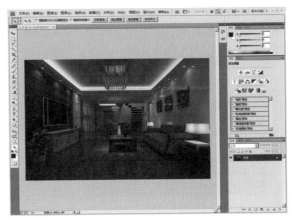

图15-77

02 将背景图层复制一份，然后调整新图层的混合模式为"滤色"，设置新图层的"不透明度"为70%，如图15-78所示。

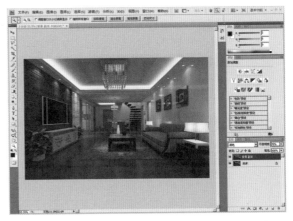

图15-78

03 将背景图层再次复制一份，然后调整新图层的混合模式为"柔光"，并将新图层的"不透明度"设置为20%，如图15-79所示。

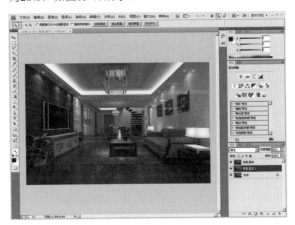

图15-79

**04** 使用"曲线"工具把画面提亮一点，在"曲线"上创建一个点，将点的"输出"值设为42，"输入"值设为30，如图15-80所示。

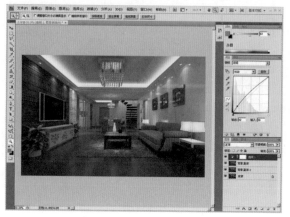

图15-80

**05** 执行"图像>调整>照片滤镜"菜单命令，在弹出的"照片滤镜"话框内设置"滤镜"为"冷却滤镜（82）"、"浓度"为8%，如图15-81所示。

图15-81

调节后的效果如图15-82所示，这样就完成了后期处理工作。

图15-82

## 15.6 本章小结

本章讲解了一个现代中式客厅的晚间效果表现，其难点在于如何布光以及对氛围的营造。通过本例，读者要学会中式空间的表现及处理技法。

# 第16章 北欧风格餐厅——干净明亮的日光效果表现

**本章学习要点**

» 使用VRay的"穹顶"灯作为天光照明

» 使用VRay的"球体"灯模拟阳光照明

» 通过VRay基本材质来制作各种室内材质效果

» 北欧风格效果图表现的布光思路以及气氛控制

## 16.1 空间简介

本案例表现的是一个北欧风格的餐厅，因场景是一个半开放式空间，所以受光很充足，再根据北欧风格的设计特点来看。本例适合用日光效果来表现，而且要体现出那种干净明亮的光线效果，如图16-1所示。

图16-1

## 16.2 创建摄影机及检查模型

### 16.2.1 创建摄影机

01 打开配套资源中的案例场景白模，如图16-2所示。

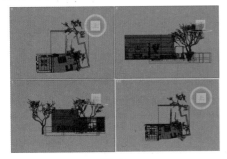

图16-2

02 在顶视图中创建一个"目标摄影机"，然后调整摄影机的焦距和位置，如图16-3所示。

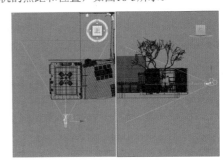

图16-3

03 在修改器面板中设置"目标摄影机"的参数，如图16-4所示。

图16-4

04 按C键切换到摄影机视图进行检查，如图16-5所示。

317

图16-5

## 16.2.2 检查模型

**01** 按F10键打开"渲染设置"对话框，在"公用参数"卷展栏中设置图像输出"宽度"为800，"高度"为469，如图16-6所示。

图16-6

**02** 在"全局开关"卷展栏中设置"默认灯光"为关，将"二次光线偏移"设置为0.001，并给予模型一个白色的覆盖材质，如图16-7所示。

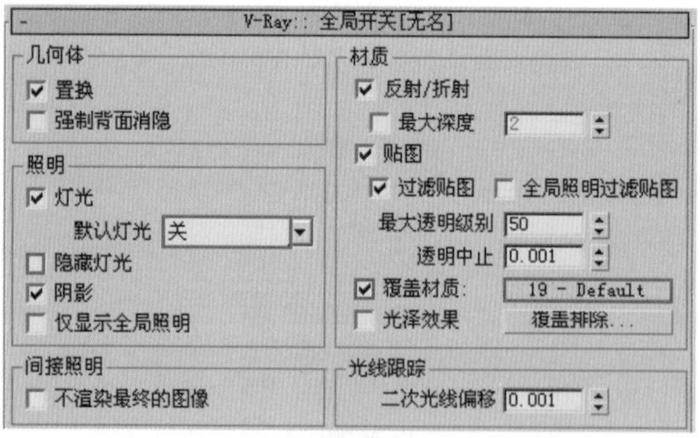

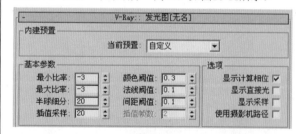

图16-7

**03** 在"图像采样器（反锯齿）"卷展栏中设置"图像采样器"的类型为"固定采样"，并关闭"抗锯齿过滤器"开关，如图16-8所示。

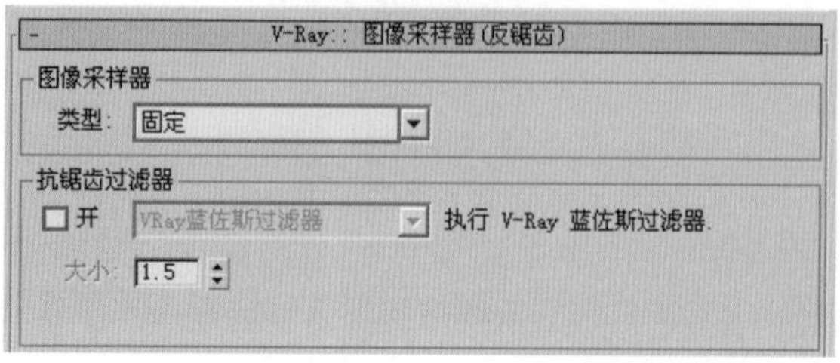

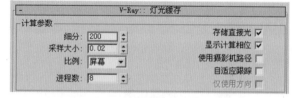

图16-8

**04** 在"颜色贴图"卷展栏中设置曝光类型为"指数"，如图16-9所示。

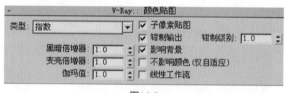

图16-9

**05** 在"间接照明"卷展栏中设置首次反弹为"发光图"类型，二次反弹设置为"灯光缓存"类型，如图16-10所示。

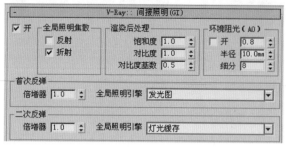

图16-10

**06** 在"发光图"卷展栏中设置当前预置参数为"自定义"，设置"半球细分"为20，如图16-11所示。

图16-11

**07** 在"灯光缓存"卷展栏中设置细分为200，如图16-12所示。

图16-12

**08** 在窗口处创建一盏VRay的"平面"灯光，如图16-13所示。

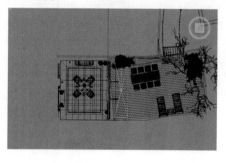

图16-13

**09** 在修改面板中设置灯光颜色值为（红：212，绿：236，蓝：255），设置"倍增器"强度为12，如图16-14所示。

图16-14

**10** 按F9键进行测试渲染，渲染结果如图16-15所示。

图16-15

# 16.3 设置餐厅材质

为了便于讲解，这里同样给最终效果图上的材质编号，根据图上的标识号来对材质一一设定，如图16-16所示。

图16-16

## 16.3.1 墙面材质

在材质编辑器中新建一个 ●标准 材质，设置"漫反射"通道的颜色为（红：240，绿：240，蓝：240），设置"反射"通道的颜色为（红：15，绿：15，蓝：

15），调整"高光光泽度"为0.35、"细分"为12，在"贴图"卷展栏的"凹凸"通道中添加一张凹凸墙面贴图，并设置"凹凸"强度为-30，如图16-17所示。

图16-17

墙面材质渲染效果如图16-18所示。

图16-18

## 16.3.2 地板材质

本例的地板材质高光较小，表面带有菲涅耳反射现象。

在材质编辑器中新建一个 ●VR材质，在"漫反射"通道中添加一张地板贴图，在"反射"通道中添加一张"衰减"程序贴图，将"侧"通道的颜色设置为80的灰度值，让其反射效果不会太剧烈，设置衰减类型为"Fresnel"，调整"高光光泽度"为0.8、"反射光泽度"为0.9、"细分"为12，如图16-19所示。

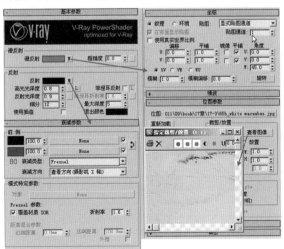

图16-19

319

地板材质的渲染效果如图16-20所示。

图16-20

### 16.3.3 风格文化墙材质

在材质编辑器中新建一个 ⬤VR材质，在"漫反射"通道中添加一张墙面贴图，在"反射"通道中设置颜色值都为15的灰度值，调整"高光光泽度"为0.85、"反射光泽度"为0.85、"细分"为12，如图16-21所示。

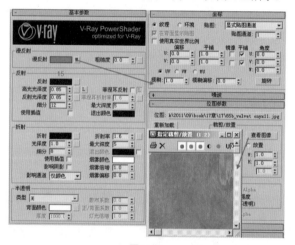

图16-21

在"贴图"卷展栏中为"凹凸"通道添加一张墙面贴图，并设置"凹凸"强度为20，如图16-22所示。

| 贴图 | | | |
|---|---|---|---|
| 漫反射 | 100.0 | ☑ | (65b_velvet onyx11.jpg) |
| 粗糙度 | 100.0 | ☑ | None |
| 反射 | 100.0 | ☑ | None |
| 高光光泽 | 100.0 | ☑ | None |
| 反射光泽 | 100.0 | ☑ | None |
| 菲涅耳折射率 | 100.0 | ☑ | None |
| 各向异性 | 100.0 | ☑ | None |
| 各向异性旋转 | 100.0 | ☑ | None |
| 折射 | 100.0 | ☑ | None |
| 光泽度 | 100.0 | ☑ | None |
| 折射率 | 100.0 | ☑ | None |
| 半透明 | 100.0 | ☑ | None |
| 凹凸 | 20.0 | ☑ | (65b_velvet onyx11.jpg) |
| 置换 | 100.0 | ☑ | None |
| 不透明度 | 100.0 | ☑ | None |
| 环境 | | ☑ | None |

图16-22

风格文化墙材质的渲染效果如图16-23所示。

图16-23

### 16.3.4 主体木纹材质

在材质编辑器中新建一个 ⬤VR材质，在"漫反射"通道中添加一张木纹贴图，设置"模糊"为0.1，在"反射"通道中添加一张"衰减"程序贴图，将"侧"通道的颜色设置为（红：212，绿：225，蓝：240），将衰减类型设置为"Fresnel"，调整"高光光泽度"为0.75，并添加一张灰度的木纹贴图；设置"反射光泽度"为0.8，同样也添加一张灰度木纹贴图，最后设置"细分"为25，如图16-24所示。

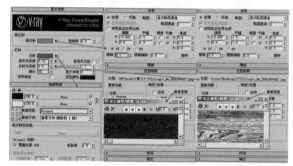

图16-24

在"贴图"卷展栏下设置相关参数，如图16-25所示。

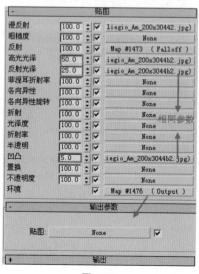

| 贴图 | | | |
|---|---|---|---|
| 漫反射 | 100.0 | ☑ | liegio_Am_200x30442.jpg) |
| 粗糙度 | 100.0 | ☑ | None |
| 反射 | 100.0 | ☑ | Map #1473 （Falloff） |
| 高光光泽 | 50.0 | ☑ | iegio_Am_200x3044b2.jpg |
| 反射光泽 | 25.0 | ☑ | iegio_Am_200x3044b2.jpg |
| 菲涅耳折射率 | 100.0 | ☑ | None |
| 各向异性 | 100.0 | ☑ | None |
| 各向异性旋转 | 100.0 | ☑ | None |
| 折射 | 100.0 | ☑ | None |
| 光泽度 | 100.0 | ☑ | None |
| 折射率 | 100.0 | ☑ | None |
| 半透明 | 100.0 | ☑ | None |
| 凹凸 | 5.0 | ☑ | iegio_Am_200x3044b2.jpg) |
| 置换 | 100.0 | ☑ | None |
| 不透明度 | 100.0 | ☑ | None |
| 环境 | | ☑ | Map #1476 （Output） |

| 输出参数 | | |
|---|---|---|
| 贴图 | None | ☑ |

| 输出 | |
|---|---|

图16-25

主体木纹材质的渲染效果如图16-26所示。

图16-26

## 16.3.5 台灯灯柱材质

在材质编辑器中新建一个 ◎VR材质，设置"漫反射"通道的颜色为0，设置"反射"通道的颜色为（红：255，绿：212，蓝：156），设置"高光光泽度"和"反射光泽度"为0.8，在"双向反射分布函数"卷展栏下设置类型为"沃德"、"各向异性"为0.5、"旋转"为30，如图16-27所示。

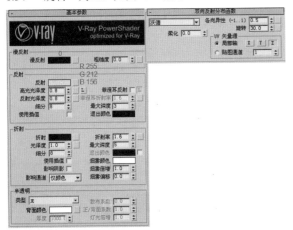

图16-27

台灯灯柱材质的渲染效果如图16-28所示。

图16-28

## 16.3.6 灯罩材质

在材质编辑器中新建一个 ◎VR材质，将"漫反射"通道的颜色设置为（红：252，绿252，蓝：252），

设置"折射"通道的颜色为70的灰度值，调整"光泽度"为0.8，并勾选"影响阴影"选项，如图16-29所示。

图16-29

灯罩材质的渲染效果如图16-30所示。

图16-30

## 16.3.7 窗帘材质

在材质编辑器中新建一个 ◎VR材质，设置"漫反射"通道的颜色为250的灰度值，设置"反射"通道的颜色值为255，设置"高光光泽度"为0.73，勾选"菲涅耳反射"选项。在"折射"通道中添加一张"衰减"程序贴图，将"前"通道的颜色设置为170的灰度值，将"侧"通道的颜色设置为0，调整衰减类型为"垂直/平行"，勾选"影响阴影"选项，如图16-31所示。

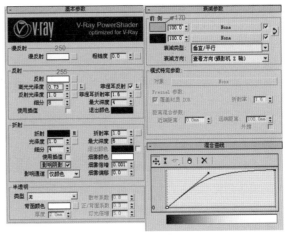

图16-31

窗帘材质的渲染效果如图16-32所示。

图16-32

## 16.3.8 椅子坐垫材质

在材质编辑器中新建一个 VR材质，为"漫反射"通道添加一张"衰减"程序贴图，在"前"通道中添加一张布纹贴图，设置衰减类型为"Fresnel"，在"贴图"卷展栏的"凹凸"通道中添加一张同样参数设置的布纹贴图，并设置"凹凸"强度为20，如图16-33所示。

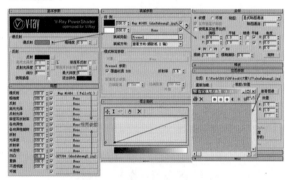

图16-33

椅子坐垫材质的渲染效果如图16-34所示。

图16-34

# 16.4 布置餐厅灯光

本案例中的餐厅具有大面积的落地窗，受光很充足，为了体现北欧风情的闲适气氛，这里采用VRay灯光来模拟阳光和天光照明。

## 16.4.1 设置测试渲染参数

01 按F10键打开"渲染设置"对话框，在"全局开关"卷展栏中取消选择"默认灯光"及"光泽效果"选项，设置"二次光线偏移"为0.001，如图16-35所示。

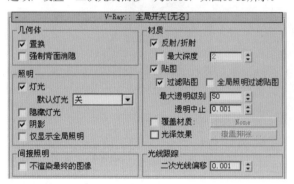

图16-35

02 在"图像采样器（反锯齿）"卷展栏中设置"图像采样器"类型为"固定"，并关闭"抗锯齿过滤器"开关，如图16-36所示。

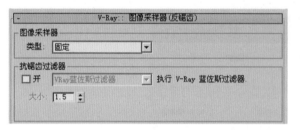

图16-36

03 在"颜色贴图"卷展栏中设置曝光类型为"指数"，如图16-37所示。

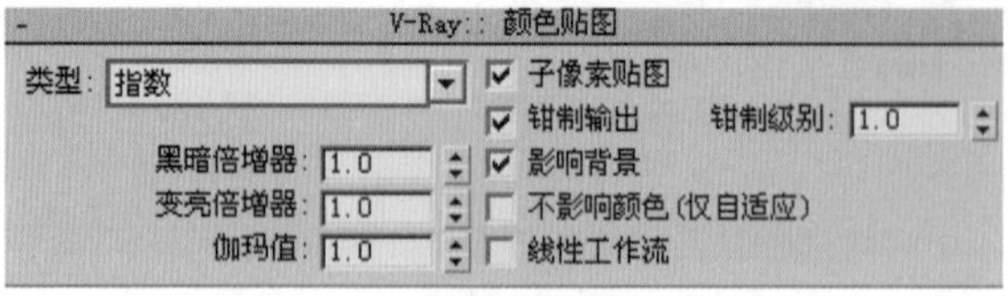

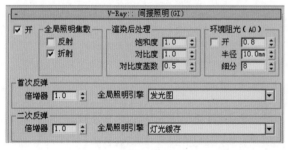

图16-37

04 在"间接照明"卷展栏中勾选"全局光"开关，设置首次反弹全局光引擎为"发光图"，设置二次反弹全局光引擎为"灯光缓存"，如图16-38所示。

图16-38

05 在"发光图"卷展栏中设置当前预置为"自定义",然后设置"最小比率"和"最大比率"为-3,设置"半球细分"为20,如图16-39所示。

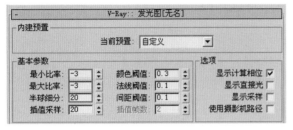

图16-39

06 在"灯光缓存"卷展栏中设置"细分"为200,勾选"显示计算相位"选项,然后勾选"预滤器"开关选项并设置"预滤器"数值为100,如图16-40所示。

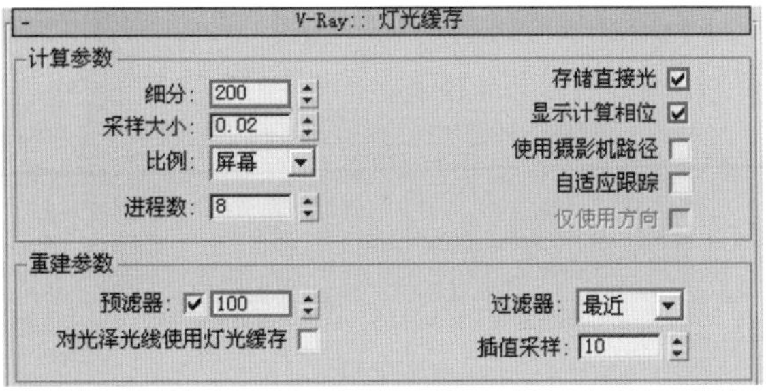

图16-40

## 16.4.2 天光与阳光的设定

01 在顶视图中创建一盏VRay的"穿顶"灯光,参数设置如图16-41所示。

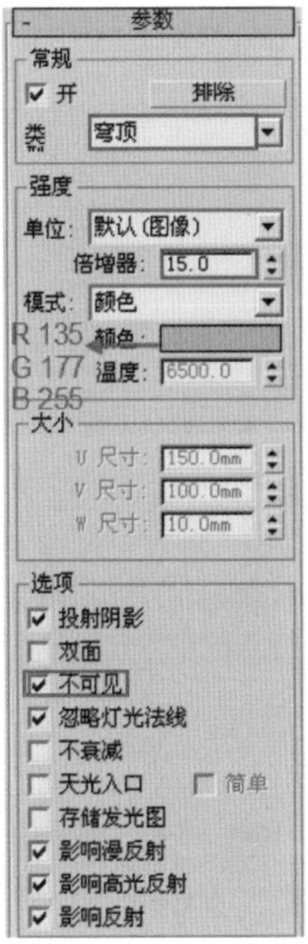

图16-41

02 按F9键进行测试渲染,效果如图16-42所示。

图16-42

03 在顶视图中创建一盏VRay的"球体"灯光,由于需要表现早晨的效果,因此将灯光位置调整为与地面呈45°夹角,如图16-43所示。

图16-43

04 在修改面板中设置"球体"灯光的参数,设置"倍增器"强度为20000、"半径"为700mm,勾选"双面"和"不可见"选项,如图16-44所示。

图16-44

**05** 按F9键进行测试渲染，效果如图16-45所示。

图16-45

从测试渲染图像中可以看出，阳光的感觉已经有了，整体的气氛已经确定，接下来需要设置室内灯光。

### 16.4.3 设置室内灯光

**01** 为天花板中的灯槽布置灯光，位置如图16-46所示，参数设置如图16-47所示。

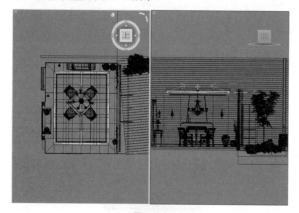

图16-46

图16-47

**02** 按F9键进行测试渲染，效果如图16-48所示。

图16-48

**03** 接下来布置场景中的台灯、壁灯以及吊灯光效，位置如图16-49所示；台灯参数设置如图16-50所示；壁灯和吊灯参数设置如图16-51所示。

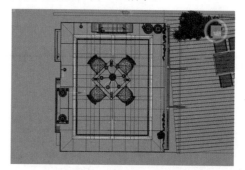

图16-49

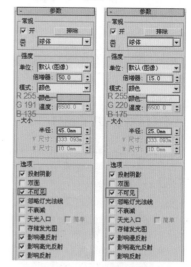

图16-50 图16-51

**04** 按F9键进行测试渲染，效果如图16-52所示。

图16-52

通过观察测试渲染结果，感觉整体效果已经比较理想，接下来设置一个比较高的参数来渲染大图。

## 16.4.4 设置最终出图参数

01 设置成图的"输出大小"的宽度为2500，高度为1875，如图16-53所示。

图16-53

02 在"全局开关"卷展栏中勾选"光泽效果"选项，设置"二次光线偏移"为0.001，如图16-54所示。

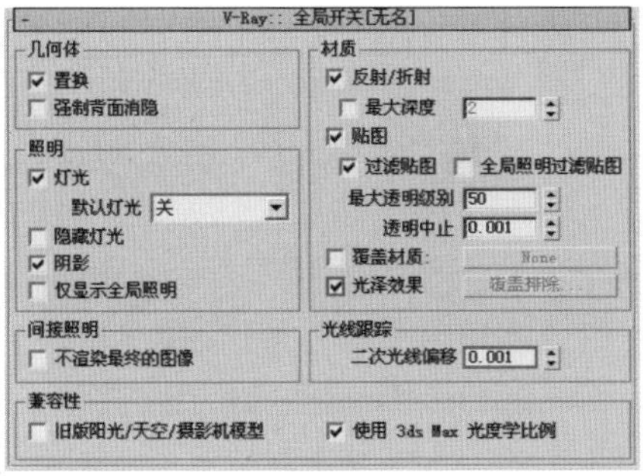

图16-54

03 在"图像采样器（抗锯齿）"卷展栏中设置"图像采样器"类型为"自适应确定性蒙特卡洛"，打开"抗锯齿过滤器"开关，设置采样器类型为"VRay蓝佐斯过滤器"，如图16-55所示。

图16-55

04 在"颜色贴图"卷展栏中设置曝光类型为"指数"，如图16-56所示。

图16-56

05 在"间接照明"卷展栏中设置首次反弹全局光引擎为"发光图"，设置二次反弹全局光引擎为"灯光缓存"，如图16-57所示。

图16-57

06 在"发光图"卷展栏中设置当前预置为"自定义"，设置"最小比率"为-5、"最大比率"为-2，设置"半球细分"为60、"插值采样"为30，如图16-58所示。

图16-58

07 在"灯光缓存"卷展栏中设置"细分"为1500，勾选"存储直接光"和"显示计算相位"选项，如图16-59所示。

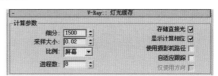

图16-59

08 在"DMC采样器"卷展栏中设置"适应数量"为0.8、"最小采样值"为16、"噪波阈值"为0.002，如图16-60所示。

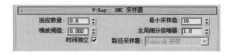

图16-60

09 其他参数保持默认即可，然后开始渲染出图，最后得到的成图效果如图16-61所示。

图16-61

## 16.5 Photoshop后期处理

01 使用Photoshop打开渲染完成的图像，如图16-62所示。

325

图16-62

**02** 将背景图层复制一份，然后调整新图层的混合模式为"滤色"，设置新图层的"不透明度"为20%，如图16-63所示。

图16-63

**03** 将背景图层再次复制一份，然后调整新图层的混合模式为"柔光"，并将新图层的"不透明度"设置为40%，如图16-64所示。

图16-64

**04** 执行"图像>调整>照片滤镜"菜单命令，在弹出的"照片滤镜"话框内设置"滤镜"为"冷却滤镜（82）"、"浓度"为1%，如图16-65所示，效果如图16-66所示。

图16-65

图16-66

**05** 执行"图像>调整>亮度/对比度"菜单命令，调整"对比度"为3，如图16-67所示。

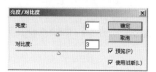

图16-67

**06** 执行"图像>调整>色相/饱和度"命令，调整"饱和度"为-30，如图16-68所示。

图16-68

案例最终效果如图16-69所示。

图16-69

到此，本案例的制作就结束了，如果大家还有不明白的地方，请参考配套资源中的视频教学进行反复学习。

# 16.6 本章小结

在室内设计领域，谈到北欧风格，我们总会联想到阳光、海滩和蓝天这些纯自然的元素，其实这就是北欧风格的设计特点，一切以自然和浪漫为主。北欧风格设计一般采用白色作为主色调，然后搭配一些自然材质。制作北欧风格的效果图，一般都是表现阳光照明效果，气氛上以简洁明快为主，让画面看起来很温馨很浪漫。

# 第17章 超现代风格客厅——大面积日光照射效果

**本章学习要点**

≫ VRay污垢材质的运用方法

≫ 纯自然天光效果的实现方法

≫ After Effects和Photoshop相结合的后期处理技法

## 17.1 空间简介

这是一个重点表现日光效果的客厅空间（如图17-1所示），为了获得更真实的阳光效果，笔者首先采用Maxwell（Maxwell是一个基于真实光线物理特性的全新渲染引擎，是按照完全精确的算法和公式来重现光线的行为，能够渲染出最真实的效果图，但它的渲染效率非常低，所以目前还没有大规模应用于商业实践）对场景进行阳光测试，取得比较满意的阳光效果后，在VRay中对照Maxwell的阳光效果进行打光。

通过这个案例，读者要学会如何表现"具有大面积落地窗的空间"的真实日光效果，学会如何在空间中体现光与空气的感觉。同时大家也要明白，如果水平足够，VRay同样可以达到Maxwell的渲染效果。

图17-1

## 17.2 检查模型

当拿到模型师建好的模型后，不是马上就开始设置材质，而是先要对模型进行检查。

### 17.2.1 确定摄影机角度

01 在顶视图建立一个VRay物理摄影机，位置如图17-2所示。

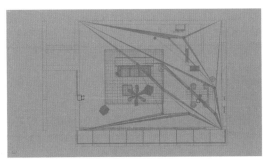

图17-2

02 切换到前视图，调整VRay物理摄影机的高度，如图17-3所示。

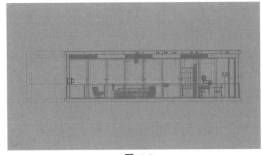

图17-3

03 设置VRay物理摄影机的相关参数，如图17-4所示。

图17-4

327

到这里，VRay物理摄影机已经放置好了，切换到摄影机视图效果，如图17-5所示。

图17-5

## 17.2.2 检查模型是否有问题

当设定好摄影机以后，就需要采用一个比较低的参数来对场景进行粗略的渲染，检查模型是否有问题。

01 制作一个覆盖材质，设置其"漫反射"颜色为220，然后把覆盖材质拖曳到"全局开光"卷展栏中"覆盖材质"后面的替换按钮上，如图17-6所示。

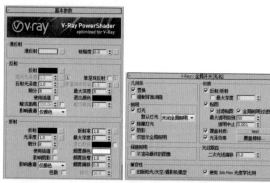

图17-6

02 设置测试图像大小为600像素×330像素，如图17-7所示。

图17-7

03 在"图像采样器（反锯齿）"卷展栏中设置采样方式为"固定"，关闭"抗锯齿过滤器"选项，以提高渲染速度，如图17-8所示。

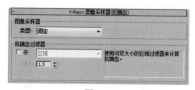

图17-8

04 设置全局照明参数，设置首次反弹的全局照明引擎为"发光图"类型，设置二次反弹的全局照明引擎为"灯光缓存"类型，如图17-9所示。

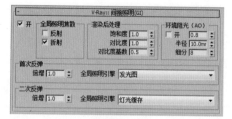

图17-9

05 调整"发光图"的参数，设置"当前预置"为"非常低"，调整"半球细分"值为30，如图17-10所示。

图17-10

06 设置"灯光缓存"的参数，如图17-11所示。

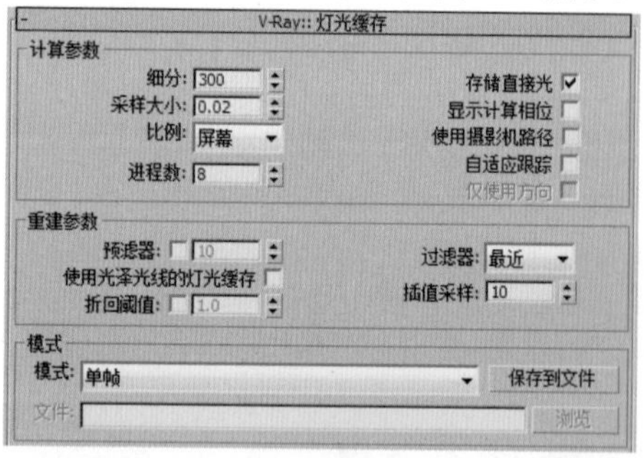

图17-11

07 使用全局照明的天光来对场景进行照明，天光设置如图17-12所示。

图17-12

其他参数保持默认即可，这里的设置主要是为了更快地渲染出场景，以便检查场景是否有问题，所以都是低参数，渲染结果如图17-13所示。

仔细观察渲染图，发现场景中的物体有点飘，但这些都是渲染参数和灯光的问题，并不是模型有错误，因此得出的结论是：模型没问题，可以进入下一步操作。

图17-13

# 17.3 制作场景中主要物体材质

在VRay中的材质怎么样设定？很多朋友都有这个疑问，我的答案是：以物理世界中的对象为依据，表现出材质的物理属性。比如，物体的基本色彩、对光的反弹率和吸收率、光的穿透能力、物体内部对光的阻碍能力和表面光滑度等。

## 17.3.1 白漆墙面材质

一般情况下，物理世界中的白漆墙面究竟是一个什么样的材质呢？在离墙面比较远的距离去观察墙的时候，墙面是一个比较平整的、颜色比较白的一个材质；而靠近墙面观察，可以发现上面有很多不规则的凹凸和划痕，这是由于刷乳胶漆的时候，使用的刷子涂抹留下的痕迹，这个痕迹是不可避免的，如图17-14所示。

图17-14

这时候，我们得出的关于墙面材质的结论是：颜色比较白（在自然界里是这样定义白色和黑色的：完全反光的物体，它的颜色才是白色；完全吸光的物体，它的颜色才是黑色），表面有点粗糙、有划痕、有凹凸。根据上面的特点，在VRay的材质球中创建了一个墙面的材质球，具体参数如图17-15和图17-16所示。

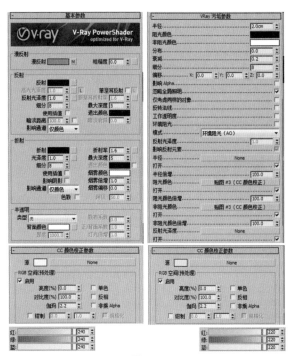

图17-15

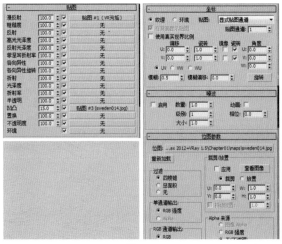

图17-16

在"漫反射"通道里添加VRay污垢材质，然后将材质的"半径"设置为2.0cm，用来控制污垢材质占有的比例，把"衰减"参数设置为0.2。

在"阻光颜色"通道里添加"颜色校正"，然后在颜色校正参数面板中设置"源"的灰度值为220、"伽玛"为2.2，来控制污垢区域的颜色。

在"非阻光颜色"通道里添加"颜色校正"，然后在颜色校正参数面板中设置"源"的灰度值为240、"伽玛"为2.2，来控制非污垢区域的颜色。

在"凹凸"通道里面添加一张灰度贴图，用来模拟墙面凹凸不平的感觉，将"模糊"设置为0.5，让材质渲染出来更清晰。

最终的"白漆墙面"材质效果如图17-17所示。

图17-17

最后给墙面材质指定一个"UVW 贴图"修改器,设定一个贴图坐标,参数如图17-18所示。

图17-18

## 17.3.2 木地板材质

同样的道理,大家也可以先了解并分析真实物理世界中的木地板的特性,然后在VRay里做出地板的材质来。这里表现的地板是一种表面相对光滑、反射又很细腻的木地板材质,其材质参数设置如图17-19和图17-20所示。

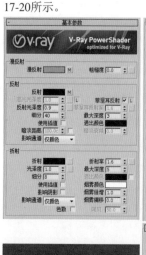

图17-19

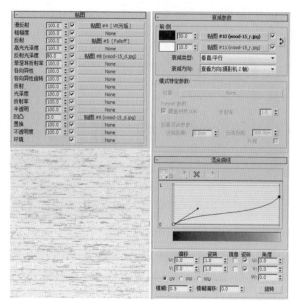

图17-20

在"漫反射"通道里添加VRay污垢材质,打开"VRay污垢参数"卷展栏,在"阻光颜色"通道里添加"颜色校正",然后在"源"通道里添加木地板贴图,设置"伽玛"值为3。继续在"非阻光颜色"通道里添加"颜色校正",在"源"通道里添加木地板贴图,设置"伽玛"值为2。

在"反射"通道里添加衰减程序贴图,然后在衰减通道中添加wood-15_r.jpg灰度贴图(这里是表示使用灰度贴图来控制材质的反射效果),设置"模糊"为0.5。将"前"颜色值设为50,表示50%使用贴图控制,50%使用颜色控制;将"侧"颜色值设置为10,表示10%使用贴图控制,90%使用颜色控制,衰减类型为默认。调节混合曲线,让衰减不那么剧烈。

勾选"菲涅耳反射"选项,设置"折射"参数栏中的"折射率"为1.6,来控制木地板的反射率(这样设置与打开"菲涅耳反射"的 L 按钮,设置"菲涅耳折射率"得到的效果是一样的)。

将"反射光泽度"设置为0.9,在后面的通道中添加wood-15_r.jpg灰度贴图,将值设为80,表示80%使用贴图控制,20%使用模糊值控制。为了让模糊反射细腻一些,设置"反射"参数栏中的"细分"值为40,"最大深度"值为3。

图17-21

在"凹凸"通道里面添加wood-15_b.jpg灰度贴图,用来模拟木纹凹凸不平的感觉,将"模糊"设置为0.5,让材质渲染出来更清晰。

最终的"木地板"材质效果如图17-21所示。

技巧与提示　本场景中的木地板是根据贴图来制作的模型，所以这里不需要给贴图坐标。

## 17.3.3 地毯材质

在3ds Max+VRay的组合中，可以用很多种方法来制作地毯，如3ds max自带的毛发功能、VRay毛发功能、VRay置换功能等。从效费比来看，推荐大家使用VRay置换功能，尤其是商业效果图的制作，因为VRay置换功能的渲染速度比较快，效果还能接受。

本例的地毯就采用VRay置换修改器来进行制作，其参数设置也不太复杂，具体如图17-22和图17-23所示。

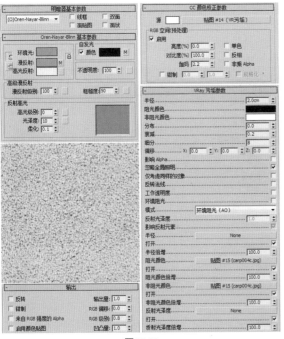

图17-22

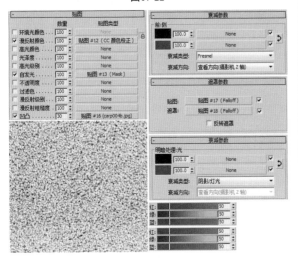

图17-23

这里使用3ds Max标准材质来制作，材质类型为Oren-Nayar-Blinn（布料材质）。在"漫反射"通道里

添加"颜色校正"，然后在"源"通道里添加VRay污垢材质，设置"伽玛"值为2.2。

在"阻光颜色"通道和"非阻光颜色"通道里添加地毯贴图，将"阻光颜色"通道里的"RGB 级别"设置为0.8，"非阻光颜色"通道保持不变。

在"自发光"通道里设置一个Mask（遮罩），然后在"遮罩参数"卷展栏的"贴图"通道中添加衰减程序贴图，选择衰减方式为Fresnel（菲涅耳），把"侧"颜色值设为（R：100，G：100，B：100）；在"遮罩"通道添加衰减程序贴图，选择衰减类型为"阴影/灯光"，把"光"颜色值设为（R：100，G：100，B：100）。

在"凹凸"通道添加灰度贴图，设置凹凸强度为30，然后给地毯指定一个合适的贴图坐标，接着给地毯模型加上VRay置换修改器，参数设置如图17-24所示。

最终的"地毯"材质效果如图17-25所示。

图17-24　　　　　图17-25

## 17.3.4 皮革材质

在制作之前，先来看看真实的皮革材质的样子，如大家经常使用的皮革沙发，如图17-26所示。通过观察，大家可以很直观地感受到皮革材质的物理属性。皮革的表面有比较柔和的高光，有一些点反射但不是很强烈，表面纹理感很强。

图17-26

现在来设置皮革材质的相关参数，如图17-27所示。

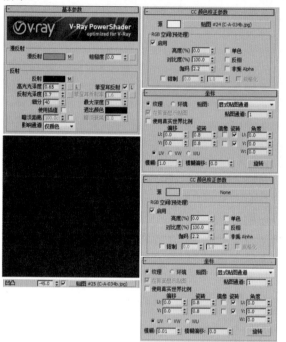

图17-27

在"漫反射"通道里添加"颜色校正"，然后在颜色校正参数面板的"源"通道里添加皮革贴图，设置"伽玛"值为2.2，将"瓷砖"参数设置为0.8。

在"反射"通道里添加"颜色校正"，然后在颜色校正参数面板中设置"源"颜色为191的灰度，设置"伽玛"值为2.2，用来控制反射的强度，勾选"菲涅耳反射"选项。

由于皮革材质有很柔和的高光，所以"高光光泽度"设置为0.65，"反射光泽度"设置为0.7，"细分"设置为40，"最大深度"设置为3，是因为这样反射就会比较淡，相对反射也柔和了，同时也提高了渲染速度。

在"凹凸"通道里指定一个和"漫反射"通道一样的贴图，将"模糊"设置为0.01，凹凸强度设置为-45，目的是让皮革渲染出来的效果带点凹凸感觉，然后给皮沙发一个合适的贴图坐标。

最终的"皮革"材质效果如图17-28所示。

图17-28

## 17.3.5 塑钢材质

塑钢是非常普遍的一种建筑材料，如图17-29所示。塑钢材料的表面光滑，带有菲涅耳反射，高光相对比较小。

图17-29

根据塑钢材质的特征解析，现在来设置塑钢材质的参数，如图17-30所示。

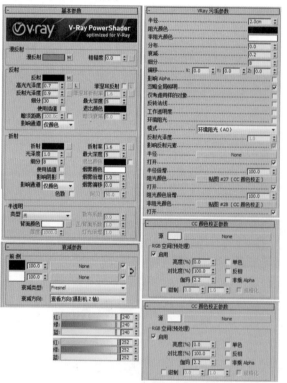

图17-30

在"漫反射"通道里添加VRay污垢材质，然后在"阻光颜色"通道里添加"颜色校正"，将"源"颜色设置为240的白色，设置"伽玛"为2.2。

在"非阻光颜色"通道里添加"颜色校正"，将"源"颜色设置为252的白色，设置"伽玛"为2.2。

在"反射"通道里添加衰减程序贴图，设置"高光光泽度"为0.7、"反射光泽度"为0.9、"细分"为30，让材质效果更细腻。

最终的"塑钢"材质效果如图17-31所示。

图17-31

## 17.3.6 地砖材质

地砖材质的参数设置比较简单，具体如图17-32和图17-33所示。

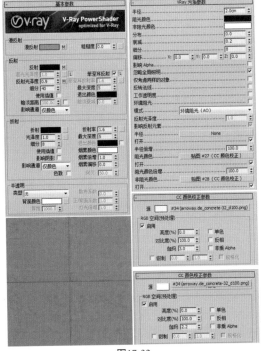

图17-32

图17-33

在"漫反射"通道里添加VRay污垢材质，然后在"阻光颜色"通道里添加"颜色校正"，在"源"通道里添加地砖贴图，设置"伽玛"为3。

在"非阻光颜色"通道里添加"颜色校正"，然后在"源"通道里添加地砖贴图，设置"伽玛"为2.2。

在"反射"通道里添加地砖灰度贴图，勾选"菲涅耳反射"选项，然后设置"折射"参数栏中的"折射率"为1.6。将"反射光泽度"设置为0.9，在后面的通道中添加地砖灰度贴图，将值设为80，为了让模糊反射细腻一些，设置"细分"值为40。

在"凹凸"通道里面添加地砖灰度贴图，用来模拟地砖的拼装感觉。将"模糊"设置为0.5，是为了让渲染效果更清晰。为了让地砖看起来更真实，在地砖模型加上VRay置换修改器，参数设置如图17-34所示。

最终的"地砖"材质效果如图17-35所示。

图17-34　　　　　　　图17-35

关于材质，本章就讲述到这里，其他没有讲到的材质，请读者参考配套资源中的视频教程。现在，场景中的大材质已经设定完毕，只是一些细节上的材质还需要配合灯光一起调整，希望读者在实际应用中多多揣摩。

# 17.4 灯光的设定

下面来进行场景的灯光设置，本场景是一个设计简洁、有大落地窗的客厅空间，所以考虑使用下午3:00~4:00的阳光效果来表现该场景，着重表现整个空间自然的阳光效果。

## 17.4.1 设置外景

01 在顶视图建立一个面片来模拟环境，如图17-36所示。

图17-36

02 设置一个外景材质并赋给面片模型，材质参数设置如图17-37所示。

图17-37

03 切换到摄影机视图，调整外景位置对齐到摄影机视图，让场景和外景看起来协调，得到的效果如图17-38所示。

图17-38

## 17.4.2 设置天光

01 这里将用到VRay的"穹顶"光，以及配合VRayHDRI贴图来模拟更真实的物理天光效果。首先在场景中放置一盏"穹顶"光，如图17-39所示。

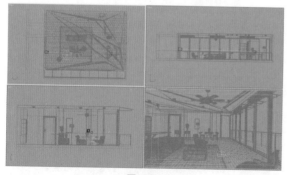

图17-39

技巧与提示　　在这里，"穹顶"光被用来当作天光，其位置不重要，可以随意摆放，只要在本场景中即可。

02 在"穹顶"光的"贴图"通道中添加VRayHDRI贴图，参数设置如图17-40所示。

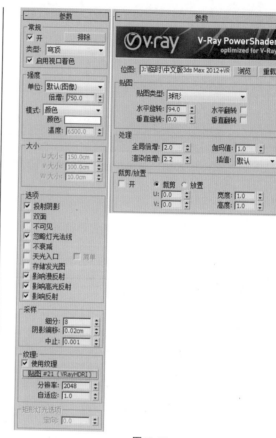

图17-40

由于这里使用了VRayHDRI贴图，所以VRay灯光中的颜色和亮度都将不起作用，设置"分辨率"为2048，这个值越大，HDRI的质量越好，当然速度也越慢。

把VRayHDRI的"全局倍增"设置为2、"渲染倍增"设置为2.2，因为这个场景使用了VRay物理摄影机，所以亮度要设置得高一些。把"水平旋转"设置为94，这是因为这个HDRI文件带有阳光效果，要想得到合适的阳光位置就得调节"水平旋转"和"垂直旋转"来进行设置。

03 设置测试渲染参数，取消勾选"光泽效果"选项，这样可以提高测试的渲染速度，如图17-41所示。

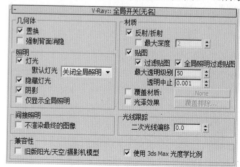

图17-41

04 启用全局照明，设置首次反弹的全局照明引擎为"发光图"类型，设置二次反弹的全局照明引擎为"灯光缓存"类型，参数设置如图17-42和图17-43所示。

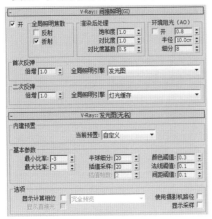

图17-42

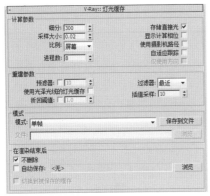

图17-43

05 设置"颜色贴图"的参数，如图17-44所示。

图17-44

06 按F9键进行测试渲染，效果如图17-45所示。

图17-45

观察测试渲染效果，感觉天光的亮度已经合适，达到想要的效果了。

### 17.4.3 设置阳光

通过观察上图的测试效果，发现阳光的效果还不够理想，这时处理起来就比较麻烦，因为这里的天光和阳光是一个HDRI文件。所以这里只能新建一个阳光来重合到现在阳光的位置上，这要通过反复调试才能得到理想的位置。这里就不演示调试过程，具体位置如图17-46所示，阳光参数设置如图17-47所示。

图17-46

图17-47

将VRay太阳的"浊度"设置为5，目的是让阳光更黄一些；把"臭氧"设置为0.5、"强度倍增"设置为2、"大小倍增"设置为1.5，其他参数保持默认，渲染效果如图17-48所示。

图17-48

技巧与提示　本例中的灯光设置、曝光设置以及前面的物理相机参数，都是通过反复的调节和测试才得到的，读者在制作的时候也要多做测试，好效果都是不断测试才得到的。

# 17.5 设置渲染输出参数

大体效果确定以后，需要把灯光和渲染的参数提高，以便完成最后的渲染出图工作。

## 17.5.1 修改灯光细分值

选择模拟天光的VRay"穹顶"光，把灯光细分设置为24，如图17-49所示，这样可以避免场景中的细部产生杂点。

图17-49

## 17.5.2 设置最终渲染参数

01 当各项参数都调好之后，就可以渲染成图了。这里设置成图的渲染大小为2600像素×1430像素，如图17-50所示。

图17-50

02 在"全局开光"卷展栏中勾选"光泽效果"选项，如图17-51所示。

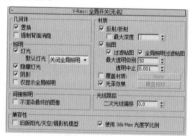

图17-51

03 在图像采样方面，选择"自适应确定性蒙特卡洛"是为了得到一个比较好的抗锯齿效果，"最小细分"和"最大细分"的值分别设定为2和5即可，在抗锯齿过滤器里选择Mitchell-Netravali，同样也是为了得到一个比较好的效果，如图17-52所示。

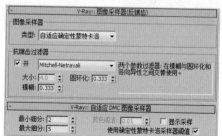

图17-52

04 在全局照明中，设置首次反弹的全局照明引擎为"BF算法"，设置二次反弹的全局照明引擎为"灯光缓存"，如图17-53所示。

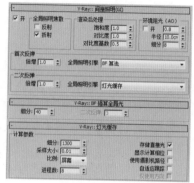

图17-53

这里将首次反弹选择为"BF算法"方式，是为了得到更好的细节，当然速度会很慢。"灯光缓存"的细分设置为1300，采样大小设置为0.01，目的是让样本的精度更高。

05 在"DMC采样器"里修改"适应数量"为0.72、"最小采样值"为16、"噪波阈值"为0.003，其目的是得到一个更高的质量，同时渲染速度会减慢很多，如图17-54所示。

图17-54

其他参数保持测试渲染阶段的设置即可。接下来就可以渲染成图了，经过几个小时的渲染，最后的成品效果如图17-55所示。

图17-55

# 17.6 后期处理

完成渲染后，还需要对效果图做一定的后期处理，如修正图像的色彩、亮度、灰度等，还有添加一些特殊效果，达到更好的视觉效果。这里使用Photoshop和After Effects进行处理，尤其是After Effects的后期用法，请读者多重点关注。

## 17.6.1 After Effects后期处理

01 分析这张图还存在什么问题，需要做哪些工作。仔细观察效果图，发现画面比较灰、偏黄以及亮度不够，所以在这里先使用After Effects来校色以及做一些简单的特效处理。在After Effects中打开图片，如图17-56所示。

图17-56

02 选择图层，执行 Effect>Magic Bullet>Looks菜单命令，设置一个Looks特效，如图17-57所示。

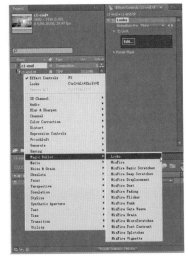

图17-57

03 单击Edit（编辑）命令进入参数设置面板，如图17-58所示。

图17-58

04 将鼠标指针移动到右边，系统弹出调节面板，选择Camera面板下的Crush并拖曳到图片上，如图17-59所示。

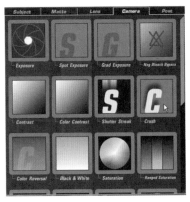

图17-59

05 单击上一步拖曳过来的图标，打开相应的参数面板。前面已经说过图片偏黄，所以这里先加一个偏冷的色彩来校正，如图17-60所示。

图17-60

06 第1次校色后发现图片有些地方偏冷了，这时可以添加一个偏暖的色彩来校正，如图17-61所示。

图17-61

07 现在观察图像，发现其色彩已经达到想要的效果，接着为图像添加一个色散效果，用以模拟真实照片的感觉，选择Lens面板下的Chromatic Aberration并拖曳到图片上，参数设置如图17-62所示。

调节Looks特效后的效果如图17-63所示。

图17-62

图17-63

08 选择图层，执行 Effect>Color Correction>Levels 菜单命令来调节图像亮度，设置Gamma（伽玛）值为 1.5，如图17-64所示。

图17-64

09 选择图层，执行Effect>Magic Bullet>MisFire Vignette菜单命令，模拟真实照片中边角变暗效果，设置Size（大小）为75.3、Intensity（强度）为30%，如图17-65所示。

添加Levels和MisFire Vignette后的效果如图17-66所示。

图17-65

图17-66

10 此时的图像还是有一些偏黄，需要做进一步的色彩调节。执行Effect>Color Correction>Color Balance 菜单命令，将Shadow Red Balance设置为-10、Shadow Green Balance设置为-10、Shadow Blue Balance设置为-6，如图17-67所示。

图17-67

11 现在来做After Effects中的最后一步设置，模拟图像中高亮部分的光晕效果。执行Effect>Stylize>Glow菜单命令，将Glow Threshold设置为91.8%、Glow Radius 设置为12、Glow Intensity 设置为0.3、Glow Colors设置为A&B Colors，如图17-68所示。

图17-68

12 用鼠标右键单击合成图层，然后执行Create Proxy>Still命令，进行图像的输出设置。单击Based on Photoshop，将Format（格式）设置为TIFF格式，然后单击OK按钮，最后单击Render按钮渲染输出最终图像，如图17-69和图17-70所示。

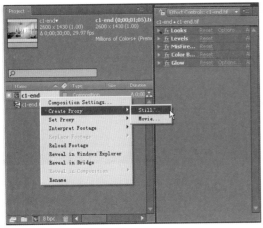

图17-69

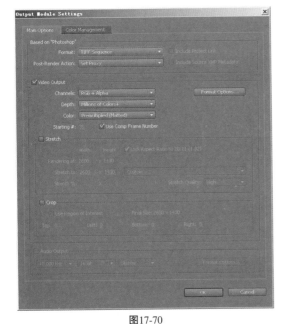

图17-70

After Effects调节完毕后的效果如图17-71所示。

图17-71

## 17.6.2 Photoshop后期处理

01 用Photoshop打开After Effects输出的图像，做进一步的后期调节。执行"滤镜>锐化>锐化"菜单命令，让图片更清晰，如图17-72所示。

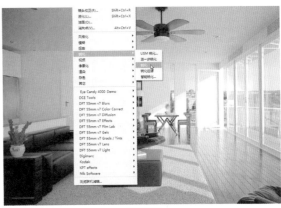

图17-72

02 选择外景区域，执行"滤镜>模糊>高斯模糊"命令，让外景模糊一些，参数设置及效果如图17-73所示。

图17-73

03 执行"图像>调整>色阶"菜单命令，调节外景亮度，参数设置及效果如图17-74所示。

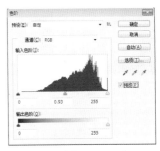

图17-74

04 取消外景选区，复制背景图层，然后执行"滤镜>模糊>高斯模糊"菜单命令，参数设置及效果如图17-75所示。

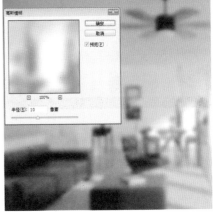

图17-75

05 执行"图像>调整>曲线"菜单命令，参数设置及效果如图17-76所示。

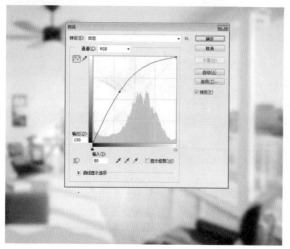

图17-76

06 改变图层模式为"柔光"，并将图层不透明度设置为20%，给图像做一个柔光处理，效果如图17-77所示。

图17-77

07 为效果图添加一个边框，使效果更加真实。先合并图层，然后新建图层，使用填充工具填充为黑色，并用选区工具框选中间部分，将其删除，如图17-78所示。

图17-78

08 执行"滤镜>模糊>高斯模糊"菜单命令，参数设置及效果如图17-79所示。

09 调整图层的不透明度为10%，效果如图17-80所示。

图17-79

图17-80

10 合并图层并为图层添加照片滤镜，如图17-81所示。

图17-81

11 调整图层的不透明度为70%，然后合并图层，结束本例的后期处理工作，最终效果如图17-82所示。

图17-82

## 17.7 本章小结

本章主要采用一个设计风格简约、进光充足的空间来学习材质、灯光、渲染和后期制作流程，重点练习VRay污垢材质的设置方法、HDRI贴图的使用方法以及后期处理中After Effects和Photoshop的灵活运用。